建筑工程图识读与绘制

（第四版）

JIANZHU
GONGCHENGTU
SHIDUYUHUIZHI

主 编／游普元
副主编／李荣健

——『互联网+』新形态一体化教材

高职高专『十三五』规划教材

天津大学出版社
TIANJIN UNIVERSITY PRESS

内容提要

为了满足建筑工程技术专业人才培养目标及教学改革的要求,基于工作过程系统化的理念,本书融合了建筑、结构、安装、装饰装修和计算机制图(AutoCAD 2010)等多项内容,书中采用了最新的建筑制图标准。

书中除课程导入外,共分为以下 6 个学习情境:①建筑施工图;②结构施工图;③建筑安装施工图;④钢结构施工图;⑤装饰装修施工图;⑥天正建筑7(拓展情境)。在学习情境 1 的每个任务后编排了部分选择题和判断题,用以检测学生对知识点的掌握情况,操作技能的训练可在课内实训和习题集中完成。为满足学生可持续发展的需要,书中增加了部分拓展知识,各个学校可根据需要和课时,自行安排。本书的编排充分体现了学习过程的重复和学习知识的不重复。在学习情境 2 后,仅总结已经学习过的知识点的区别,并用任务单的形式,实施引导式教学。在每个学习情境后,设置了"教学评估表",收集学生对本学习情境的学习反馈,便于教师完成教学反思。

本书可作为建筑工程技术、工程造价、工程项目管理、给排水等专业的建筑制图教材,也可供其他类型的学校,如职工大学、函授大学、电视大学的相关专业选用。

此外,还同时出版了与本书配套的《建筑工程图识读与绘制习题集》,供读者选用。

图书在版编目(CIP)数据

建筑工程图识读与绘制 / 游普元主编. — 4 版. —
天津:天津大学出版社,2017.7(2019.6 重印)
ISBN 978-7-5618-5902-5

Ⅰ. ①建… Ⅱ. ①游… Ⅲ. ①建筑制图 – 识图 Ⅳ.
①TU204.21

中国版本图书馆 CIP 数据核字(2017)第 187819 号

出版发行		天津大学出版社
地 址		天津市卫津路 92 号天津大学内(邮编:300072)
电 话		发行部:022-27403647
网 址		publish. tju. edu. cn
印 刷		北京俊林印刷有限公司
经 销		全国各地新华书店
开 本		185mm × 260mm
印 张		27.25
字 数		680 千
版 次		2017 年 7 月第 4 版
印 次		2019 年 6 月第 3 次
定 价		66.00 元

前　言

近年来,随着工程图学教学改革的不断深入,从教学内容到教学手段不断推出新思路、新方法。本书基于能力递进工作过程系统化建设课程的理念,结合计算机绘图软件知识,根据高职高专人才培养目标和工学结合人才培养模式以及专业教学改革的需要,利用所有编者多年的教学实践经验编写而成。本着学生"边学、边做、边互动"的原则,实现所学即所用。

本书遵循《房屋建筑制图统一标准》(GB/T 50001—2010)、《总图制图标准》(GB/T 50103—2010)、《建筑制图标准》(GB/T 50104—2010)、《建筑结构制图标准》(GB/T 50105—2010)、《建筑给水排水制图标准》(GB/T 50106—2010)等国家标准。

由于院校专业设置和课程内容的取舍要充分考虑企业和毕业生就业岗位的需求,而建筑工程技术专业的毕业生主要从事施工员、安全员、质检员、档案员、监理员等岗位和岗位群,所以本教材在内容选取时,涉及了建筑施工图、结构施工图、建筑安装施工图、钢结构施工图、装饰装修施工图等5部分。由于毕业生就业的核心岗位为施工员,所以在5部分内容的编排和选取上有所侧重。

本书是集体智慧的结晶,由"'互联网+'新形态一体化教材"教材编写委员会及重庆建工集团、重庆建设教育协会和相关兄弟院校的行业专家审定教材并编写教学大纲,同时参与教材编写过程中的研讨工作。本书由游普元统稿、定稿并担任主编。参与本教材编写的教师有游普元、丁华、李荣健、肖能立、杨宁、邵乘胜、卢燕、唐洁、贺婷婷、谭兴斌、周舟、张灵芝等。

学习情境1为建筑施工图,主要内容包括国家制图标准基本规定及应用、仪器绘图、计算机软件绘图、形体投影图的绘制与识读、建筑施工图的识读与绘制。

学习情境2为结构施工图,主要内容包括国家制图标准基本规定及应用、仪器绘图、计算机软件绘图、形体投影图的识读与绘制、结构施工图的识读与绘制。

学习情境3为建筑安装施工图,主要内容包括国家制图标准基本规定及应用、仪器绘图、计算机软件绘图、形体投影图的识读与绘制、给排水工程图的识读与绘制、电气线路布置图的识读与绘制。

学习情境4为钢结构施工图,主要内容包括国家制图标准基本规定及应用、仪器绘图、计算机软件绘图、形体投影图的识读与绘制、钢结构施工图的识读与绘制。

学习情境5为装饰装修施工图,主要内容包括国家制图标准基本规定及应用、仪器绘图、计算机软件绘图、形体投影图的识读与绘制、装饰装修施工图的识读与绘制。

学习情境6为拓展学习情境,主要内容包括天正建筑7的简介、设计流程、初始设置与系统参数。

学习情境 1 中的任务 1 和任务 2 由丁华编写;任务 3 由卢燕编写;任务 4 由李荣健和肖能立(组合体的尺寸标注)编写;轴测投影部分由谭兴斌编写;任务 5 由游普元编写;剖面图、详图和厂房部分由周舟编写。学习情境 2 中的任务 1~4 由李荣健编写;任务 5 由唐洁编写。学习情境 3 中的任务 1~4 由李荣健编写;任务 5 由贺婷婷编写;任务 6 由张灵芝编写。学习情境 4 由杨宁编写。学习情境 5、拓展情境、CAD 简化命令由邵乘胜编写。书中对应的微课、PPT、视频、动画等信息化资源由重庆工程职业技术学院的游普元、李荣健、刘燕、彭军、徐小珊 5 位老师共同完成。

本书在学习目标描述中所涉及的程度用语主要有"熟练""正确""基本"。"熟练"指在规定的较短时间内无错误地完成任务;"正确"指在规定的时间内,能无错误地完成任务,"基本"指在没有时间要求的情况下,不经过旁人提示,能无错误地完成任务。

书中采用的部分施工图由王孝雄建筑设计事务所设计和提供;承蒙重庆建工集团的龚文璞副总工、三建的黄钢琪总工、茅苏惠部长审定和指导了教材大纲及内容的编写,在此一并表示感谢。

本书在编写过程中,参阅了大量文献,引用了同类书刊及影像中的一些资料,在此谨向有关作者表示谢意! 同时,对天津大学出版社为本书出版所付出的辛勤劳动表示衷心感谢!

本书是基于移动互联网技术,通过智能识别技术,如二维码、AR、VR 等方式将网络上的数字化教学资源嵌入纸制教材中,学习者可以通过手机扫码,将线上线下资源衔接起来。从而为读者提供全方位的、细致周到的教学资源增值服务,既方便读者阅读学习,又丰富教材和教学内容。

为了防止盗版行为,每本书后的封底增加了二维扫描注册功能,只有先注册通过,才可以使用书中所有数字化资源,具体参见书后图书资源使用说明。(如有问题请联系 022-27402661,邮箱:ccshan2008@sina.com)

由于要把手工制图、计算机制图及各专业读图知识进行有机的结合,难度较大,加之编者水平有限,书中的错误在所难免,恳请专家和广大读者不吝赐教,批评指正,以便我们在今后的工作中改进和完善。

编　者

2017 年 7 月

"建筑工程图识读与绘制"课程设计框图

"建筑工程图识读与绘制"课程内容框图

目　录
contents

微课:课程导入

PPT:课程导入

【学习目标】

知识目标	能力目标	权重
正确表述本课程的定位	正确领悟本课程的性质及其与其他课程间的关系	0.20
正确表述本课程的作用	正确领悟本课程与建筑工程的关系	0.15
正确表述本课程的内容	基本领悟本课程的学习内容	0.15
熟练表述本课程目标	正确领悟本课程各部分内容的目标	0.15
熟练表述本课程的学习方法与要求	正确领悟各种学习方法在本课程中的应用	0.10
正确表述本课程发展状况	正确认识本课程的发展	0.10
正确表述本课程考核方法	正确理解并实施本课程的考核办法	0.15
合　计		1.00

【教学准备】

视频:建筑物施工过程演示

视频思考:施工过程与图的关系

准备 5 min 内的教学录像,主要介绍施工图与建筑物的关系及施工图绘制的发展历程。

【教学方法建议】

集中讲授、小组讨论、观看录像、读图正误对比、拓展训练。

【建议学时】

2 学时

建筑产品需消耗大量的财力、物力和人力,具有不可逆性,一经建成,很难随意推倒重建,因此工程的安全性、适用性和经济性及其随后的影响是长远的。特别是住宅工程的安全性和适用性直接牵动着千家万户的心。所以,作为建筑行业的从业人员,既要树立为社会主义现代化服务的道德理念,又要做好自己的本职工作,认真履行行业职责,献身建筑事业。

0.1　课程的定位

工程图的识读与绘制是每个工程技术人员必须具备的能力,其识读与绘制的准确性与建筑物的正确施工密切相关。"建筑工程施工图及安装工程施工图识读与绘制"是建筑工程建设项目的一个行动领域,转换为课程后,是建筑工程技术专业教学计划中的核心专业课程之一。其课程定位如表1所示。

表1　课程定位

课程性质	专业课程、核心课程
课程功能	以培养学生识图为主、绘图为辅的技能为主要目标,同时兼顾后续专业课程的需要
前导课程	无
平行课程	建筑工程材料的检测与选择
后续课程	建筑功能及建筑构造分析、建筑工程测量、土石方工程施工、基础工程施工、砌体结构工程施工、特殊工程施工、装饰装修工程施工、钢筋混凝土主体结构施工、建筑工程计价与管理、建筑工程施工组织编制与实施

观看PPT:建筑工程技术专业课程体系的构建过程(岗位及岗位群的确定→典型工作任务总结→行动领域归纳→课程转换→学习情境设计)。

PPT:课程体系构建

0.2　课程的作用

建筑物是人类生产、生活的场所,是一个社会科技水平、经济实力、物质文明的象征。表达建筑物形状、大小、构造以及各组成部分相互关系的图纸称为建筑工程图样。建筑工程图样是建筑工程中一种重要的技术资料,是工程技术人员表达设计思想、进行技术交流、组织现场施工不可缺少的工具,是工程界的语言,每个建筑工程技术人员都必须能够阅读和绘制建筑图样。

在建筑工程的实践活动中,无论设计、预算,还是施工、管理、维修,任何环节都离不开图纸,设计师把人们对建筑物的使用要求、空间想象和结构关系绘制成图样,工程师根据图样把建筑物建造出来。常见的建筑工程图样有建筑施工图、结构施工图、建筑安装施工图、钢结构施工图、装饰装修施工图。

小组讨论:为什么说工程图样是工程界的语言?

0.3 课程的内容

本课程以图纸类型为载体,设计了 5 个学习情境,每个学习情境均以"国家制图标准基本规定及应用、仪器绘图、计算机软件绘图、形体投影图的识读与绘制、＊＊工程图的识读与绘制"等任务为引领组织教学,培养学生的空间想象能力、空间构形能力和工程图样的识读与绘制能力。目的是为顺利完成"识读与绘制建筑工程施工图(综合识图)、识读工程相关图集"这两项典型工作任务奠定基础。

①"国家制图标准基本规定及应用"部分主要介绍制图的基础知识和基本规定;

②"仪器绘图"部分主要培养学生手工绘图的操作技能;

③"计算机软件绘图"部分主要培养学生使用 AutoCAD、天正等软件完成绘图的操作技能;

④"形体投影图的识读与绘制"部分主要培养学生点、线、面、体的投影认知能力和用投影图表达物体内外形状、物体大小的绘图能力,以及根据投影图想象出物体内外形状的读图能力;

⑤"＊＊工程图的识读与绘制"部分主要培养学生识读和绘制各类建筑图样的基本能力。

0.4 课程目标

①能够贯彻制图标准及相应规定;

②能够正确使用制图工具,规范选用线型、书写字体及尺寸标注等;

③能利用点、线、面、几何体的投影规律分析建筑物的构造;

④能够正确绘制建筑构件的剖面图、断面图和轴测图;

⑤能正确表述工程图的类型及相应的图示方法和图示内容,正确识读与绘制工程图;

⑥能利用计算机绘图软件绘制工程图并打印出图;

⑦具有认真细致的工作作风、较好的团队协作精神和诚实、守信的优秀品质。

观看录像:施工图与制图标准、投影、建筑物的关系。

0.5　课程的学习方法及要求

1. 理论联系实际

在认知点、线、面、体的投影规律上不断地由物画图,由图想物,分析和想象空间形体与图纸上图形之间的对应关系,逐步提高空间想象能力和空间分析能力。

2. 主动学习

本课程前后知识的关联度较大,在每个学习情境中对相同的过程均有重复,因此在课堂上应专心听讲,在小组活动中应积极发言和思考,配合教师循序渐进,捕捉要点,记下重点。

3. 及时复习并完成作业

本课程作业量较大,且前后联系紧密,环环相扣,须做到每一次学习之后,及时完成相应的练习和作业,否则将直接影响下次学习效果。

4. 遵守国家标准的有关规定

以国家最新标准为基础,按照正确的绘图方法和步骤作图,养成正确使用绘图工具和仪器的习惯。

5. 认真负责、严谨细致

建筑图纸是施工的依据,图纸上一根线条的疏忽或一个数字的差错均会造成严重的返工浪费,因此应严格要求自己,养成认真负责的工作态度和严谨细致的工作作风。

集体观摩:观看并点评上一届好、中、差的习题集和大作业。

0.6　课程的发展状况

工程图样在人类认识自然、创建文明社会的过程中发挥着不可替代的重要作用。近年来,计算机绘图技术的发展在很大程度上改变了传统作图方法,提高了绘图的质量和效率,降低了劳动强度。基于工作过程的理念,我们认为该课程中有些复杂的三维形体均可用二维的方法准确、充分地表示。工程图样是工程信息的有效载体,计算机绘图只是一种绘图手段,它不应该也不可能取代传统工程制图的内容。所以在内容编排上本书采取了制图标准介绍及选用→手工绘图→计算机绘图→投影认知→工程图识读与绘制的顺序,加强投影认知的训练,加强对学生空间思维能力和空间构形能力的培养,加强对学生阅读工程图样的能力训练。淡化对手工绘图质量的要求,适当减少手工绘图的训练,从传统的仪器绘图为主发展为徒手草图、仪器绘图、计算机绘图 3 种方法并用的新局面。

0.7   课程考核方法

1. 形成性评价

形成性评价是教师在教学过程中对学生的学习态度及各类作业、任务单完成情况进行的评价。

2. 总结性评价

总结性评价是老师在教学活动结束时,对学生整体技能情况的评价。

在每个学习情境中,建议平时的学习态度占 10%、书面作业占 15%、任务单完成情况占 15%、实训实作占 30%、最后总结性评价占 30%。具体的评价内容及方式如表 2 所示。

表 2   评价内容及方式

序号	学习情境	评价内容	评价方式	评价分值
1	建筑施工图	评价学生对建筑施工图制图标准的应用能力;对建筑形体的空间想象能力;识读建筑施工图的能力;手工和计算机绘制建筑施工图的能力		30
2	结构施工图	评价学生对结构施工图制图标准的应用能力;对建筑结构构造及钢筋形体的空间想象能力;识读结构施工图的能力;手工和计算机绘制结构施工图的能力		30
3	建筑安装施工图	评价学生对安装施工图制图标准的应用能力;对给排水、供电、防雷布置的空间想象能力;识读安装施工图的能力;手工和计算机绘制安装施工图的能力	形成性评价 总结性评价	20
4	钢结构施工图	评价学生对钢结构施工图制图标准的应用能力;对钢结构构造及钢构件形体的空间想象能力;识读钢结构施工图的能力;手工和计算机绘制钢结构施工图的能力		10
5	装饰装修施工图	评价学生对装饰装修施工图制图标准的应用能力;对装饰装修构造的空间想象能力;识读装饰装修施工图的能力;手工和计算机绘制装饰装修施工图的能力		10
合　计				100

本课程按百分制考核,60 分为合格。

学习情境1 建筑施工图

【学习目标】

知识目标	能力目标	权重
正确表述制图标准中有关图幅、图线、字体、比例等的相关要求	贯彻制图标准的相应规定	0.10
正确表述常用制图工具和仪器及计算机辅助软件的使用方法及注意事项	正确使用制图工具、计算机辅助软件,规范选用线型、书写字体及尺寸标注等	0.15
正确表述点、线、面、体的投影特性	利用点、线、面、几何体的投影规律分析建筑物的构成	0.30
熟练表述剖面图、断面图和轴测图的形成原理及绘制线型要求	正确绘制建筑构件的剖面图、断面图和轴测图	0.10
正确表述建筑施工图的类型及相应的图示方法与图示内容	正确识读和绘制(手工和上机)建筑施工图	0.30
正确表述软件绘图与手工绘图的区别及软件绘图的注意事项及要求	利用绘图软件绘制工程施工图并打印出图	0.05
合　计		1.00

【教学准备】

建筑施工图纸、制图标准、绘图工具、模型及模型的投影图、三维动画、任务单等。

【教学方法建议】

在建筑技能实训基地或施工现场,采用图纸展示、对照学习、分组学习、动态示教、角色扮演、课堂讨论、多媒体教学、讲授等方法教学。

【建议学时】

86(41)学时

任务1　国家制图标准基本规定及应用

为了统一房屋建筑制图标准,保证制图质量,提高制图效率,做到图面清晰、简明以适合设计、施工、存档要求,同时也为了适应工程建设需要,必须制定相关的建筑制图国家标准。

现行有关建筑制图的国家标准主要有:《房屋建筑制图统一标准》(GB/T 50001—2010)、《总图制图标准》(GB/T 50103—2010)、《建筑制图标准》(GB/T 50104—2010)、《建筑结构制图标准》(GB/T 50105—2010)、《建筑给水排水制图标准》(GB/T 50106—2010)、《暖通空调制图标准》(GB/T 50114—2010)。

微课:制图国家标准基本规定

PPT:制图国家标准基本规定

其中《房屋建筑制图统一标准》(GB/T 50001—2010)是房屋建筑制图的基本规定,适用于总图、建筑、结构、给水排水、暖通空调、电气等专业制图。房屋建筑制图除应符合《房屋建筑制图统一标准》外,还应符合国家现行有关强制性标准的规定以及各有关专业的制图标准。所有工程技术人员在设计、施工、管理中必须严格执行。下面介绍标准中的部分内容。

1.1　图幅、标题栏及会签栏

1.1.1　图纸幅面

图纸的幅面是指图纸宽度与长度组成的图面;图框是指在图纸上绘图范围的界线。图纸幅面及图框尺寸应符合表 1.1.1 的规定。

表 1.1.1　幅面及图框尺寸
(单位:mm)

尺寸代号＼幅面代号	A0	A1	A2	A3	A4
$b \times l$	841×1 189	594×841	420×594	297×420	210×297
c		10			5
a			25		

需要微缩复制图纸时,其一个边上应附有一段准确米制尺度,四个边上均应附有对中标志,米制尺度的总长应为 100 mm,分格应为 10 mm。对中标志应画在图纸内框各边长的中点处,线宽 0.35 mm,应伸入内框边,在框外为 5 mm。对中标志的线段,于 l_1 和 b_1 范围取中。

图纸的短边一般不应加长,A0 ~ A3 幅面长边尺寸可加长,但应符合表 1.1.2 的规定。

《房屋建筑制图统一标准》(GB/T 50001—2010)对图纸标题栏、图框线、幅面线、装订边线、对中标志和会签栏的尺寸、格式和内容都有规定,如图 1.1.1 所示。

表 1.1.2　图纸长边加长尺寸　　　　　　　　　　　（单位:mm）

幅面代号	长边尺寸	长边加长后尺寸
A0	1 189	1 486,1 635,1 783,1 932,2 080,2 230,2 378
A1	841	1 051,1 261,1 471,1 682,1 892,2 102
A2	594	743,891,1 041,1 189,1 338,1 486,1 635,1 783,1 932,2 080
A3	420	630,841,1 051,1 261,1 471,1 682,1 892

注:有特殊需要的图纸,可采用 $b \times l$ 为 841 mm×891 mm 与 1 189 mm×1 261 mm 的幅面。

图 1.1.1　图框的格式

（a）A0～A3 横式幅面（一）　（b）A0～A3 横式幅面（二）　（c）A0～A4 立式幅面（一）　（d）A0～A4 立式幅面（二）

图纸以短边作为垂直边为横式,以短边作为水平边为立式。A0~A3 图纸宜横式使用;必要时,也可立式使用。

一个工程设计中,每个专业所使用的图纸,不宜多于两种幅面,不含目录及表格所采用的 A4 幅面。

1.1.2　标题栏及会签栏

《房屋建筑制图统一标准》(GB/T 50001—2010)对图纸标题栏和会签栏的尺寸、格式和内容都有规定。

1. 标题栏

标题栏应按图 1.1.2 所示,根据工程的需要选择确定其尺寸、格式及分区。

图 1.1.2　标题栏
(a)标题栏格式一　(b)标题栏格式二

对于学生在学习阶段的制图作业,建议采用图 1.1.3 所示的标题栏,不设会签栏。

图 1.1.3　制图作业的标题栏格式

2. 会签栏

会签栏应包括实名列和签名列,并应符合下列规定。

①涉外工程的标题栏内,各项主要内容的中文下方应附有译文。设计单位的上方或左方,

应加"中华人民共和国"字样。

②在计算机制图文件中当使用电子签名与认证时,应符合国家有关电子签名法的规定。

③会签栏是指工程建设图纸上由会签人员填写所代表的有关专业、姓名、日期等的一个表格,见图1.1.4。不需要会签的图纸,可不设会签栏。

图 1.1.4　会签栏格式

实习实作:在 A4 纸上以 1∶10 的比例画出 A0 的横向图幅,并在其内部表示出其他图幅,标出标题栏和会签栏。

1.2　图线

1.2.1　线宽与线型

图线的宽度 b,宜从 1.4、1.0、0.7、0.5、0.35、0.25、0.18、0.13 mm 线宽系列中选取。图线宽度不应小于 0.1 mm,每个图样,应根据复杂程度与比例大小,先选定基本线宽 b,再选用表1.1.3 中相应的线宽组。

表 1.1.3　线宽组　　　　　　　　　　（单位:mm）

线宽比	线宽组			
b	1.4	1.0	0.7	0.5
$0.7b$	1.0	0.7	0.5	0.35
$0.5b$	0.7	0.5	0.35	0.25
$0.25b$	0.35	0.25	0.18	0.13

注:①需要微缩的图纸,不宜采用 0.18 或更细的线宽;

②同一张图纸内,各不同线宽中的细线可统一采用较细的线宽组的细线。

任何工程图样都是采用不同的线型与线宽的图线绘制而成的。工程建设制图中的各类图线的线型、线宽及用途如表 1.1.4 所示。

表 1.1.4　线型、线宽及用途

名称		线型	线宽	一般用途
实线	粗		b	主要可见轮廓线
	中粗		$0.7b$	可见轮廓线
	中		$0.5b$	可见轮廓线、尺寸线、变更云线
	细		$0.25b$	图例填充线、家具线
虚线	粗		b	参见相关专业制图标准
	中粗		$0.7b$	不可见轮廓线
	中		$0.5b$	不可见轮廓线、图例线
	细		$0.25b$	图例填充线、家具线
单点长画线	粗		b	见各相关专业制图标准
	中		$0.5b$	见各相关专业制图标准
	细		$0.25b$	中心线、对称线、轴线等
双点长画线	粗		b	见各相关专业制图标准
	中		$0.5b$	见各相关专业制图标准
	细		$0.25b$	假想轮廓线、成型前原始轮廓线
波浪线			$0.25b$	断开界线
折断线			$0.25b$	断开界线

同一张图纸内,相同比例的各图样,应选用相同的线宽组。图纸的图框和标题栏线,可采用表 1.1.5 的线宽。

表 1.1.5　图框线、标题栏线的宽度　　　　　　　（单位:mm）

幅面代号	图框线	标题栏外框线	标题栏分格线
A0、A1	b	$0.5b$	$0.25b$
A2、A3、A4	b	$0.7b$	$0.35b$

1.2.2　图线画法

在图线与线宽确定后,具体画图时还应注意如下事项。

①相互平行的图例线,其净间隙或线中间隙不宜小于 0.2 mm。

②虚线的线段长度和间隔,宜各自相等。

③单点长画线或双点长画线,当在较小图形中绘制有困难时,可用实线代替。

④单点长画线或双点长画线的两端不应是点。点画线与点画线交接点或点画线与其他图

线交接时,应是线段交接。

⑤虚线与虚线交接或虚线与其他图线交接时,也应是线段交接。虚线为实线的延长线时,不得与实线相接。

⑥图线不得与文字、数字或符号重叠、混淆,不可避免时,应首先保证文字的清晰。

各种图线正误画法示例见表1.1.6。

表1.1.6　各种图线的正误画法示例

图线	正确	错误	说明
虚线与单点长画线			1. 单点长画线的线段长,通常画 15~20 mm,空隙与点共 2~3 mm。点常常画成很短的短画线,而不是画成小圆黑点 2. 虚线的线段长度通常画 4~6 mm,间隙约 1 mm,不要画得太短、太密
圆的中心线			1. 两单点长画线相交,应在线段处相交,单点长画线与其他图线相交,也在线段处相交 2. 单点长画线的起始和终止处必须是线段,不是点 3. 单点长画线应出头 3~5 mm 4. 单点长画线很短时,可用细实线代替
图线的交接			1. 两粗实线相交,应画到交点处,线段两端不出头 2. 两虚线相交,应在线段处相交,不要留间隙 3. 虚线是实线的延长线时,应留有间隙
折断线与波浪线			1. 折断线两端分别超出图形轮廓线 2. 波浪线画到轮廓线为止,不要超出图形轮廓线

提示:在同一张图纸内,相同比例的各个图样,应采用相同的线宽组。图线不得与文字、数字或符号重叠、混淆,不可避免时,应首先保证文字的清晰。

实习实作:在纸上画出两条相交虚线;再画出一个断开的圆环,断开处用折断线表示,并画出圆的轴线。

1.3　字体

图纸上所需书写的汉字、数字、字母、符号等必须做到:笔画清晰,字体端正,排列整齐,间隔均匀;标点符号应清楚正确。

字体的号数即为字体的高度 h,文字的高度应从表1.1.7中选用。字高大于10 mm 的文字宜采用 TRUETYPE 字体,如需书写更大的字,其高度应按$\sqrt{2}$倍数递增。

表1.1.7　文字的高度

字体种类	中文矢量字体	TRUETYPE 字体及非中文矢量字体
字高	3.5、5、7、10、14、20	3、4、6、8、10、14、20

1.3.1　汉字

图样及说明中的汉字,宜采用长仿宋体(矢量字体)或黑体,同一图纸字体种类不应超过两种。长仿宋体的宽度与高度的关系应符合表1.1.8的规定,黑体字的宽度与高度应相同。大标题、图册封面、地形图等的汉字,也可书写成其他字体,但应易于辩认。

表1.1.8　长仿宋高宽关系　　　　　　　　　　　　（单位:mm）

字高	20	14	10	7	5	3.5
字宽	14	10	7	5	3.5	2.5

图样中的汉字采用国家公布的简化汉字。在图纸上书写汉字时,应画好字格,然后从左向右、从上向下横行水平书写。长仿宋字的书写要领:横平竖直、注意起落、填满方格、结构匀称。

长仿宋字的基本笔画与字体结构见表1.1.9和表1.1.10。

表 1.1.9 长仿宋字的基本笔画

笔画	点	横	竖	撇	捺	挑	折	钩
形状	丶	一	丨	丿	㇏	㇀	𠃌	亅
运笔	丶	一	丨	丿	㇏	㇀	𠃌	亅

表 1.1.10 长仿宋字的字体结构

字体	梁	板	门	窗
结构	⊟	⊟	Ⅲ	⊟
说明	上下等分	左小右大	缩格书写	上小下大

ABCDEFGHIJKLMNO
PQRSTUVWXYZ

abcdefghijklmnopq
rstuvwxyz

0123456789ⅠⅤⅩⵁ

ABCabcd1234ⅠⅤ 75°

图 1.1.5 字体示例

1.3.2 字母和数字

拉丁字母、阿拉伯数字、罗马数字分为直体字与斜体字两种。斜体字的斜度为75°，小写字母应为大写字母高 h 的 7/10。具体书写规则可查阅 GB/T 14691—1993。图1.1.5为书写示例。

提示:数量的数值注写,应采用正体阿拉伯数字。各种计量单位凡前面有量值的,均采用国家颁布的单位符号注写,单位符号应采用正体字母。分数、百分数和比例数的注写,应采用阿拉伯数字的数学符号。例如,五分之三、百分之二十和一比二十五应分别写成3/5、20%、1:25。当注写的数字小于1时,必须写出个位的"0",小数点应采用圆点,平齐基准线书写,如0.60。

实习实作:按仿宋体要求书写下列文字:"重庆工程职业技术学院建工学院建筑工程图识读与绘制",并练习数字0~9的工程字写法。

1.4　比例

　　建筑工程制图中,建筑物往往用缩得很小的比例绘制在图纸上,而对某些细部构造又要用较大的比例,比例宜注写在图名的右侧,字的底线应取平齐,比例的字高应比图名字高小一号或二号,如图1.1.6所示。

平面图　1:100　　　　1-1剖面图　1:20　　　$\dfrac{2}{5}$　1:5

图1.1.6　比例的注写

　　建筑工程图中所用的比例,应根据图样的用途与被绘对象的复杂程度从表1.1.11中选用,并应优先选用表中的常用比例。

表1.1.11　绘图所用的比例

常用比例	1:1,1:2,1:5,1:10,1:20,1:30,1:50,1:100,1:150,1:200,1:500,1:1 000,1:2 000
可用比例	1:3,1:4,1:6,1:15,1:25,1:40,1:60,1:80,1:250,1:300,1:400,1:600,1:5 000, 1:10 000,1:20 000,1:50 000,1:100 000,1:200 000

　　提示:一般情况下,一个图样应选用一种比例。各专业制图根据需要,同一图样也可选择两种比例。特殊情况下也可自选比例,这时除应注出绘图比例外,还可在适当位置绘制出相应的比例尺。

1.5　尺寸标注

1.5.1　尺寸的组成及其标注的基本规定

　　如图1.1.7(a)所示,图样上的尺寸包括尺寸线、尺寸界线、尺寸起止符号和尺寸数字等四要素。

微课:尺寸标注

PPT:尺寸标注

　　尺寸线、尺寸界线用细实线绘制,如图1.1.7(b)所示。尺寸界线一般应与被注长度垂直,一端离开图样轮廓线不小于2 mm,另一端超出尺寸线2~3 mm。必要时,图样轮廓线可用作尺寸界线。尺寸线应与被注线段平行,不得超出尺寸界线,也不能用其他图线代替或与其他图

图 1.1.7　尺寸的组成

（a）尺寸四要素　（b）尺寸线、尺寸界线与尺寸起止符号

线重合。

　　尺寸起止符号一般用中实线的斜短线绘制,其倾斜的方向应与尺寸界线成顺时针 45°角,长度为 2～3 mm。

　　提示:图样自身的任何图线均不得用作尺寸线。

　　图样上所注写的尺寸数字是物体的实际尺寸。除标高及总平面图以米(m)为单位外,其他均以毫米(mm)为单位。尺寸数字的读图方向,应按图 1.1.8(a)中的规定注写;若尺寸数字在 30°斜线区内,宜按图 1.1.8(b)中的形式注写。

图 1.1.8　尺寸数字的读图方向

（a）30°斜线区注写　（b）水平注写　（c）错开注写

　　尺寸数字应依其读数方向写在尺寸线的上方中部,如没有足够的注写位置,最外面的数字可注写在尺寸界线的外侧,中间相邻的尺寸数字可错开注写,也可引出注写,如图 1.1.8(c)所示。为保证图上的尺寸数字清晰,任何图线不得穿过尺寸数字,不可避免时,应将图线断开,如图 1.1.8(a)所示。

1.5.2 尺寸的排列和布置

尺寸的布置如图 1.1.9 所示,尺寸的排列与布置应注意以下几点。

①尺寸宜注写在图样轮廓线以外,不宜与图线、文字及符号相交。必要时,也可标注在图样轮廓线以内。

②互相平行的尺寸线,应从被注的图样轮廓线由里向外整齐排列,小尺寸在里面,大尺寸在外面。小尺寸与图样轮廓线距离不小于 10 mm,平行排列的尺寸线的间距宜为 7~10 mm。

图 1.1.9 尺寸的布置

③总尺寸的尺寸界线,应靠近所指部位,中间分尺寸的尺寸界线可稍短,但其长度应相等。

1.5.3 尺寸标注的其他规定

尺寸标注的其他规定,可参阅表 1.1.12 所示的例图。

表 1.1.12 尺寸标注示例

注写内容	注法示例	说明
半径	R1200　R1200　R16　R20　R12　R8	半圆或小于半圆的圆弧,应标注半径。如左下方的例图所示,标注半径的尺寸线,一端应从圆心开始,另一端画箭头指向圆弧,半径数字前应加注符号"R" 较大圆弧的半径,可按上方两个例图的形式标注;较小圆弧的半径,可按右下方 4 个例图的形式标注
直径	⌀600　⌀36　⌀22　⌀12　⌀600　⌀16　⌀16　⌀4	圆及大于半圆的圆弧,应标注直径,如左侧两个例图所示,并在直径数字前加注符号"φ"。在圆内标注的直径尺寸线应通过圆心,两端画箭头指至圆弧 较小圆的直径尺寸,可标注在圆外,如右侧 6 个例图所示

注写内容	注法示例	说明
薄板厚度		在厚度数字前加注符号"t"
正方形		在正方形的侧面标注该正方形的尺寸,可用"边长×边长"标注,也可在边长数字前加正方形符号"□"
坡度		标注坡度时,在坡度数字下,应加注坡度符号,坡度符号为单面箭头,一般指向下坡方向 坡度也可用直角三角形形式标注,如右侧的例图所示。图中在坡面高的一侧水平边上所画的垂直于水平边的长短相间的等距细实线,称为示坡线,也可用它来表示坡面
角度、弧长与弦长		如左方的例图所示,角度的尺寸线是圆弧,圆心是角顶,角边是尺寸界线。尺寸起止符号用箭头,如没有足够的位置画箭头,可用圆点代替。角度的数字应水平方向注写 如中间例图所示,标注弧长时,尺寸线为同心圆弧,尺寸界线垂直于该圆弧的弦,起止符号用箭头,弧长数字上方加圆弧符号 如右方的例图所示,圆弧弦长的尺寸线应平行于弦,尺寸界线垂直于弦
连续排列的等长尺寸		可以用"个数×等长尺寸＝总长"的形式标注

续表

注写内容	注法示例	说明
相同要素		配件内的构造要素（如孔、槽等）相同时，可仅标注其中一个要素的尺寸及个数

 实习实作：用 2∶1 的比例标注下图尺寸，尺寸直接从图中量取。

【任务 1 小结】

　　任务 1 部分介绍了国家制图标准，包括图幅、标题栏、会签栏、图线及画法、比例、尺寸标注、字体等。这些内容是建筑工程图识读与绘制的基础，也是必须要掌握的技能。读者在学习过程中要经常查阅国家制图标准，读图时以国家制图标准为依据，绘图时严格执行国家标准的有关规定。

习　　题

一、选择题

二、判断题

三、简答题

1.图纸幅面有哪几种格式？它们之间有什么联系？

2.尺寸标注的四要素是什么？尺寸标注的基本要求有哪些？

选择题

判断题

综合实训

(1)工程字体练习。按照相关标准要求,在与本书配套的《建筑工程图识读与绘制习题集》和任意纸张上进行一段时间的强化练习。

(2)图纸、比例、图线、尺寸标注练习。在与本书配套的《建筑工程图识读与绘制习题集》和 A3 图纸上练习相关内容。

任务2　仪器绘图

2.1　制图工具及仪器应用

视频:制图工具的应用　　　微课:制图工具及仪器的使用　　　PPT:制图工具和仪器

2.1.1　传统制图工具

下面将简单介绍一些常用绘图工具和仪器的使用方法。

1.图板、丁字尺、三角板

如图 1.2.1(a)所示,图板用于固定图纸,作为绘图的垫板,要求板面平整,板边平直。

丁字尺由尺头和尺身两部分组成,主要用于画水平线。使用时,要使尺头紧靠图板左边缘,上下移动到需要画线的位置,自左向右画水平线。应该注意,尺头不可以紧靠图板的其他边缘画线。

图 1.2.1　图板、丁字尺、三角板的用法
(a)作水平线　(b)作铅垂线
(c)作 30°、45°斜线　(d)作 60°、75°、15°斜线

三角板可配合丁字尺自下而上画一系列铅垂线,如图1.2.1(b)所示。用丁字尺和三角板还可画与水平线成30°、45°、60°、75°及15°的斜线。这些斜线都是按自左向右的方向画出,如图1.2.1(c)和(d)所示。

提示:图板不宜暴晒、受潮、敲打、切纸、按图钉等。丁字尺应悬挂放置。

实习实作:把图纸固定在图板上,在图纸上练习丁字尺、三角板的用法。

图1.2.2　比例尺

2. 比例尺

常见的比例尺如图1.2.2所示。比例尺的使用方法如下:首先,在尺上找到所需的比例,然后,看清尺上每单位长度所表示的相应长度,就可以根据所需要的长度,在比例尺上找出相应的长度作图。例如,要以1:100的比例画2 700 mm的线段,只要从比例尺1:100的刻度上找到单位长度1 m(实际长度仅是10 mm),并量取从0到2.7 m刻度点的长度,就可量取这段长度绘图了。

提示:比例尺不能当直尺或三角板用来画线。

3. 圆规和分规

圆规是画圆和圆弧的主要工具。常见的圆规是三用圆规,定圆心的一条腿为钢针,两端都为圆锥形,应选用有台肩的一端放在圆心处,并按需要适当调节长度;另一条腿的端部则可按需要装上有铅芯的插腿、有墨线笔头的插腿或有钢针的插腿,分别用来绘制铅笔线的圆、墨线圆或当作分规用。在画圆或圆弧前,应将定圆心的钢针台肩调整到与铅芯的端部平齐,铅芯应伸出芯套6~8 mm,如图1.2.3(a)所示。在一般情况下画圆或圆弧时,应使圆规按顺时针方向转动,并稍向画线方向倾斜,如图1.2.3(b)所示。在画较大的圆或圆弧时,应使圆规的两条腿都垂直于纸面,如图1.2.3(c)所示。

分规的形状与圆规相似,但两腿都装有钢针,用它可量取线段长度,也可以等分直线段或圆弧。图1.2.4所示的是用试分法三等分已知线段AB的示例,具体作法如下。

先按目测估计,使两针尖的距离调整到大约是AB长度的1/3,在线段上试分,若图中的第3个等分点P_3正好落在B点上,说明试分准确;若P_3落在AB之内,则应将分规针尖间的距离目测放大P_3B的1/3,再重新试分,这样继续进行,直到准确等分为止。如试分后,P_3在AB线段之外,则应将分规针尖间的距离目测缩小P_3B的1/3,再重新试分。上述试分直线段的方法,也可用于等分圆周或圆弧。

（a）　　　　　　（b）　　　　　　　　　　　（c）

图 1.2.3　圆规的使用方法

（a）钢针台肩与铅芯或墨线笔头端部平齐　（b）一般情况下画圆的方法　（c）画较大的圆或圆弧的方法

4.墨线笔和绘图墨水笔

图 1.2.4　用分规等分直线段

墨线笔也称直线笔，是上墨、描图的工具。使用前，旋转调整螺钉，使两叶片间距约为线型的宽度，用蘸水钢笔将墨水注入两叶片间，笔内墨水的高度以 5 mm 左右为宜。正式描图前，应进行反复调整线型宽度、擦拭叶片外面沾有的墨水等工作。正确的笔位如图 1.2.5（a）所示，墨线笔与尺边垂直，两叶片同时垂直于纸面，且向前进方向稍倾斜。图 1.2.5（b）是不正确的笔位，笔杆向外倾斜，笔内墨水将沿尺边渗入尺底而弄脏图纸；而当笔杆向内倾斜时，所绘图线外侧会不光洁。

（a）　　　　　　　　　　　　　　　　　（b）

图 1.2.5　墨线笔的用法

（a）正确的笔位　（b）不正确的笔位

　　图 1.2.6 所示的是绘图墨水笔，也称自来水直线笔，是目前广泛使用的一种描图工具。它的笔头是一个针管，针管直径有粗细不同的规格，可画出不同线宽的墨线，使用简单，画图方便，能有效提高画图速度。使用绘图墨水笔时应该注意，绘图墨水笔必须使用碳素墨水或专用绘图墨水，以保证使用时墨水流畅，用后要用清水及时把针管冲洗干净，以防堵塞。

5.铅笔

　　绘图铅笔按铅芯的软、硬程度可分为 B 型和 H 型两类。"B"表示软铅芯，"H"表示硬铅芯，HB 介于两者之间，画图时，可根据使用要求选用不同的铅笔型号。建议 B 或 2B 用于画粗

针管　　　通针　　　　　　吸墨管

图 1.2.6　绘图墨水笔

线;H 或 2H 用于画细线或底稿线;HB 用于画中粗线或书写字体。

　　铅芯磨削的长度及形状,建议用如图 1.2.7 所示的规格。写字或打底稿用锥状铅芯,见图 1.2.7(a);加深图线时宜用楔状铅芯,见图 1.2.7(b)。

　　6. 曲线板

　　曲线板是用于画非圆曲线的工具,用曲线板画曲线的方法如图 1.2.8 所示。

　　(a)　　　　　　　(b)

图 1.2.7　铅芯的长度及形状
(a)锥状铅芯　(b)楔状铅芯

(a)　　　　　(b)　　　　　(c)

图 1.2.8　用曲线板画曲线
(a)铅笔徒手勾画曲线　(b)曲线板分段画线
(c)分段画线重合,连成整体

　　如图 1.2.8(a)所示,先将曲线上的点用铅笔轻轻连成曲线。如图 1.2.8(b)所示,在曲线板上选取相吻合的曲线段,从曲线起点开始,至少要通过曲线上的 3~4 个点,并沿曲线板描绘这一段吻合的曲线,但不能把吻合的曲线段全部描完,而应留下最后一小段。用同样的方法选取第二段曲线,两段曲线相接处,应有一段曲线重合。如此分段描绘,直到描完最后一段,如图 1.2.8(c)所示。

　　7. 绘图机

　　图 1.2.9 所示是一种常见的绘图机,它装有一对保持相互垂直的直尺,尺上除了具有能平移和转动的装置外,尺面上还刻有多种比例。此外,台面也能根据需要调整倾斜度,从而改善工作条件和提高绘图速度。

图 1.2.9　绘图机

2.1.2 计算机绘图工具

AutoCAD 软件是由美国 Autodesk 公司于 20 世纪 80 年代初为在微机上应用 CAD 技术而开发的绘图程序软件包,经过不断完善,现已成为国际上广为流行的绘图工具。

AutoCAD 可以绘制任意的二维和三维图形,同传统的手工绘图相比绘图速度更快、精度更高而且便于修改,AutoCAD 已在工程领域得到广泛应用,其内容将在后面的章节中详细介绍。

2.2 几何作图

用传统制图工具绘制平面图形时,常常用到平面几何中的几何作图方法,下面仅对一些常用的几何作图作简要的介绍。

PPT:几何作图

微课:几何图形的作图方法

2.2.1 平行线及垂直线

两块三角板配合使用可画出已知线段的平行线和垂直线,如图 1.2.10 和图 1.2.11 所示。

1. 过已知点作已知线段的平行线

过已知点作已知线段的平行线的作图方法如下:

①已知线段 BC 和线段 BC 外一点 A,如图 1.2.10(a)所示;

②用第一块三角板的一边与线段 BC 重合,第二块三角板与第一块三角板的另一边重合,如图 1.2.10(b)所示;

③推动第一块三角板经过 A 点画一条线段即为所求的 BC 的平行线,如图 1.2.10(c)所示。

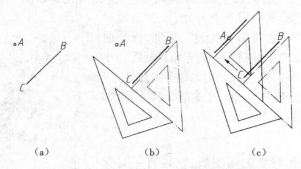

（a）　　　　（b）　　　　（c）

图 1.2.10　过已知点作已知直线的平行线

（a）已知条件　（b）作图过程　（c）作出所求平行线

2. 过已知点作已知线段的垂直线

过已知点作已知线段的垂直线的作图方法如下:

（a）　　　　　　（b）　　　　　　（c）

图1.2.11　过已知点作已知线段的垂直线

（a）已知条件　　（b）作图过程　　（c）作出所求垂直线

①已知线段 BC 和 BC 外一点 A，如图1.2.11（a）所示；

②使45°三角板的一条直角边与线段 BC 重合，它的斜边紧靠另一块三角板，如图1.2.11（b）所示；

③推动45°三角板，当它的另一条直角边经过 A 点时画一条线段即为所求的 BC 的垂直线，如图1.2.11（c）所示。

实习实作：在课堂上绘制下图。

2.2.2　等分线

1. 等分已知线段

除了用试分法等分已知线段外，还可以采用辅助线法。三等分已知线段的作图方法如下：

①已知线段 AB，如图1.2.12（a）所示；

②过点 A 作一条射线 AC，在射线 AC 上取点 D、E、F，使 $AD = DE = EF$，如图1.2.12（b）所示；

③连接 BF，分别过 D、E 点作 BF 的平行线交 AB 于 M 点与 N 点，如图1.2.12（c）所示，点 M、N 就是线段 AB 的三等分点。

图 1.2.12　等分线段

(a)已知条件　(b)取点　(c)得等分点

2.等分两平行线间的距离

三等分两平行线之间的距离的作图方法如下：

①已知线段 AB 和 CD，将直尺刻度线上的 0 点落在 CD 线上，转动直尺，将直线上的 3 点落在 AB 线上，分别将刻度尺的 1、2 点取为 M、N 点，如图 1.2.13(a)所示；

②分别过 M、N 点作已知线段 AB、CD 的平行线，如图 1.2.13(b)所示；

③清理图面，加深图线，即得所求的三等分 AB 与 CD 之间距离的平行线，如图 1.2.13(c)所示。

图 1.2.13　等分两平行线间的距离

(a)取点　(b)作平行线　(c)得等分直线

实习实作:将 AB 线段等分为 4 份,并将 AB 与 CD 间的距离三等分。

A———————B

C———————D

2.2.3　正多边形

正多边形可用分规试分法等分外接圆的圆周后作出,也可用三角板配合丁字尺按几何作图等分外接圆的圆周后作出。

1.正四边形的作法

已知外接圆作正四边形的作图方法如下:

①以 45°三角板的一条直角边紧靠丁字尺,过圆心 O 作 45°直线,交圆周于 A、B 点,如图 1.2.14(a)所示;

②过点 A、B 分别作水平中心线的平行线和垂直线,分别与图交于 A′与 B′点,如图 1.2.14(b)所示;

③清理图面,加深图线,即为所求作的正四边形,如图 1.2.14(c)所示。

（a）　　　　　　　　　（b）　　　　　　　　　（c）

图 1.2.14　作正四边形
（a）作斜线　（b）作平行线和垂线　（c）所求正四边形

2. 正六边形的作法

已知外接圆作正六边形的作图方法如下:

①以 60°三角板的一条直角边紧靠丁字尺,分别过水平中心线与圆周的两个交点作 60°斜线,如图 1.2.15(a)所示;

②翻转三角板,作出另两条 60°斜线,如图 1.2.15(b)所示;

③过 60°斜线与圆周的交点,分别作上下两条与水平中心线平行的直线。清理图面,加深图线,即为所求的正六边形,如图 1.2.15(c)所示。

（a）　　　　　　　　　（b）　　　　　　　　　（c）

图 1.2.15　作正六边形
（a）作斜线　（b）作另两条斜线　（c）所求正六边形

3. 正五边形的作法

已知外接圆作正五边形的作图方法如下:

①用圆规分别以 O、B 为圆心,求出半径 OB 的中点 C,如图 1.2.16(a)所示;

②以 C 为圆心、CD 为半径作弧交 OA 于 E 点,以 DE 长在圆周上截得各等分点,连接各等分点,如图 1.2.16(b)所示;

③清理图面,加深图线,即为所求的正五边形,如图 1.2.16(c)所示。

（a）　　　　　　（b）　　　　　　（c）

图 1.2.16　作正五边形

（a）取点　（b）作弧　（c）所求正五边形

4.任意边数的正多边形的作法

已知外接圆作正七边形的作图过程，是一种近似作图法。作图方法如下：

①将直径 AN 七等分，得 P_1，P_2，P_3，P_4，P_5，P_6 六个等分点，如图 1.2.17（a）所示；

②以 N 点为圆心，AN 长为半径作弧，交水平中心线于 M_1，M_2 点，将 M_1、M_2 分别与等分点 P_2，P_4，P_6 相连，延长后与圆周相交，取得与点 A 相应的其他的六个等分点 B、C、D、E、F、G，如图 1.2.17（b）所示；

③清理图面，加深图线，即为所求的正七边形，如图 1.2.17（c）所示。

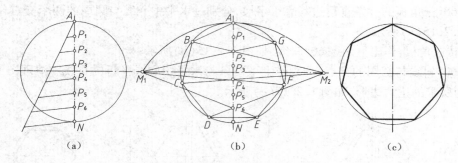

（a）　　　　　　　（b）　　　　　　　（c）

图 1.2.17　作正七边形

（a）取点　（b）作弧，连线　（c）所求正七边形

 实习实作：已知外接圆半径为 35 mm，求作圆内接正七边形。

微课：圆弧连接

PPT：圆弧连接

2.2.4　圆弧连接

使直线与圆弧相切或圆弧与圆弧相切来连接已知图线，称为圆弧连接，用来连接已知直线或已知圆弧的圆弧称为连接弧，切点称为连接点。为了使线段能准确连接，作图时，必须先求出连接弧的圆心和切点的位置。表 1.2.1 中列举了几种直线与圆弧、圆弧与圆弧连接的画法及其作图过程。

表 1.2.1　圆弧连接示例

示例	已知条件与作图要求	作图过程	作图结果
过已知点作已知圆的切线	过点 A 作已知圆 O 的切线	1. 连接 OA，取 OA 中点 C 2. 以 C 为圆心，CO 为半径画弧，交圆周于点 B 3. 连接 AB，即为所求切线	本例有两条切线，另一条切线与 AB 关于 OA 对称，作图过程与求作 AB 相同，未画出。清理图面，加深图线后的作图结果如上图所示
作圆弧连接两斜交直线	作半径为 R 的圆弧连接两已知的斜交直线	1. 分别作距两已知直线距离为 R 的两条平行线，交点 O 为连接弧的圆心 2. 过圆心 O 作两已知直线的垂线，垂足 M、N 即切点 3. 以 O 为圆心，R 为半径，自切点 N 向 M 画弧，即为所求	清理图面，加深图线后的作图结果如上图所示
作圆弧连接两正交直线	作半径为 R 的圆弧连接两垂直相交的已知直线	1. 以两已知直线的交点 A 为圆心，R 为半径画圆，交已知直线于 M、N，即为切点 2. 分别以 M、N 为圆心，R 为半径画圆，交点 O 为连接弧的圆心 3. 以 O 为圆心，R 为半径，自切点 N 向 M 画弧，即为所求	清理图面，加深图线后的作图结果如上图所示

示例	已知条件与作图要求	作图过程	作图结果
作圆弧与两已知圆弧外切	作半径为 R 的圆弧连接两已知圆弧,并与它们同时外切	1. 分别以 O_1、O_2 为圆心,$R_1 + R$、$R_2 + R$ 为半径画弧,相交得连接弧的圆心 O 2. 连接 OO_1、OO_2,分别与两圆周交于 A、B 两点,即为切点 3. 以 O 为圆心,R 为半径,自切点 B 向 A 画弧,即为所求	本例可以作出两条圆弧,另一条圆弧与圆弧 AB 关于 O_1O_2 对称,作图过程与求作圆弧 AB 相同,未画出。清理图面,加深图线后的作图结果如上图所示
作圆弧与两已知圆弧内切	作半径为 R 的圆弧连接两已知圆弧,并与它们同时内切	1. 分别以 O_1、O_2 为圆心,$R - R_1$、$R - R_2$ 为半径画弧,相交得连接弧的圆心 O 2. 连接 OO_1、OO_2,OO_1、OO_2 的延长线分别与两圆周交于 A、B 两点,即为切点 3. 以 O 为圆心,R 为半径,由切点 B 向 A 画弧,即为所求	本例可以作出两条圆弧,另一条圆弧与圆弧 AB 关于 O_1O_2 对称,作图过程与求作圆弧 AB 相同,未画出。清理图面,加深图线后的作图结果如上图所示

示例	已知条件与作图要求	作图过程	作图结果
作圆弧与已知直线相切、与已知圆弧外切	作半径为 R 的圆弧,与已知圆弧外切、与已知直线相切	1. 作与已知直线距离为 R 的平行线;以 O_1 为圆心, $R_1 + R$ 为半径画弧,与上述平行线相交得连接弧的圆心 O 2. 过圆心 O 向已知直线作垂线,得垂足 A;连接 O_1O, O_1O 与圆周交于点 B,即为切点 3. 以 O 为圆心, R 为半径,自点 A 向 B 画弧,即为所求	本例可以作出两条圆弧,另一条圆弧的作图过程与求作圆弧 AB 相同,未画出。清理图面,加深图线后的作图结果如上图所示

 实习实作:按图示尺寸,补画右侧图线。

2.2.5　椭圆

表1.2.2介绍了已知椭圆长轴 AB 和短轴 CD 作椭圆的几种方法。同心圆法能够比较准

确地求作一个椭圆,四心法是一种近似作椭圆法,八点法用于要求不很精确的椭圆作图。

表 1.2.2　已知长短轴画椭圆

方法	同心圆法	四心法	八点法
图例			
作图过程	1. 以 O 为圆心分别以 AB、CD 为直径作两个同心圆。过点 O 作若干条射线,交两圆周于 E_1 与 E_2 点 2. 过点 E_1 作水平线,过点 E_2 作竖直线,则交点 E 就是椭圆上的点,其他各点的作法相同 3. 用曲线板光滑连接各点即为所求的椭圆	1. 延长 CD,在延长线上量取 $OK = OA$,得点 K 2. 连接 AC,并在 AC 上取 $CM = CK$ 3. 作 AM 的中垂线交 OA 于 O_1,交 OD 于 O_2,再取 O_1 和 O_2 的对称点 O_3、O_4 4. 连接 O_1O_2、O_2O_3、O_3O_4、O_4O_1 并延长 5. 分别以 O_1、O_3 为圆心,O_1A、O_3B 为半径画弧,以 O_4、O_2 为圆心,O_4D、O_2C 为半径画弧,两弧分别交接于 O_1O_2、O_2O_3、O_3O_4、O_4O_1 的延长线上的点 P、Q、R、S,用曲线板光滑连接各点,即得所求的近似椭圆。P、Q、R、S 分别为两圆弧的切点	1. 过长短轴的端点 A、B、C、D 作椭圆外切矩形 $P_1P_2P_3P_4$,连接对角线 2. 以 P_1C 为斜边作 $45°$ 等腰直角三角形 P_1KC 3. 以 C 为圆心,CK 为半径作弧交 P_1P_4 于 M、N;再自 M、N 引短边的平行线与对角线交得 P_5、P_6、P_7、P_8 四点 4. 用曲线板光滑连接点 A、P_5、C、P_7、B、P_8、D、P_6、A,即得所求的椭圆

实习实作:已知长轴为 60 mm,短轴为 40 mm,画出此椭圆。

2.3　平面图形的绘制

2.3.1　仪器绘图的步骤

工程图样通常都是用绘图工具和仪器绘制的,绘图的步骤是先画底稿,然后进行校对,根据需要进行铅笔加深或上墨,最后再经过复核,由制图者签字。

1. 画底稿

在使用丁字尺和三角板绘图时,采光最好来自左前方。通常用削尖的 2H 铅笔轻绘底稿,底稿一定要正确无误,才能加深或上墨。画底稿的顺序:①按图形的大小和复杂程度,确定绘图比例,选定图幅,画出图框和标题栏;②根据选定的比例估计图形及注写尺寸所占的面积,布置图面;③开始画图,画图时,先画图形的基线再逐步画出细部;④图形完成后,画尺寸界线和尺寸线;⑤对所绘的图稿进行仔细校对,改正画错或漏画的图线,并擦去多余的图线。

2. 铅笔加深

铅笔加深要做到粗细分明,符合国家标准的规定,宽度为 b 和 $0.5b$ 的图线常用 B 或 HB 铅笔加深;宽度为 $0.25b$ 的图线常用削尖的 H 或 2H 铅笔适当用力加深;在加深圆弧时,圆规的铅芯应比加深直线的铅芯软一号。

用铅笔加深时,一般应先加深细单点长画线,可以按线宽分批加深,先画粗实线,再画中实线,然后画细实线,最后画双点长画线、折断线和波浪线。加深同类型图线的顺序是先画曲线,后画直线。画同类型的直线时,通常是先从上向下加深所有的水平线,再从左向右加深所有的竖直线,然后加深所有的倾斜线。

当图形加深完毕后,再画尺寸线、尺寸界线、尺寸起止符号,填写尺寸数字和书写图名、比例等文字说明和标题栏。

3. 复核和签字

加深完毕后,必须认真复核,如发现错误,则应立即改正,最后,由制图者签字。绘制上墨图样的程序,与绘制铅笔加深图样的程序相同。用描图纸上墨的图纸,可在描图纸下用已准备好的衬格书写各类文字。尤其应该注意的是,同类线型一定要一次上墨完成,以免由于经常改变墨线笔的宽度而使同类图线的线宽不同。当描图中发现描错或产生墨污时,应进行修改。修改时,宜在图纸下垫一块三角板,将图纸放平后用锋利的薄型刀片轻轻刮掉需要修改的图线或墨污,如在刮净处仍然需要描图画线或写字,则仍在下垫三角板的情况下,用硬橡皮再擦拭一次,以便在压实修刮过的描图纸上再重新上墨。

2.3.2　平面图形的分析与画法

平面图形是由若干条线段所围成的,而线段的形状与大小是根据给定尺寸确定的。构成平面图形的各种线段中,有些线段尺寸是已知的,可以直接画出,有些线段的尺寸条件不足,需要用几何作图的方法求出后才能画出。因此,画图前,必须对平面图形的尺寸和线段进行分析。现以图 1.2.18 所示的衣帽钩形状的平面图形为例,说明尺寸与线段的关系。

1. 平面图形的尺寸分析

(1)尺寸基准

尺寸基准是标注尺寸的起点。平面图形的长度方向和高度方向都要确定一个尺寸基准。尺寸基准常常选用图形的对称线、底边、侧边、图中圆周或圆弧的中心线等。在图 1.2.18 所示的平面图形中,长度、高度的尺寸基准分别取 $\phi38$ 圆的竖直中心线和水平中心线。

**图 1.2.18 平面图形的尺寸
和线段分析**

（2）定形尺寸和定位尺寸

定形尺寸是确定平面图形各组成部分大小的尺寸，如图中 $\phi38$、$\phi12$、$R54$、$R10$ 等；定位尺寸是确定平面图形各组成部分相对位置的尺寸，如图中 5、60、40、26、24 等。从尺寸基准出发，通过各定位尺寸，可确定图形中各个部分的相对位置，通过各定形尺寸，可确定图形中各个部分的大小，于是就可以完全确定整个图形的形状和大小，准确地画出这个平面图形。

（3）尺寸标注的基本要求

平面图形的尺寸标注要做到正确、完整、清晰。正确是指标注尺寸应符合国家标准的规定。完整是指标注尺寸应该没有遗漏尺寸，也没有矛盾尺寸。在一般情况下不注写重复尺寸（包括通过现有尺寸计算或作图后，可获得的尺寸在内），但在需要时，也允许标注重复尺寸。清晰是指尺寸标注得清楚、明显，并标注在便于看图的地方。

2. 平面图形的线段分析

平面图形中圆弧连接处的线段，根据尺寸是否完整可分为以下三类。

（1）已知线段

根据给出的尺寸可以直接画出的线段称为已知线段。即这个线段的定形尺寸和定位尺寸都完整，如图 1.2.18 中的 $\phi38$、$\phi(38+8)$、$\phi(38-8)$、$\phi12$ 等圆弧。

（2）中间线段

有定形尺寸，缺少一个定位尺寸，需要依靠另一端相切、相接或在某圆周上等类似的条件才能画出的线段称为中间线段，如图 1.2.18 中下面的 $\phi12$ 圆弧。

（3）连接线段

有定形尺寸，缺少两个定位尺寸，需要依靠两端相切或相接的条件才能画出的线段称为连接线段，如图 1.2.18 中的 $R54$、$R10$ 等圆弧。在平面图形中存在这两类或三类线段的圆弧连接处，绘图时，应先画出已知线段，再画中间线段，最后画连接线段。

抄绘平面图形的绘图步骤如下：①分析平面图形及其尺寸基准和圆弧连接的线段，拟定作图顺序；②按选定的比例画底稿，先画与尺寸基准有关的作图基线，再依次画出已知线段、中间线段、连接线段；③图形完成后，画尺寸线和尺寸界线，并校核修正底稿，清理图面；④按规定线型加深或上墨，写尺寸数字，再次校核修正，便完成了抄绘这个平面图形的任务。

【例题】 图 1.2.19（d）是花池金属栏杆的图案，试抄画这个平面图形。

【解】   首先，分析这个花池金属栏杆图案的平面图形：它是左右对称的由直线段、圆和圆弧组成的图形，可用左右对称线和底边分别作为长度和高度方向的尺寸基准。底边和两个 $\phi200$ 的圆周是已知线段，底部左右两条铅垂线也可直接画出，但它们的上端点是与 $R200$ 的圆弧的切点，要在作过两个圆弧时才能确定，也可以看做已知线段；$R450$ 的圆弧是两个 $\phi200$ 圆周的连接线段；两侧的 $\phi200$ 的圆周、$R500$ 的圆弧、$R200$ 的圆弧和下部的铅垂线是连续相切

图 1.2.19　抄绘花池栏杆图案

(a)画基线和已知线段　(b)画中间线段　(c)画连接线段

(d)标注尺寸,清理图面,校核,加深

的,其中,$R500$ 的圆弧是中间线段,它的两端应分别与 $\phi200$ 的圆周和 $R200$ 的圆弧相切,$R200$ 的圆弧是连接线段,它的两端应分别与 $R500$ 的圆弧和铅垂线相切。

　　然后,根据上述分析拟定如下的作图顺序,按选定的比例逐步绘图(左右两侧对称的圆弧连接作图,只画了左侧的作图过程,右侧也是同样作出的)。

　　作图步骤如下。

　　①画作图基线和已知线段,如图 1.2.19(a)所示。先画作图基线,即左右对称线和底边,分别是长度和高度方向的尺寸基准。由尺寸 200 画出底边和底部的左右两条铅垂线。由尺寸400 和 800 画出顶部两个圆周的中心线,用尺寸 200 作出顶部的两个圆周。

　　②画中间线段,如图 1.2.19(b)所示。用尺寸 150、$R500$ 按与 $\phi200$ 的圆周内切的圆弧连接作图方法画出中间线段 $R500$ 的圆弧,同时也准确定出切点。

③画连接线段,如图1.2.19(c)所示。用尺寸 $R200$ 按与 $R500$ 的圆弧外切和与铅垂线相切的圆弧连接的作图方法画出连接线段 $R200$ 的圆弧;用尺寸 $R450$ 按与两个 $\phi200$ 的圆周相内切的圆弧连接的作图方法画出连接线段 $R450$ 的圆弧。在上述作图过程中,也都同时准确定出各切点。

④标注尺寸,清理图面,经仔细校核无误后,加深或上墨,如图1.2.19(d)所示,最后,抄绘全部尺寸,擦去多余的图线和符号及其他内容,校核、修正图稿上的缺点和错误,按规定的线型加深或上墨。

【任务2小结】

任务2部分介绍了绘图工具、仪器和用品的种类及使用方法,几何作图步骤及要求等。同学们要在了解常用建筑绘图工具、仪器及用品的基础上,熟练掌握常用绘图工具的使用方法和要领,要充分理解与把握建筑制图的基本方法与步骤,学习时要多练习,初步具备建筑工程图识读与绘制的基本技能,为后续内容的学习奠定基础。

选择题

判断题

习　题

一、选择题

二、判断题

三、简答题

1. 常用的制图工具和仪器有哪些,如何使用?

2. 简述绘制图样的一般方法和步骤。

综合实训

在与本书配套的《建筑工程图识读与绘制习题集》中用 A3 图幅练习几何作图。

任务3　计算机软件绘图

目前,市面上常用的计算机绘图软件种类较多,有 AutoCAD、中望 CAD、天正 CAD、Photo-

Shop、CorelDRAW、Flash、Firewoks、3D、CAXA、AI、Corel Painter、ComicStudio 等。但在二维绘图软件中应用最为广泛的是 AutoCAD,它可以用于与绘图有关的所有行业,如建筑、机械、电子、天文、物理、化工等。

3.1　AutoCAD 2010 简介

熟练掌握 AutoCAD 2010,首先要清楚如何安装该软件,掌握该软件的基本界面和使用方法。

3.1.1　AutoCAD 2010 的安装与启动

随着软件的不断更新,安装 AutoCAD 2010 已经变为一件很容易的事了。只要您根据计算机的提示,输入数据和单击按钮就可以完成。下面我们就安装软件所需的系统配置、软件安装作一个简单的介绍。

1.安装软件所需的系统配置

AutoCAD 主要进行制图操作,对系统的要求很高。下面列出了运行 AutoCAD 2010 所需的最低软件和硬件要求:

(1)AutoCAD 2010 32 位配置要求

①Microsoft Windows XP Professional 或 Home 版本(SP2 或更高),支持 SSE2 技术的英特尔奔腾 4 或 AMD Athlon 双核处理器(1.6 GHz 或更高主频)、2 GB 内存、1 GB 可用磁盘空间(用于安装)、1 024 ×768 VGA 真彩色显示器、Microsoft Internet Explorer 7.0 或更高版本。

②Microsoft Windows Vista(SP1 或更高),包括 Enterprise、Business、Ultimate 或 Home Premium 版本(Windows Vista 各版本区别),支持 SSE2 技术的英特尔奔腾 4 或 AMD Athlon 双核处理器(3GHz 或更高主频)、2 GB 内存、1 GB 可用磁盘空间(用于安装)、1 024 ×768 VGA 真彩色显示器、Internet Explorer 7.0 或更高。

(2)AutoCAD 2010 64 位配置要求

Windows XP Professional x64 版本(SP2 或更高)或 Windows Vista(SP1 或更高),包括 Enterprise、Business、Ultimate 或 Home Premium 版本(Windows Vista 各版本区别)。

支持 SSE2 技术的 AMD Athlon 64 位处理器、支持 SSE2 技术的 AMD Opteron 处理器、支持 SSE2 技术和英特尔 EM64T 的英特尔至强处理器,或支持 SSE2 技术和英特尔 EM64T 的英特尔奔腾 4 处理器、2 GB 内存、1.5 GB 可用磁盘空间(用于安装)、1 024 ×768 VGA 真彩色显示器、Internet Explorer 7.0 或更高。

(3)3D 建模的其他要求(适用于所有配置)

英特尔奔腾 4 处理器或 AMD Athlon 处理器(3 GHz 或更高主频);英特尔或 AMD 双核处理器(2 GHz 或更高主频)、2 GB 或更大内存、2 GB 硬盘空间,外加用于安装的可用磁盘空间、1 280 ×1 024 32 位彩色视频显示适配器(真彩色),工作站级显卡(具有 128 MB 或更大内存、支持 Microsoft Direct3D)。

2．软件的安装

在安装 AutoCAD 2010 之前，请关闭所有正在运行的应用程序，还要确保关闭所有防毒软件。将 AutoCAD 2010 的安装盘插入 CD-ROM 驱动器，稍后即可出现 AutoCAD 2010 的安装界面。

3．启动 AutoCAD 2010

启动 AutoCAD 2010 的方法很多，下面介绍几种常用的方法。

①在 Windows 桌面上双击 AutoCAD 2010 中文版快捷图标。

②单击 Windows 桌面左下角的"开始"按钮，在弹出的菜单中选择"程序"→"Autodesk"→"AutoCAD 2010 – Simplified Chinese"→"AutoCAD 2010"。

③双击已经存盘的任意一个 Auto-CAD 图形文件（＊.dwg 文件）。

3.1.2　AutoCAD 2010 用户界面

启动 AutoCAD 2010 后，其用户界面如图 1.3.1 所示，它主要由标题栏、绘图窗口、菜单栏、工具栏、命令提示窗口、滚动条和状态栏等组成，下面分别介绍各部分的功能。

图 1.3.1　AutoCAD 2010 用户界面

1．标题栏

在大多数的 Windows 应用程序里面都有标题栏，AutoCAD 2010 的标题栏在应用程序的最上面，它的左侧用来显示当前正在运行的应用程序名称，它的右侧为最小化、最大化（还原）和关闭按钮。

2．绘图窗口

绘图窗口中的光标为十字光标，用于绘制图形及选择图形对象，十字线的交点为光标当前位置，十字线的方向与当前用户坐标系的 X 轴、Y 轴方向平行。

在绘图窗口的左下角有一个坐标系图标，它反映了当前所使用的坐标系形式和坐标系方向。在 AutoCAD 中绘制图形，可以采用两种坐标系，即世界坐标系（WCS）和用户坐标系（UCS）。

3．菜单栏

AutoCAD 菜单选项有 3 种形式：①菜单项后面带有三角形标记；②菜单项后面带有省略号标记；③单独的菜单项。

4.工具栏

工具栏是用户访问 AutoCAD 命令的快捷方式,它包含了许多命令按钮,只要单击某个按钮,AutoCAD 将会执行相应的命令,图 1.3.2 所示为绘图工具栏。

图 1.3.2　绘图工具栏

提示:当光标在某个按钮上停留一定时间后,将出现该按钮的中文名称及解释。

5.命令提示窗口

在 AutoCAD 绘图窗口和状态栏的中间是命令提示窗口。它是 AutoCAD 与用户进行交互对话的地方,用于显示系统的信息以及用户输入信息,如图 1.3.3 所示。

6.滚动条

在 AutoCAD 2010 中,每个绘图窗口的右边及底边都有滚动条。拖动滚动条上的滑块或单击两端的三角形箭头就可以使绘图窗口中的图形沿水平或垂直方向滚动显示,如图 1.3.4 所示。

图 1.3.3　命令提示窗口

图 1.3.4　AutoCAD 2010 滚动条

7. 状态栏

状态栏位于 AutoCAD 2010 的底部,它反映了此时的工作状态。状态栏右边是指示并控制用户工作状态的 10 个按钮,依次是"捕捉模式""栅格显示""正交模式""极轴追踪""对象捕捉""对象捕捉追踪""允许/禁止动态 VCS""动态输入""显示/隐藏线宽"和"快捷特性",如图1.3.5 所示。

图 1.3.5　状态栏

3.1.3　图形文件管理

AutoCAD 2010 中的图形文件管理指的是创建图形文件、打开图形文件、保存文件和关闭文件,下面将分别进行介绍。

1. 建立图形文件

◇命令:NEW

◇菜单:文件(F)→新建(N)

◇按钮:"标准"工具栏中的□按钮

2. 打开图形文件

◇命令:OPEN

◇菜单:文件(F)→打开(O)

◇按钮:"标准"工具栏中的☞按钮

3. 保存图形文件

将图形文件保存时,一般采取两种方式:一种是按当前文件名保存;另一种是按新文件名保存。

◇命令:QSAVE

◇菜单:文件(F)→保存(S)

◇按钮:"标准"工具栏中的■按钮

4. 关闭图形文件

由于 AutoCAD 从 2000 版开始支持多文档环境,因此提供了"CLOSE"命令来关闭当前的图形文件,而不影响其他已打开的文件。

◇命令:CLOSE

◇菜单:文件(F)→关闭(C)

3.1.4　基本操作

我们将介绍 AutoCAD 的一些基本操作,如启动与撤销命令、缩放以及移动图形等。这些知识都是 AutoCAD 绘图的一些基本知识,用户首先应当掌握。

1. 撤销和重复命令

在 AutoCAD 中,当执行某一个命令时,可以随时使用"Esc"键来终止该命令,AutoCAD 又回到了命令行状态。而在绘图过程中,经常要重复使用某个命令,重复使用命令的方法就是直接按下"Enter"键。

2. 取消操作

在使用 AutoCAD 绘图的过程中,不可避免地会出现错误,如果要修正这些错误,可使用"UNDO"命令或单击标准工具栏中的按钮。如果想取消前面执行的多个操作,可反复使用"UNDO"命令或反复单击⬅按钮。

3. 快速缩放及移动图形

AutoCAD 的图形缩放及移动是很完善的,使用起来也很方便。绘图时,我们经常使用标准工具栏上的 ⬆🔍🔍🔄 按钮来完成这两项功能。通过 🔍🔍🔄 按钮缩放图形,通过 ⬆ 按钮平移图形。也可按下鼠标中间的滚轮实现平移图形,滚动鼠标中间的滚轮实现缩放图形。

3.1.5　使用 AutoCAD 2010 绘制第一张图纸

绘制第一张图纸的操作步骤如下。

1. 启动 AutoCAD 2010

双击桌面上的 AutoCAD 2010 – Simplified Chinese 快捷方式图标 📄,将会显示如图 1.3.1 所示的绘图界面,此时就可以在绘图区域开始绘图了。

2. 设置图形界限

AutoCAD 的绘图是很精确的,因此,首先要确定图形的界限。单击"格式"菜单下的"图形界限",在命令显示窗口中输入图形界限的大小,左下角点的坐标设为(0,0),右上角点的坐标为(40,40)。其操作方式是在命令显示窗口中输入"LIMITS"命令,回车后,左下角点的坐标设为(0,0),再回车后,右上角点的坐标设为(40,40),如图 1.3.6 所示。

图 1.3.6　设置图形界限

提示:要使所设置的图形界限显现出来,必须紧接着输入"ZOOM"命令,回车后,再输入"A",才能完成图形界限大小的设置,如图 1.3.7 所示。

```
命令: ZOOM
指定窗口的角点,输入比例因子 (nX 或 nXP),或者
[全部(A)/中心(C)/动态(D)/范围(E)/上一个(P)/比例(S)/窗口(W)/对象(O)] <实时>: A
正在重生成模型。
命令:
```

图 1.3.7　图形界限的全屏显示设置

3.1.6　使用 AutoCAD 2010 的在线帮助

当我们在学习的过程中出现难以解决的问题时,最好的办法就是使用 AutoCAD 在线帮助,下面我们介绍使用 AutoCAD 2010 在线帮助的方法。

用户可以通过下拉菜单"帮助"→"帮助"查看 AutoCAD 命令、AutoCAD 系统变量和其他主题词的帮助信息。在"索引"选项卡中,用户按"显示"按钮即可查阅相关的帮助内容。通过"帮助"菜单,用户还可以查询 AutoCAD 命令参考、用户手册、定制手册等有关内容。

◇命令:HELP

◇菜单:帮助(H)→帮助(H)

◇按钮:"标准"工具栏中的 按钮

"HELP"命令可以透明使用,即在执行其他命令过程中仍可查询命令的帮助信息。帮助命令主要有两种应用:①在命令的执行过程中调用在线帮助;②在命令提示符下,直接检索与命令或系统变量有关的信息。

实践活动:在教师的带领和组织下,绘制第一张 CAD 图纸,然后分小组(每组 5～8 人),各小组之间按制图标准互检,再由教师点评并打分。

活动建议:准备已经打印出来的漂亮、有趣的 CAD 图形。

3.2　二维绘图命令及其应用

在施工现场或设计工作中,经常会遇到上级部门或领导要求我们在规定时间内完成某一图形的绘制或设计工作的情况。

如何快捷、准确地绘制以下图形?

要想快捷、准确地绘制出以上图形,我们必须熟练应用二维绘图命令,其中包括绘制点、绘制直线、绘制多段线、绘制矩形、绘制正多边形、绘制多线。

3.2.1 二维绘图命令及其应用

1. 点的绘制

在绘图过程中,可以将点作为要捕捉或要偏移对象的节点或参考点。同时,用户可以根据需要设置点的样式及其大小。

(1)点样式的设置

1)功能

点的外观和大小可以通过点样式来控制。在 AutoCAD 绘制点对象之前,应先设置好点的样式,如果不进行设置,则系统会选用默认的样式。

2)命令调用方式

◇菜单:格式(O)→点样式(P)

◇命令:DDPTYPE

3)操作

采用上述任一方式调用"DDPTYPE"命令,将弹出【点样式】对话框,如图1.3.8 所示。从【点样式】对话框中,可以选择所需的当前点样式,还可以在该对话框中设置点的大小。设置完成后,单击"确定"按钮,关闭【点样式】对话框。

(2)点的绘制

1)功能

创建点对象。

图1.3.8　【点样式】对话框

2）命令调用方式

◇按钮："绘图"工具栏中的 · 按钮

◇菜单：绘图（D）→点（O）

◇命令：POINT（简写：PO）

3）操作

在点的样式设置好后，就可以开始画点了，操作步骤如下。

①采用上述任一方式调用"POINT"命令后，命令行提示：

◇指定点：

②此时可以在绘图区域单击，则在单击处将画出一个指定样式的点。命令行接着提示：

◇指定点：

③如果想继续画点，则可以在绘图区域继续单击，如果想结束点的绘制，则可以按"Esc"键或"回车"键结束。

2. 直线的绘制

在一条由多条线段连接而成的简单直线中，每一条线段都是一个单独的直线对象。使用"LINE"命令，可以在二维或三维空间中创建一系列连续的线段。

（1）功能

绘制一条直线段、折线段或闭合多边形，其中每一线段均是一个单独的对象。

（2）命令调用方式

◇按钮："绘图"工具栏中的 ╱ 按钮

◇菜单：绘图（D）→直线（L）

◇命令：LINE（简写：L）

（3）操作

采用上述任一方式调用"LINE"命令后，命令行提示：

◇指定第一点：（输入起点）

◇指定下一点或［放弃（U）］：

◇指定下一点或［放弃（U）］：

◇指定下一点或［闭合（C）/放弃（U）］：

1）输入点的绝对直角坐标、绝对极坐标

①绝对直角坐标的输入格式为"x,y"，x 表示点的 x 轴坐标值，y 表示点的 y 轴坐标值，两坐标之间用","隔开。例如：$A(-50,20)$、$B(49,39)$ 分别表示 A、B 两个点的绝对直角坐标。

②绝对极坐标的输入格式为"$R<a$"，R 为点到原点的距离，a 表示极轴方向与 x 轴正向的夹角。一般情况下，正东方为0°，逆时针旋转为正，顺时针旋转为负，线段长度与夹角之间用"<"相连。例如：$C(30<150)$，$D(15<-30)$ 表示的是 C、D 点的绝对极坐标，如图1.3.9所

示。

图 1.3.9   点的绝对直角坐标
和绝对极坐标

2)输入点的相对直角坐标、相对极坐标

相对坐标和绝对坐标相比,仅仅是在坐标值前增加了一个符号@ 。

相对直角坐标的输入格式为"@x,y",如图 1.3.10 所示(@250,200)、(@300,−120)分别表示 B、C 两个点。

相对极坐标的输入格式为"@$R<a$",如图 1.3.10 所示(@150<30)、(@350<−25)分别表示 D、E 两个点。

图 1.3.10   点的相对直角坐标和相对极坐标

3.绘制多段线

多段线是 AutoCAD 中一种特殊的线条,它是由一系列首尾相接的直线或圆弧组成的单个图形对象,其中,每条线段都是整体的一部分。多段线的一个显著特点是可以控制线宽。

(1)功能

创建多段线。

(2)命令调用方式

◇按钮:"绘图"工具栏中的 按钮

◇菜单:绘图(D)→多段线(P)

◇命令:PLINE(简写:PL)

(3)操作及选项说明

①采用上述任一方式调用"PLINE"命令后,命令行提示:

◇指定起点:

②在绘图区域内指定一点后,命令行接着提示:

◇指定下一点或[圆弧(A)/闭合(C)/半宽(H)/长度(L)/放弃(U)宽度(W)]:

1)"闭合"和"放弃"

多段线"闭合"和"放弃"选项与"LINE"命令的对应功能相同。

2)"宽度"

在选择了起点后,输入 W 可以指定要绘制对象的起始宽度和终止宽度。选择了此选项后,AutoCAD 提示:

◇指定起点宽度＜当前值＞:(输入起点宽度)

◇指定端点宽度＜起点宽度＞:(输入端点宽度)

(4)操作实例

①调用"PLINE"命令后,命令行提示:

◇指定起点:P_1(当前线宽为 0.0000)

②指定起点 P_1 后,回车,命令行接着提示:

◇指定下一点或[圆弧(A)/半宽(H)/长度(L)/放弃(U)/宽度(W)]:P_2

◇指定下一点或[圆弧(A)/闭合(C)/半宽(H)/长度(L)/放弃(U)/宽度(W)]:W

◇指定起点宽度＜0.0000＞:3

◇指定端点宽度＜3.0000＞:3

◇指定下一点或[圆弧(A)/闭合(C)/半宽(H)/长度(L)/放弃(U)/宽度(W)]:P_3

◇指定下一点或[圆弧(A)/闭合(C)/半宽(H)/长度(L)/放弃(U)/宽度(W)]:W

◇指定起点宽度＜3.0000＞:3

◇指定端点宽度＜3.0000＞:0

◇指定下一点或[圆弧(A)/闭合(C)/半宽(H)/长度(L)/放弃(U)/宽度(W)]:P_4

③指定下一点 P_4 后,按"Esc"键结束操作。具体实例操作效果如图 1.3.11 所示。

图 1.3.11　多段线绘制示意

4. 绘制矩形

(1)功能

创建矩形。

(2)命令调用方式

◇按钮:"绘图"工具栏中的□按钮

◇菜单:绘图(D)→矩形(G)

◇命令:RECTANG(简写:REC)

(3)操作及选项说明

AutoCAD 通过指定矩形的两个对角点来确定矩形的位置和大小。

①采用上述任一方式调用"RECTANG"命令后,命令行提示:

◇指定第一个角点或[倒角(C)/标高(E)/圆角(F)/厚度(T)/宽度(W)]:

◇指定第一个角点(默认选项):

②在绘图区单击鼠标,指定一角点 P_1,命令行接着提示:

◇指定另一个角点[尺寸(D)]:

③在绘图区单击鼠标或命令行输入另一对角点的相对坐标值(@200,100)指定对角点 P_2,回车后结果如图 1.3.12 所示。

1)倒角(C)

①若在命令行输入"C"回车,则可设置倒角长度,命令行接着提示:

◇指定矩形的第 1 个倒角距离 <0.0000＞：

②在命令行输入第 1 个倒角距离值 d_1 后，回车，命令行接着提示：

◇指定矩形的第二个倒角距离：

③在命令行输入第 2 个倒角距离值 d_2 后，回车，命令行接着提示：

◇指定第一个角点或[倒角(C)/标高(E)/圆角(F)/厚度(T)/宽度(W)]：

④在绘图区单击鼠标，指定一角点 P_1，命令行接着提示：

◇指定另一个角点[尺寸(D)]：

⑤在绘图区单击鼠标或在命令行输入另一对角点的相对坐标值指定对角点 P_2，如图 1.3.13 所示。

图 1.3.12　绘制矩形

图 1.3.13　绘制倒角

2)圆角(F)

①若在命令行输入"F"回车，则可设置圆角半径，命令行接着提示：

◇指定矩形的圆角半径 <0.0000＞：

②在命令行输入圆角半径值 R 后，回车，命令行接着提示：

◇指定第一个角点或[倒角(C)/标高(E)/圆角(F)/厚度(T)/宽度(W)]：

③在绘图区单击鼠标，指定一角点 P_1，命令行接着提示：

◇指定另一个角点[尺寸(D)]：

④在绘图区单击鼠标或在命令行输入另一对角点的相对坐标值指定对角点 P_2，如图 1.3.14 所示。

3)宽度(W)

①若在命令行输入"W"回车，则可设置矩形边框线的宽度，命令行接着提示：

◇指定矩形的线宽 <0.0000＞：

②在命令行输入矩形的线宽后，回车，命令行接着提示：

◇指定第一个角点或[倒角(C)/标高(E)/圆角(F)/厚度(T)/宽度(W)]：

③在绘图区单击鼠标，指定一角点 P_1，命令行接着提示：

◇指定另一个角点[尺寸(D)]：

④在绘图区单击鼠标或在命令行输入另一对角点的相对坐标值指定对角点 P_2，如图 1.3.15 所示。

图 1.3.14　圆角绘制

图 1.3.15　带线宽的矩形

5.绘制正多边形

（1）功能

绘制一个封闭的正多边形。

（2）命令调用方式

◇按钮:"绘图"工具栏中的 ⬠ 按钮

◇菜单:绘图（D）→正多边形（Y）

◇命令:POLYGON（简写:POL）

（3）操作及选项说明

正多边形的绘制方法共有 3 种,即内接于圆法、外切于圆法和定边法,绘制时要根据所给的已知条件进行选择。

①采用上述任一方式调用"POLYGON"命令后,命令行提示:

◇输入边的数目 < 4 > :

②在命令行输入边数后,回车,命令行接着提示:

◇指定多边形的中心点或［边（E）］:

若已知正多边形的假想外接圆或内切圆的圆心和半径,则按以下步骤进行绘制。

①在绘图区指定正多边形的中心点 O_1,命令行接着提示:

◇输入选项［内接于圆（I）/外切于圆（C）］< I > :

②若正多边形内接于圆,则输入参数"I"后回车或直接按回车键接受默认选项;若正多边形外切于圆,则输入参数"C"后,回车,命令行接着提示:

◇指定圆的半径:

③在命令行输入半径值后,回车,结果如图 1.3.16 所示。

若已知正多边形的边长或某一边的两个端点,则按以下步骤进行绘制。

①在命令行输入"E",回车,命令行接着提示:

◇指定边的第 1 个端点:

②在绘图区指定 P_1 点,命令行接着提示:

◇指定边的第 2 个端点:

③在绘图区指定 P_2 点,或用光标拉出一边的方向并输入边长值后,回车,结果如图

1.3.17 所示。

图 1.3.16 指定中心点作多边形
(a)内接于圆 (b)外切于圆

圆 1.3.17 指定边长作多边形

6. 绘制圆

（1）功能

创建圆。

（2）命令调用方式

◇按钮："绘图"工具栏中的 按钮

◇菜单（图 1.3.18）：绘图（D）→圆（C）

◇命令：CIRCLE（简写：C）

（3）操作及选项说明

根据已知条件不同，可以有 6 种绘制圆的方法，即圆心半径法、圆心直径法、两点法、三点法、相切-相切-半径法、相切-相切-相切法。

图 1.3.18 "圆"子菜单

提示：当以按钮或输入命令方式调用"CIRCLE"命令时，只有上述前 5 种绘制圆的方法可供选择。

1）圆心半径法

当已知圆的圆心和半径时，采用此选项。该选项为默认选项。

①采用上述任一方式调用"CIRCLE"命令后，命令行提示：

◇指定圆的圆心或[三点（3P）/两点（2P）相切、相切、半径（T）]：

②用鼠标左键单击绘图区域中的合适位置或直接输入圆心点的坐标，命令行接着提示：

◇指定圆的半径或[直径（D）]：

③在命令行输入半径值后，回车，结果如图 1.3.19（a）所示。

2）圆心直径法

当已知圆的圆心和直径时，采用此选项。

①采用上述任一方式调用"CIRCLE"命令后，命令行提示：

◇指定圆的圆心或[三点（3P）/两点（2P）相切、相切、半径（T）]：

②用鼠标左键单击绘图区域中的合适位置或直接输入圆心点的坐标,命令行接着提示:

◇指定圆的半径或[直径(D)]:

③在命令行输入"D"后,回车,命令行接着提示:

◇指定圆的直径:

④在命令行输入直径后,回车,结果如图1.3.19(b)所示。

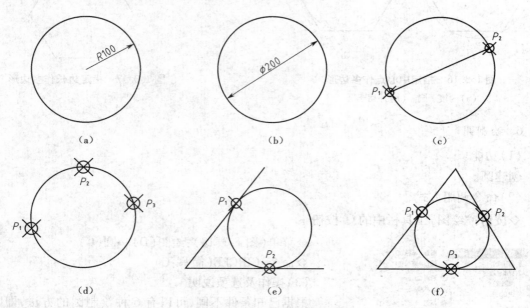

图 1.3.19 绘制圆

(a)圆心半径法 (b)圆心直径法 (c)两点法

(d)三点法 (e)相切-相切-半径法 (f)相切-相切-相切法

3)两点法

当已知直径的两端点时,可采用此选项。

①采用上述任一方式调用"CIRCLE"命令后,命令行提示:

◇指定圆的圆心或[三点(3P)/两点(2P)相切、相切、半径(T)]:

②在命令行输入"2P"后,回车,命令行接着提示:

◇指定圆直径的第1个端点:

③打开对象捕捉,将光标移动到直径的第一个端点附近,当光标显示已捕捉到 P_1 时,单击鼠标,命令行接着提示:

◇指定圆直径的第2个端点:

④用光标捕捉直径的第2个端点 P_2,结果如图1.3.19(c)所示。

4)三点法

当已知圆上的三点时,可采用此选项。

①采用上述任一方式调用"CIRCLE"命令后,命令行提示:

◇指定圆的圆心或[三点(3P)/两点(2P)/相切、相切、半径(T)]:

②在命令行输入"3P"后,回车,命令行接着提示:

◇指定圆上的第 1 个点:

③用鼠标指定第 1 点 P_1,命令行接着提示:

◇指定圆上的第 2 个点:

④用鼠标指定第 2 点 P_2,命令行接着提示:

◇指定圆上的第 3 个点:

⑤用鼠标指定第 3 点 P_3,命令结束,结果如图 1.3.19(d)所示。

5)相切-相切-半径法

当圆与两已知对象相切,并且已知圆的半径时,可采用此选项画圆。

①采用上述任一方式调用"CIRCLE"命令后,命令行提示:

◇指定圆的圆心或[三点(3P)/两点(2P)/相切、相切、半径(T)]:

②在命令行输入"T"后,回车。命令行接着提示:

◇指定对象与圆的第 1 个切点:

③用鼠标拾取一相切对象上一点 P_1,命令行接着提示:

◇指定对象与圆的第 2 个切点:

④用鼠标拾取另一相切对象上一点 P_2,命令行接着提示:

◇指定圆的半径:

⑤在命令行输入半径值后,回车,结果如图 1.3.19(e)所示。

6)相切-相切-相切法

当圆同时和 3 个已知对象相切时,可采用此选项画圆。

①选择"绘图"→"圆"→"相切、相切、相切",命令行提示:

◇指定圆上的第 1 个点_ tan 到:

②用鼠标拾取第 1 个相切对象上一点 P_1,命令行接着提示:

◇指定圆上的第 2 个点:_ tan 到:

③用鼠标拾取第 2 个相切对象上一点 P_2,命令行接着提示:

◇指定圆上的第 3 个点:_ tan 到:

④用鼠标拾取第 3 个相切对象上一点 P_3 后,命令结束,结果如图 1.3.19(f)所示。

7.绘制圆弧

(1)功能

绘制圆弧。

(2)命令调用方式

◇按钮:"绘图"工具栏中的⚪按钮

◇菜单:绘图(D)→圆弧(A)

◇命令:ARC(简写:A)

(3)操作及选项说明

根据已知条件的不同,AutoCAD 有 11 种绘制圆弧的方法,如图 1.3.20 所示。

图 1.3.20　"圆弧"子菜单

下面介绍画圆弧的方法。

1）三点

图 1.3.21 "三点"画圆弧

当已知圆弧的起点、端点和圆弧上的一点时，可采用此选项画圆弧。

①选择"绘图"→"圆弧"→"三点"，命令行提示：

◇指定圆弧的起点或[圆心（C）]：

②在绘图区捕捉 P_1 点，命令行接着提示：

◇指定圆弧的第二点或[圆心（C）/端点（E）]：

③在绘图区捕捉 P_2 点，命令行接着提示：

◇指定圆弧的端点：

④在绘图区捕捉 P_3 点，命令结束。结果如图 1.3.21 所示。

2）起点、圆心、端点和圆心、起点、端点

当已知圆弧的起点、圆心、端点时，可在两选项中选择其中一个选项画圆弧。

这两个选项都是利用圆弧的起点、圆心和端点这 3 个条件来绘制圆弧的，区别在于确定起点和圆心的先后次序不同，前者指定起点，再圆心，最后端点；后者是先指定圆心，再起点，最后端点。结果如图 1.3.22 和 1.3.23 所示。

图 1.3.22 "起点、圆心、端点"画圆弧

图 1.3.23 "圆心、起点、端点"画圆弧

3）圆心、起点、角度和起点、圆心、角度

当已知圆弧的起点、圆心和圆弧的角度时，可在两种选项中选择其中一个选项画圆弧。

这两个选项都是利用圆弧的起点、圆心和角度这 3 个条件来绘制圆弧的，区别在于确定起点和圆心的先后次序不同。结果如图 1.3.24 和 1.3.25 所示。

图 1.3.24 "圆心、起点、角度"画圆弧

图 1.3.25 "起点、圆心、角度"画圆弧

4）起点、圆心、长度和圆心、起点、长度

当已知圆弧的起点、圆心和圆弧的弦长时，可在两种选项中选择其中一个选项画圆弧。

这两种方法都是利用圆弧的起点、圆心和圆弧的弦长这 3 个条件来绘制圆弧的,区别在于确定起点和圆心的先后次序不同。结果如图 1.3.26 和 1.3.27 所示。

图 1.3.26　"起点、圆心、长度"画圆弧

图 1.3.27　"圆心、起点、长度"画圆弧

5)起点、端点、角度

当已知圆弧的起点、端点和圆弧角度时,可选择此项画圆弧。结果如图 1.3.28 所示。

6)起点、端点、方向

当已知圆弧的起点、端点和圆弧的一条通过起点的切线方向时,可选择此选项画圆弧。结果如图 1.3.29 所示。

图 1.3.28　"起点、端点、角度"画圆弧

图 1.3.29　"起点、端点、方向"画圆弧

7)起点、端点、半径

当已知圆弧的起点、端点和圆弧的半径时,可选择此选项画圆弧。结果如图 1.3.30 所示。

图 1.3.30　"起点、端点、半径"画圆弧

实习实作:请绘制以下图形。

8．绘制圆环

（1）功能

绘制用颜色进行填充的圆环或同心圆。

（2）命令调用方式

◇菜单：绘图（D）→圆环（D）

◇命令：DONUT（简写：DO）

（3）操作

①采用上述任一方式调用"DONUT"命令后，命令行提示：

◇指定圆环的内径 <0.5000>：

②在命令行输入圆环的内径值后，回车，命令行接着提示：

◇指定圆环的外径 <1.000>：

③在命令行输入圆环的外径值后，回车，命令行接着提示：

◇指定圆环的中心点 <退出>：

④在绘图区域单击一点，则 AutoCAD 将以该点为中心点画出一个以指定的值为内、外径的圆环。命令行接着提示：

◇指定圆环的中心点 <退出>：

⑤在绘图区域单击另外一点，则以该点为中心又画出一个同样大小的圆环，右键或回车或空格键结束命令。结果如图 1.3.31 所示。

提示：圆环的填充属性是当系统变量 Fillmode =1 时，圆环为填充状态；当 Fillmode =0 时，圆环为非填充状态。

 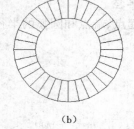

(a)   (b)

图 1.3.31　圆环的绘制

(a)填充(Fillmode =1)　(b)不填充(Fillmode =0)

9．图案填充

（1）图案填充的概念

在建筑绘图中，一般要使用不同图案去填充图形中的某些区域，以表现剖面图或断面图中实体区域的表面纹理或材料等特性。例如：通常以点和三角形填充表示混凝土材料，以若干组垂直线表示土壤，以斜线表示普通砖砌体等。

（2）图案填充的操作与说明

1）命令调用方式

◇按钮："绘图"工具栏中的按钮

◇菜单：绘图（D）→图案填充（H）

◇命令：BHATCH（简写：BH）

2）操作

以上述任一方式调用"BHATCH"命令后，将弹出【图案填充和渐变色】对话框，如图1.3.32 所示。在该对话框中，包括"图案填充"和"渐变色"两个选项卡。

图 1.3.32　【图案填充和渐变色】对话框"图案填充"选项卡

A."图案填充"选项卡

在【图案填充和渐变色】对话框的"图案填充"选项卡中，左边的选项主要用于设置图案类型、图案名称、图案样例、角度和比例以及图案填充原点等；右边的选项主要用于指定图案填充的边界，控制填充图案是否继承已有填充图案的特性，以及设置填充图案与区域边界是否关联等。

"图案填充"选项卡中各项的意义如下。

a. 类型　在使用填充图案时，首先需要确定要填充图案的类型。在"类型"下拉列表中，可以选择填充图案类型，包括预定义、用户定义和自定义 3 类。选择图案类型后，就可以从图案下拉列表中选择一种适合该图案类型的填充图案。

预定义：指 AutoCAD 自带的图案类型，这些图案保存在 acad.pat 和 acadiso.pat 文件中。用户可以控制预定义图案的角度和比例。对于预定义 ISO 图案，用户也可以控制 ISO 笔宽。此项为缺省类型。

用户定义:指基于当前线型创建的线图案,用户可以控制这些图案的角度和间距。在"类型"下拉列表中选择"用户定义"后,就可以使用用户定义的填充图案进行填充。

自定义:用来设定任何自定义 PAT 文件,即用户使用文本编辑器按图案语句格式编写的 PAT 文件中的图案,用户可以设置自定义图案的角度和比例。

b.图案 图案下拉列表的各选项列出了可以选择的预定义图案。6 个最近应用的预定义图案显示在列表的上部。用户已选择的图案被 AutoCAD 保存在系统变量 Hpname 中。图案选项仅在用户选择预定义类型时有效。如果选择图案右侧的 ┉ 按钮,则弹出如图 1.3.33 所示的【填充图案选项板】对话框,在该对话框中,用户可以在预览图案中选择自己所需要的填充图案。该对话框中,"ANSI"、"ISO"和"其他预定义"这 3 个选项卡都属于预定义类型的图案。

图 1.3.33 【填充图案选项板】对话框

c.样例 显示所选填充图案的预览。点取图案样例,弹出【填充图案选项板】对话框。

d.自定义图案 其下拉列表列出了可选择的自定义图案。这类图案可以自己开发,也可以从其他开发商处购买。

e.角度 用于设置填充图案的旋转角度。角度是相对于 UCS 的 X 轴计算的,在缺省设置下,各图案的初始旋转角度为 0°。设置好角度值之后,在填充时,填充图案将旋转所设置的角度值,如图 1.3.34 所示。

(a) (b) (c)

图 1.3.34 不同角度值的填充效果

(a)角度为 0° (b)角度为 45° (c)角度为 90°

f.比例 用于设置填充图案的大小比例。数值小于 1 得到较密的图案,数值大于 1 时得到较稀的图案,如图 1.3.35 所示。

在绘制建筑图时,经常以填充的图案表示某一种材料,如剖面图中的混凝土等。在制图规范中,对图例的大小有严格要求,设置合适的比例值,对准确表示材料有很大的帮助。

技巧:要设置合适的填充比例,首先利用视图缩放命令把填充的区域缩放到接近其打印出图后的大小,然后再执行"BHATCH"命令进行填充。

图 1.3.35　不同比例值的填充效果

(a)比例为0.5　(b)比例为0.8　(c)比例为1

填充时,设置比例值后,按对话框中的"预览"按钮,从视图中观察所设置比例的填充效果,若觉得合适,则按"确定"按钮,完成填充。若觉得填充效果不满意,则重新调整比例值后再预览填充效果,这样通过多次调整、比较,直到满意为止。

g.双向　该选项用于添加一组与现有平行线垂直的平行线。只在选择"用户定义"类型时,该选项才可选。

h.间距　该选项用于指定用户定义图案中线与线之间的间距。该选项仅在选择"用户定义"图案类型时才有效。

i.ISO 笔宽　该选项用于设置基于选定的 ISO(国际标准化组织)图案的笔宽,决定图案中线的宽度。

j.预览　用于在应用填充到图形中之前查看填充效果。

B.边界

定义边界时,可以指定拾取点或者选择边界对象两种方式定义。

在选择了填充并对其外观进行了参数设置之后,接下来就是定义要填充区域的边界。定义边界的对象只能是直线、射线、圆、圆弧、椭圆、椭圆弧、多段线、曲线、面域等对象,或者有这些对象定义的块等。需要注意的是,只有封闭的边界区域才能填充。

在【图案填充和渐变色】对话框的右部,有 3 个用于边界设置的选项,它们分别是"添加:拾取点"按钮、"添加:选择对象"按钮和"删除边界"按钮。

a.拾取点　单击拾取点按钮后,【图案填充和渐变色】对话框将消失,命令行出现提示:

◇拾取内部点或[选择对象(S)/删除边界(B)]:

将光标移到需要填充图案的封闭区域内部某一位置,单击鼠标左键,这时,封闭区域边界将呈虚线显示,表示已选择到一个封闭区域。然后把光标移至另一需要填充的封闭区域内部继续选择,或回车结束边界选择,对话框重新出现。

b.选择对象　单击选择对象按钮后,【图案填充和渐变色】对话框将消失,命令行出现提示:

◇选择对象或[拾取内部点(K)/删除边界(B)]:

用鼠标依次在屏幕上选取构成所需边界的各个线条对象,回车结束边界对象选择,对话框重新出现。

提示:一般情况下,最好使用"拾取点"方式选择填充边界。因为当围成边界的各对象若不是严格首尾相连时,通过"选择对象"方式选择的填充区域、图案会填充到封闭边界外,如图1.3.36所示。

图1.3.36 不同选取边界方式的填充效果
(a)填充前 (b)以"拾取点"方式选取边界 (c)以"选择对象"方式选取边界

C.选项

a.关联 选择该选项时,新填充的图案将与图形对象相关联。此时,图形对象改变时,填充图案将随图形对象的变化而变化。

b.创建独立的图案填充 选择该选项时,新填充的图案与图形不相关。如果图形对象改变,填充图案不会变化。

D.继承特性

该选项用于选择一个已经在图形中填充的图案作为现在的填充图案。

E."渐变色"选项卡

使用【图案填充和渐变色】对话框的"渐变色"选项卡,可以创建单色或双色渐变色,并对图案进行填充,如图1.3.37所示。

AutoCAD 2010提供了单色与双色两种方案,用户可以在左边单选框选择所需的方案。单击"颜色"框右边的 按钮,可打开如图1.3.38所示的【选择颜色】对话框,从中可以选择所需的颜色(包括真彩色)。如果是单色方案,选中颜色后还可以用颜色框下面的【着色…渐浅】滑动条来调整所选颜色的深浅。

"渐变色"选项卡左下部显示的是渐变图案,共显示了用于渐变填充的9种固定图案。这些图案分别是线性、圆柱形、反向圆柱形、球形、反向球形、半球形、反向半球形、曲线形、反向曲线形等。

选项卡中的"居中"复选框用于指定对称的渐变配置。如果没有选定此选项,渐变填充将朝左上方变化,创建光源在对象左边的图案。

选项卡中的"角度"选框用于指定渐变填充的角度。相对当前UCS指定角度。此选项与指定给图案填充的角度互不影响。

进行图案填充时,需要注意以下几点:

①用"BHATCH"命令进行图案填充时,填充区域的边界应是封闭的,否则将不能正确填充。因此,若要对未闭合边界进行填充,应先加绘辅助线将填充区域闭合,填充后,再将辅助线删除;

②进行图案填充前,需将填充区域完整地显示在绘图区内,否则可能会出现填充边界不正确的情况;

③以普通方式填充时,如果填充边界内有文字对象,且在选择填充边界时也选择了它们,图案填充到这些文字处会自动断开,就像用一个比他们略大的看不见的框子保护起来一样,使得这些对象更加清晰;

④每次填充的图案是一个整体,如需对填充图案进行局部修改,则要用"Explode"命令将其分解后方可进行。一般情况下,不推荐此方法,因为这会大大增加文件的字节数。

图 1.3.37 "渐变色"选项卡   图 1.3.38 【选择颜色】对话框

10. 图案填充的编辑

在 AutoCAD 中,填充图案是一种特殊的复杂对象,叫做"填充"对象。像其他 AutoCAD 对象一样,也可以对"填充"对象进行编辑、修改。"HATCHEDIT"命令是专门用于编辑已有填充对象的。

(1)命令调用方式

◇按钮:"修改"工具栏中的 ▨ 按钮

◇菜单:修改(M)→对象(O)→图案填充(H)

◇命令:BHATCH(简写:BH)

(2)操作

通过以上任一方式执行"BHATCH"命令后,命令行提示:

◇选择图案填充对象:

选择原有的填充对象后,随即弹出如图 1.3.39 所示的【图案填充编辑】对话框。

图 1.3.39 【图案填充编辑】对话框

编辑填充图案的内容包括图案类型、角度、比例等，也可以使用继承特性来继承已有图案的特性。修改该对话框中的有关选项后，单击"确定"按钮，结束编辑。

提示：所选对象必须为填充对象或者关联填充块。"Hatchedit"不支持旧格式的非关联填充块。

3.2.2　画法几何与图形捕捉应用

1. 对象捕捉

（1）对象捕捉的概念

工程绘图时要精确地找到已绘图形上的特殊点，如直线的端点和中点、圆的圆心、切点等，就要利用"对象捕捉"选项卡的各种捕捉模式。AutoCAD 提供了"对象捕捉"功能，使用户可以准确地输入这些点，从而大大提高作图的准确性和速度。例如，打开对象捕捉，可以快速绘制一条通过圆心和多段线的中点或两条直线外观交点的线。

（2）对象捕捉的类型

AutoCAD 2010 提供了 16 种捕捉类型，如图 1.3.40 所示，其中 13 种有标记符号捕捉类型提示框。下面分别对这 13 种捕捉类型加以介绍。

1）端点捕捉（End）

"端点"捕捉用来捕捉实体的端点，该实体可以是直线，也可以是一段圆弧。捕捉时，将光

图 1.3.40 【草图设置】对话框中的"对象捕捉"选项卡

标移至要捕捉的端点所在一侧,当显示捕捉靶区(拾取框)时,单击左键即可。靶区总是捕捉它所靠近的那个端点。

2) 中点捕捉(Mid)

"中点"捕捉用来捕捉一条直线或圆弧的中点。捕捉时只需将靶区放在直线上即可,而不一定放在中部。

3) 圆心捕捉(Cen)

"圆心"捕捉是使用圆心捕捉方式,捕捉一个圆、一段圆弧或一个圆环的圆心。

提示:捕捉圆心时,应将光标移向圆或圆弧线附近而非直接选择圆心部位,此时光标拾取框便会自动放在圆心的位置闪烁。

4) 节点捕捉(Nod)

"节点"捕捉用来捕捉点实体或节点。使用时需要将靶区放在节点上。

5) 象限点捕捉(Qua)

"象限点"捕捉用于捕捉圆、圆环或圆弧在整个圆周上的四分点。一个圆 4 等分后,每一部分称为一个象限,象限在圆的连接部位即是象限点。靶区总是捕捉离它最近的那个象限点。

6) 交点捕捉(Int)

"交点"捕捉用来捕捉实体的交点,这种方式要求实体在空间内必须有一个真实的交点,无论交点目前是否存在,只要延长之后相交于一点即可。

7) 插入点捕捉(Ins)

"插入点"捕捉用来捕捉一个文本或图块的插入点,对于文本来说即是其定位点。

8) 垂足捕捉(Per)

"垂直"捕捉是在一条直线、圆弧或圆上捕捉一个点,从当前已选定的点到该捕捉点的连线与所选择的实体垂直。

9）切点捕捉（Tan）

"切点"捕捉用来在圆或圆弧上捕捉一点,使这一点和已确定的另外一点连线与实体相切。

10）最近点捕捉（Nea）

"最近点"捕捉是用来捕捉直线、弧或其他实体上离靶区中心最近的点。

11）外观交点捕捉（App）

"外观交点"捕捉用来捕捉两个实体的延伸交点。该交点在图上并不存在,而仅仅是同方向延伸后得到的交点。

12）平行捕捉（Par）

"平行"捕捉用来捕捉一点,使已知点与该捕捉点的连线与一条已知直线平行。

13）延伸捕捉（Ext）

"延伸"捕捉用来捕捉一条已知直线延长线上的点,即在该延长线上选择出合适的点。

（3）对象捕捉点操作

对象捕捉在单独操作时没有作用,只有在绘制或编辑状态提示指定点时,激活对象捕捉才起作用。

1）使用方法

①在命令提示区键入相应的某种对象捕捉模式的至少前3个缩略字母。

②从【对象捕捉】工具栏（图1.3.41）中选择一种捕捉模式,即用鼠标左键单击一个对象捕捉按钮。

③按住"Shift"键并同时用鼠标右键单击绘图区,从弹出的快捷菜单中选择"对象捕捉"各选项（图1.3.42）。

图1.3.41 【对象捕捉】工具栏

2）操作步骤

①启动需要指定点的命令（如 LINE、CIRCLE、ARC、COPY 或 MOVE）如图1.3.49的"对象捕捉"快捷菜单。

②当命令提示指定点时,使用上述方法之一选择一种对象捕捉。

③将光标移动到捕捉位置上,然后单击鼠标左键。

（4）对象捕捉的方式

1）单点对象捕捉

单点对象捕捉也称为"一次性"用法。即在某个命令要求指定一个点时,临时用一次对象捕捉模式,捕捉到一个点后,对象捕捉就自动关闭了。单击对象捕捉属于这种捕捉方式。

2）运行对象捕捉

图1.3.42 "对象捕捉"快捷菜单

在一段绘图期间对象捕捉功能一直被有效地使用方式称为运行对象捕捉方式。在该方式下对象捕捉由用户启动并由用户关闭。在同一时刻可以同时打开多种捕捉模式,当光标在图形对象上移动时,与其位置相适应的对象捕捉模式就会显示出来。对象不同,位置不同,显示的模式就不同。通过标记和提示可以很容易地区分是哪种模式。

运行对象捕捉模式的设置方法:从命令行输入"OSNAP"命令或选择下拉菜单"工具"→"草图设置"或鼠标右键单击状态栏的"对象捕捉"按钮,从弹出的右键菜单选中"设置",都可打开【草图设置】对话框。选择其中的"对象捕捉"选项卡,如图1.3.40所示。在对话框中选择所需的对象捕捉模式,再选中"启用对象捕捉"复选框,然后单击"确定"按钮,即打开了"运行对象捕捉模式"。

2. 自动捕捉

在以上的捕捉方式中,都是确定点就在捕捉对象的几何特征点上。若只知道确定点位与一个已存在点位的相互关系时,就要采用自动捕捉方式。

自动捕捉是一种特殊的对象捕捉方式,它需要一个临时的参照点,而这个参照点通常用某种捕捉模式来决定,然后需要输入与这个参照点的相对坐标,这样才能定出最后的位置,如图1.3.43所示。

图 1.3.43　自动捕捉

实践活动:在教师带领和组织下,绘制1~5个案例的图形,然后分小组(每组5~8人)完成,各小组之间按制图标准互检,再由教师点评并打分。点样式的设置,用直线绘制较为复杂的图形,用绝对直角坐标绘制矩形,用多段线命令绘制折线,用多边形命令绘制多边形。

活动建议:在机房准备好相关的实训材料,通过同步教学,使学生边学边做,边做边学。

3.3 二维图形编辑

计算机软件绘图的最大优点在于可随时移动、修改图形,那么要如何才能完成以下图形的操作呢?

案例1 如何移动图形?

案例2 如何把左边的图形修改成右边的样子?

案例3 如何快速绘制下面两个图形?

案例4 如何快速绘制下面两个图形?

倒圆角前   倒圆角后

熟练掌握二维图形编辑及其应用,其中包括:直接点选法、窗口选择法、交叉窗选法、其他选择方法;复制、复制到剪贴板、镜像、阵列、偏移、移动、旋转、比例缩放、拉长、延伸、修剪、倒角、圆角、分解对象、夹点;打断、打断点、拉伸、多段线编辑、对象属性查看及修改。

3.3.1 二维图形编辑对象的选取和删除

1. 对象选择

AutoCAD 2010 中选择对象常用的方法有直接点选法、窗口选择法和交叉窗选法 3 种。

（1）直接点选法

这是一种默认选择方式，当提示"选择对象"时，单击鼠标左键并开始移动光标，当光标压住所选择的对象时，再次单击鼠标左键，该对象即变为虚线，表示被选中，并可以连续选择其他对象。

当提示"选择对象"时，输入"ALL"命令后按"Enter"键，即选中绘图区中的所有对象。

（2）窗口选择法

当提示"选择对象"时，在默认状态下，单击鼠标左键并指定窗口的一个顶点，然后移动鼠标，再单击鼠标左键，确定一个矩形窗口，如果鼠标从左向右移动来确定矩形，则完全处在窗口内的对象被选中；如果鼠标从右向左移动来确定矩形，则完全处在窗口内的对象和与窗口相交的对象均被选中。

（3）交叉窗选法

当我们需要选择多个图形的时候，还可以在多个图形右下方单击鼠标左键，并从右下方至左上方拖动光标，会出现一个蓝色的窗口，窗口触碰到的图像即被选中。

2. 对象删除

在 AutoCAD 2010 中，可以用"删除"命令删除选中的对象。选择"修改"→"删除"命令（ERASE），或在"修改"工具栏中单击"删除"按钮，都可以删除图形中选中的对象。

思考：交叉窗选法和窗口选择法的区别。

3.3.2　二维图形编辑命令

1. 常用编辑命令

（1）移动对象

移动对象是指对象的重定位。选择"修改"→"移动"命令（MOVE），或在"修改"工具栏中单击"移动"按钮，可以在指定方向上按指定距离移动对象，对象的位置发生了改变，但方向和大小不改变。

1）绘制方式

◇在命令行输入：MOVE（移动，缩写名：M）

◇"修改"菜单："移动"

◇在"修改"工具栏直接单击移动按钮

2）操作格式

◇命令：MOVE↙

◇选择对象：（选择要移动的对象）

◇选择对象：（按"Enter"键或继续选择对象）

◇指定基点或位移：（指定基点 A 或位移）

◇选择基点：（任选一点作为基点，根据提示指定的第二点，按"Enter"键，系统将对象沿两点所确定的位置矢量移动至新位置）

（2）复制对象

在 AutoCAD 2010 中,可以使用"复制"命令,创建与原有对象相同的图形。选择"修改"→"复制"命令(COPY),或单击"修改"工具栏中的"复制"按钮,即可复制已有对象的副本,并放置到指定的位置。执行该命令时,首先需要选择对象,然后指定位移的基点和位移矢量(相对于基点的方向和大小)。

1)绘制方式

◇在命令行输入:COPY（复制,缩写名:CO）

◇"修改"菜单:"复制"

◇在"修改"工具栏直接单击复制按钮

（2）操作格式

◇命令:COPY ↙

◇选择对象:(选择要复制的对象)

◇选择对象:(按"Enter"键或继续选择对象)

◇指定基点或位移,或者［重复(M)］:(指定基点)

◇指定位移的第二点或〈用第一点作位移〉:(指定位移点)

（3）镜像对象

在 AutoCAD 2010 中,使用系统变量 MIRRTEXT 可以控制文字对象的镜像方向。如果 MIRRTEXT 的值为0,则文字对象方向不镜像,如图1.3.44(a)所示;如果 MIRRTEXT 的值为1,则文字对象完全镜像,镜像出来的文字变得不可读,如图1.3.44(b)所示。

（a）　　　　　　　　　　　　　　　　（b）

图 1.3.44　镜像命令效果图

（a）MIRRTEXT＝0　　（b）MIRRTEXT＝1

1)绘制方式

◇在命令行输入:MIRRTEXT（镜像,缩写名:MI）

◇"修改"菜单:"镜像"

◇在"修改"工具栏直接单击镜像按钮

2)操作格式

◇命令:MIRRTEXT ✓

◇选择对象:(选择要镜像的对象)

◇选择对象:(按"Enter"键或继续选择对象)

◇指定镜像线的第一点:(指定对称线 y 的任意一点)

◇指定镜像线的第二点:(指定对称线 y 的另一点)

◇是否删除原对象? [是(Y)/否(N)]〈n〉:(按"Enter"键)

镜像图形对象如图1.3.45所示。

(4)偏移对象

在 AutoCAD 2010 中,可以使用"偏移"命令,对指定的直线、圆弧、圆等对象作同心偏移复制。在实际应用中,常利用"偏移"命令的特性创建平行线或等距离分布图形。

图1.3.45　镜像
图形对象

1)绘制方式

◇在命令行输入:OFFSET(偏移,缩写名:O)

◇"修改"菜单:"偏移"

◇在"修改"工具栏直接单击偏移按钮

2)操作格式

◇命令:OFFSET ✓

◇指定偏移距离或[通过(T)]〈1.00〉:(指定偏移距离)

◇选择要偏移的对象或〈退出〉:(选择对象)

◇指定点以确定偏移所在一侧:(指定偏移方位)

◇选择要偏移的对象或〈退出〉:(继续执行偏移命令或按"Enter"键退出)

执行偏移命令。

(5)阵列对象

在 AutoCAD 2010 中,还可以通过"阵列"命令多重复制对象。选择"修改"→"阵列"命令(ARRAY),或在"修改"工具栏中单击"阵列"按钮,都可以打开[阵列]对话框,可以在该对话框中设置以矩形阵列或者环形阵列方式多重复制对象。

1)绘制方式

◇在命令行输入:ARRAY(阵列,缩写名:AR)

◇"修改"菜单:"阵列"

◇在"修改"工具栏直接单击阵列按钮

2)操作格式

A.矩形阵列复制

输入命令:ARRAY ✓,系统打开【阵列】对话框。选择"矩形阵列"选项,在对话框中输入矩形阵列的行数、列数、旋转角度。单击"选择对象"按钮。

选择对象:选择要阵列的对象,按"Enter"键结束对象选择,选择完成后,按设置完成阵列,如图 1.3.48 所示。

图 1.3.46　矩形阵列

B. 环形阵列复制

在【阵列】对话框中,选择"环形阵列"单选按钮,以环形阵列方式复制图形,如图 1.3.47 所示。

图 1.3.47　环形阵列

(6)修剪对象

在 AutoCAD 2010 中,可以使用"修剪"命令缩短对象。选择"修改"→"修剪"命令 (TRIM),或在"修改"工具栏中单击"修剪"按钮,可以某一对象为剪切边修剪其他对象,如图 1.3.48 所示。

1)绘制方式

◇在命令行输入:TRIM(修剪,缩写名:TR)

◇"修改"菜单:"修剪"

◇在"修改"工具栏直接单击修剪按钮

2）操作格式

◇命令：TRIM ↙

◇选择对象：（选择边界对象圆弧）

◇选择对象：（按"Enter"键或继续选择对象）

◇选择要修剪的对象，按住〈Shift〉键选择要延伸的对象，或［投影（P）/边（E）/放弃（U）］：（选择要修剪对象直线）

图 1.3.48　修剪命令

（a）原图　（b）单击修剪按钮后，选择 AB、CD 线段　（c）回车后，选择 EF 线段

（7）延伸对象

在 AutoCAD 2010 中，可以使用"延伸"命令拉长对象。选择"修改"→"延伸"命令（EXTEND），或在"修改"工具栏中单击"延伸"按钮，可以延长指定的对象与另一对象相交或外观相交。

1）绘制方式

◇在命令行输入：EXTEND（延伸，缩写名：EX）

◇"修改"菜单："延伸"

◇在"修改"工具栏直接单击延伸按钮 ⊣

2）操作格式

◇命令：EXTEND ↙

◇选择对象：（选择边界对象）

◇选择对象：（按"Enter"键或继续选择对象）

◇选择要延伸的对象，按住〈Shift〉键选择要修剪的对象或［投影（P）/边（E）/放弃（U）］：（选择要延伸对象）

（8）倒角对象

在 AutoCAD 2010 中，可以使用"倒角"命令修改对象使其以平角相接。选择"修改"→"倒角"命令（CHAMFER），或在"修改"工具栏中单击"倒角"按钮，即可为对象绘制倒角。

1）绘制方式

◇在命令行输入：CHAMFER（倒角，缩写名：CHA）

◇"修改"菜单："倒角"

◇在"修改"工具栏直接单击倒角按钮 ▱

2）操作格式

◇命令：CHAMFER ↙

◇选择第一条直线或［多段线（P）/距离（D）/角度（A）/修剪（T）/方法（M）］：（输入"D"，

执行该选项）

◇指定第一个倒角距离〈10.00〉：（指定第一个倒角距离）

◇指定第二个倒角距离〈10.00〉：（指定第二个倒角距离）

◇选择第一条直线或[多段线（P）/距离（D）/角度（A）/修剪（T）/方法（M）]：（选择一条直线）

◇选择第二条直线：（选择第二条直线）

（9）圆角对象

在 AutoCAD 2010 中，可以使用"圆角"命令修改对象使其以圆角相接。选择"修改"→"圆角"命令（FILLET），或在"修改"工具栏中单击"圆角"按钮，即可对对象用圆弧修圆角。

1）绘制方式

◇在命令行输入：FILLET（圆角，缩写名：F）

◇"修改"菜单："圆角"

◇在"修改"工具栏直接单击圆角按钮

2）操作格式

◇命令：FILLET✓

◇当前设置：模式 = 修剪，半径 =0.0000

◇选择第一个对象或[放弃（U）/多段线（P）/半径（R）/修剪（T）/多个（M）]：R 指定圆角半径 <0.0000>：（输入一个圆角的半径值）

◇选择第一个对象或[放弃（U）/多段线（P）/半径（R）/修剪（T）/多个（M）]：（选择 1 个对象或选项）

◇选择第二个对象，或按住"Shift"键选择要应用角点的对象：

◇当前设置：模式 = 修剪，半径 =0.0000

◇选择第一个对象或[放弃（U）/多段线（P）/半径（R）/修剪（T）/多个（M）]：R 指定圆角半径 <0.0000>：（输入一个圆角的半径值）

◇选择第一个对象或[放弃（U）/多段线（P）/半径（R）/修剪（T）/多个（M）]：（选择 1 个对象或选项）

◇选择第二个对象，或按住"Shift"键选择要应用角点的对象：

（10）拉伸对象

选择"修改"→"拉伸"命令（STRETCH），或在"修改"工具栏中单击"拉伸"按钮，就可以移动或拉伸对象，操作方式根据图形对象在选择框中的位置决定。

1）绘制方式

◇在命令行输入：STRETCH（拉伸，缩写名：S）

◇"修改"菜单："拉伸"

◇在"修改"工具栏直接单击拉伸按钮

2）操作格式

◇命令：STRETCH✓

◇选择对象：（用窗口方式选择要拉伸的对象）

◇选择对象：（按"Enter"键或继续选择对象）

◇指定基点位置：（指定基点）

◇指定第二点：（移动鼠标指引方向并指定第二点）

(11)缩放对象

在 AutoCAD 2010 中,可以使用"缩放"命令按比例增大或缩小对象。选择"修改"→"缩放"命令(SCALE),或在"修改"工具栏中单击"缩放"按钮,可以将对象按指定的比例因子相对于基点进行尺寸缩放。

1)绘制方式

◇在命令行输入:SCALE(缩放,缩写名:SC)

◇"修改"菜单:"缩放"

◇在"修改"工具栏直接单击缩放按钮

2)操作格式

◇命令:SCALE↙

◇选择对象:(选择要缩放的对象)

◇选择对象:(按"Enter"键或继续选择对象)

◇确定基点:(指定基点)

◇指定比例因子或[参照(R)]:(指定比例因子)

(12)旋转对象

选择"修改"→"旋转"命令(ROTATE),或在"修改"工具栏中单击"旋转"按钮,可以将对象绕基点旋转指定的角度。

执行该命令后,从命令行显示的"UCS 当前的正角方向:ANGDIR = 逆时针 ANGBASE = 0"提示信息中,可以了解到当前的正角度方向(如逆时针方向)、零角度方向与 X 轴正方向的夹角(如0°)。

1)绘制方式

◇在命令行输入:ROTATE(旋转,缩写名:RO)

◇"修改"菜单:"旋转"

◇在"修改"工具栏直接单击旋转按钮

图 1.3.49　旋转示例

2)操作格式

◇命令:ROTATE↙

◇选择对象:(选择要旋转的对象)

◇选择对象:(按"Enter"键或继续选择对象)

◇指定基点:(指定旋转基点)

◇指定旋转角度或[参照(R)]:(指定旋转角)

旋转对象示例,见图 1.3.49。

(13)分解对象

将合成对象或者几何图形分解为其部件对象。

1)绘制方式

◇在命令行输入:EXPLODE(缩放,缩写名:EX)

◇"修改"菜单:"分解"

◇在"修改"工具栏直接单击分解按钮

2)操作格式

◇命令:EXPLODE↙

◇选择对象:(鼠标左键单击要分解的对象,该对象即被分解)

（14）夹点

夹点是一种集成的编辑模式,提供了一种方便快捷的编辑操作途径。例如,使用夹点可以对对象进行拉伸、移动、旋转、缩放及镜像等操作。

夹点有3种状态:冷态、温态和热态,如图1.3.50所示。夹点未激活时,为冷态,蓝色;鼠标移动到夹点时,为温态,绿色;夹点被激活时,为热态,红色。

图1.3.50　夹点的状态

提示:在热夹点状态下敲1下空格表示移动,敲2下为旋转,敲3下为比例缩放,敲4下为镜像。

2.高级编辑命令

（1）打断对象

在AutoCAD 2010中,使用"打断"命令可部分删除对象或把对象分解成两部分,还可以使用"打断于点"命令将对象在一点处断开成两个对象。

图1.3.51　打断对象

1）打断对象

选择"修改"→"打断"命令（BREAK）,或在"修改"工具栏中单击"打断"按钮,即可部分删除对象或把对象分解成两部分。执行该命令并选择需要打断的对象,如图1.3.51所示。

2）打断于点

在"修改"工具栏中单击"打断于点"按钮,可以将对象在一点处断开成两个对象,它是从"打断"命令中派生出来的。执行该命令时,需要选择要被打断的对象,然后指定打断点,即可从该点打断对象,如图1.3.52所示。

图1.3.52　打断于点

（2）合并对象

如果需要连接某一连续图形上的两个部分，或者将某段圆弧闭合为整圆，如图1.3.53所示。可以选择"修改"→"合并"命令或在命令行输入"JOIN"命令，也可以单击"修改"工具栏上的"合并"按钮。

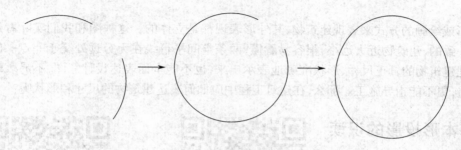

图1.3.53　合并对象

任务3　小结

本任务介绍了AutoCAD 2010的安装、界面设置等基本内容；绘图命令中主要介绍了直线、多段线、多线、圆、矩形、多边形、图案填充等命令的使用方法；二维图形编辑中主要介绍了对象的选择方式和方法、复制、复制到剪贴板、镜像、阵列、偏移、移动、旋转、比例缩放、拉长、延伸、修剪等命令的使用方法以及打断、打断点等高级编辑命令的使用。本任务的内容是绘制专业图形的基础，要想熟练掌握该节内容，必须要做大量的练习。

注意绘图命令、编辑命令、尺寸标注等的使用和代用，这是快速进行CAD绘图的基础，采用边学、边做、边互动的方式进行学习，并勤加练习。

实践活动：在教师带领和组织下，绘制案例1~4的图形，然后分小组（每组5~8人），各小组之间按制图标准互检，再由教师点评并打分。

案例1：主要考察移动命令的使用，移动命令使用起来比较简单，该命令一定要注意选取合适的基点。

案例2：主要考察修剪命令的使用。

案例3：主要考察倒角命令的运用。

案例4：主要考察圆角命令的运用。

活动建议：在机房准备好相关的实训材料，通过同步教学，使学生边学边做，边做边学。

综合实训

按照习题集的要求，用计算机绘制各种几何平面图形，并打印。

任务4 形体投影图的识读与绘制

用摄影或绘画的方式来表现建筑物,其外形表现都是立体的。这种图和我们实际看到的物体形象是一致的,建筑物近大远小,很容易看懂,两条空间平行线在无穷远处交于一点。但是这种图不能把建筑物的真正尺寸、形状准确地表示出来,也不能全面表达设计意图,不易表现建筑物内部构造,更不能指导施工。那么,在建筑工程中应如何表达建筑物的尺寸和形状呢?

4.1 基本形投影的识读与绘制

4.1.1 投影认知

1.投影法简介

微课:投影的基本知识　　　　PPT:投影的基本知识

(1)投影的形成

在工程图样中,通常用投影来图示几何形体。为了表达空间形体和解决空间几何问题,经常要借助图,而投影原理则为图示空间形体和图解空间几何问题提供了理论依据和绘制的方法。

日常生活中,我们经常看到投影现象。在灯光或阳光照射下,物体会在地面或墙面上投下影子,如图1.4.1(a)所示。影子与物体本身的形状有一定的几何关系,在某种程度上能够显示物体的形状和大小。人们对影子这种自然现象加以科学的抽象,得出了投影法。如图1.4.1(b)所示,把光源抽象成一点 S,称作投影中心;投影中心与物体上各点的连线(如 SA、SB、SC 等)称为投影线;接受投影的面 P 称为投影面;过物体上各顶点(A、B、C)的投影线与投影面的交点(a、b、c)称为这些点的投影。这种把物体投影在投影面上产生图像的方法称为投

图 1.4.1　投影的形成

(a)成影现象　(b)中心投影法

影法。工程上常用各种投影法来绘制图样。

小组讨论:自然界中出现影子的地方,还可以如何归纳?谁是投影中心、投影面?

（2）投影法的分类

根据投影中心与投影面之间距离远近的不同,投影法可分为中心投影法和平行投影法两大类,其中平行投影又分为正投影和斜投影。工程图样用得最广泛的是正投影。

1）中心投影

当投影中心距离投影面为有限远时,所有投影线都汇交于投影中心一点,如图1.4.1(b)所示,这种投影法称为中心投影法。

小组讨论:在日常生活中,有哪些投影是中心投影,可用来干什么?

视频:透视图的形成

2）平行投影

当投影中心距离投影面为无限远时,所有投影线都互相平行,这种投影法称为平行投影法。根据投影线与投影面夹角的不同,平行投影可进一步分为斜投影和正投影。在平行投影法中,当投射方向垂直于投影面时,称为正投影法,得到的投影称为正投影,如图1.4.2(a)所示;当投射方向倾斜于投影面时,称为斜投影法,得到的投影称为斜投影,如图1.4.2(b)所示;本书主要讲述正投影,将正投影简称为投影。

视频:物体的正投影

2.平行投影的基本性质

①实形性。当线段或平面图形平行于投影面时,其投影反映

（a）　　　　　（b）

图1.4.2　平行投影

（a）正投影　（b）斜投影

实长或实形,如图1.4.3(a)、(d)所示。

②积聚性。当线段或平面图形垂直于投影面时,其投影积聚为一点或一条直线,如图 1.4.3(b)、(e)所示。

③类似性。当线段倾斜于投影面时,其投影为比实长短的直线,如图 1.4.3(c)所示;当平面图形倾斜于投影面时,其投影为原图形的类似图形,如图 1.4.3(f)所示。

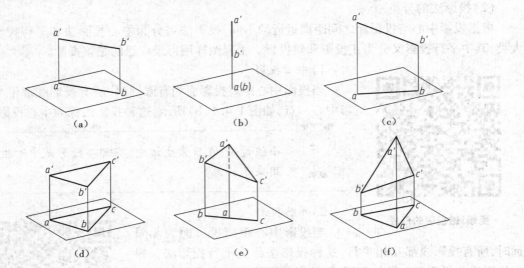

图 1.4.3 平行投影的基本特性

(a)线段平行于投影面 (b)线段垂直于投影面 (c)线段倾斜于投影面
(d)平面图形平行于投影面 (e)平面图形垂直于投影面 (f)平面图形倾斜于投影面

3. 土建工程中常用的投影图

用图样表达建筑形体时,由于被表达对象的特性和表达目的不同,可采用的图示法也不同。土木建筑工程中常用的投影图是多面正投影图、轴测投影图、透视投影图和标高投影图。

(1)多面正投影图

多面正投影是物体在互相垂直的两个或两个以上投影面上的正投影,如图 1.4.4(a)所示。这种图的优点是作图简便,度量性好,在工程中应用广泛。其缺点是缺乏立体感,需经过一定时间的训练才能看懂。

(2)轴测投影图

轴测投影是物体在一个投影面上的平行投影,又称为轴测图,如图 1.4.4(b)所示。这种图的特点是能同时表达出物体的长、宽、高 3 个向度,具有一定的立体感。其缺点是作图较麻烦,不能准确地表达物体形状和大小,只能用作工程辅助图样。

(3)透视投影图

透视投影是物体在一个投影面上的中心投影,又称为透视图,如图 1.4.4(c)所示。其优点是形象逼真,直观性强,常用作建筑设计方案比较、展览。其缺点是作图费时,建筑物的确切形状

视频:**形体轴测图**

和大小不能在图中量取。

（4）标高投影图

标高投影图是一种带有数字标志的单面正投影图,在土建工程中常用来绘制地形图、建筑总平面图和道路、水利工程等方面的平面布置图样。它用正投影反映形体的长度和宽度,其高度用数字标注。图1.4.4(d)是某小山丘的标高投影图。

图1.4.4　工程上常用的投影方法

（a）多面正投影　（b）轴测投影　（c）透视投影　（d）标高投影

4．投影面体系的建立

（1）三面投影图的形成

视频：不同形体产生同样的投影图

任何物体都具有长、宽、高3个向度,怎样在一张平面的图纸上表达某物体的真实形状与大小,又怎样从一幅投影图想象出物体的立体形状,这是学习制图首先要解决的问题。

投影图是把物体向投影面投影得到的。当物体与投影面的相对位置确定以后,其正投影即惟一地确定。但仅有物体的一个投影不能反映物体的形状和大小。如图1.4.5所示,在同一投影面(V面)上几种不同形状物体的投影可以是相同形状的矩形。因此,工程上常采用物体在2个或3个互相垂直的投影面上的投影来描述一个物体。

如图1.4.6(a)所示,3个互相垂直的投影面分别为水平面

图1.4.5　物体的两面投影

（a）   （b）

图 1.4.6　三投影图的形成
（a）立体图　（b）投影图

H、正立面 V、侧立面 W,物体在这 3 个面上的投影分别称为水平投影、正面投影及侧面投影。投影面之间的交线称为投影轴,H、V 面交线为 X 轴;H、W 面交线为 Y 轴;V、W 面交线为 Z 轴。三投影轴交于一点 O,称为原点。

作物体的投影时,把物体放在 3 个投影面之间,并尽可能使物体的表面平行于相应的投影面,以使它们的投影反映表面的实形。

为了能够把 3 个投影画在一张图纸上,需把 3 个投影面展开成一个平面。展开方法如图 1.4.6（b）所示:V 面保持不动,将 H 面与 W 面沿 Y 轴分开,然后把 H 面连同水平投影绕 X 轴向下旋转 90°,W 面连同侧面投影绕 Z 轴向后旋转 90°。展开后,3 个投影的位置如图 1.4.7（a）所示:正面投影在左上方,水平投影在正面投影的正下方,侧面投影在正面投影的正右方。

视频:三面投影及三等关系

视频:三视图的关系

实习实作:找一张白纸,折出第一象限角,然后展开,并与三面投影体系对照,在头脑中形成空间与平面之间的转换。

（2）三面投影图的基本规律
1）度量对应关系

从图 1.4.7（a）可以看出,正面投影反映物体的长和高;水平投影反映物体的长和宽;侧面投影反映物体的宽和高。

因为 3 个投影表示的是同一物体,而且物体与各投影面的相对位置保持不变,因此无论是

图 1.4.7   物体的三面投影

(a)三面投影过程图   (b)三面投影结果图

对整个物体,还是物体的每个部分,它们的各个投影之间具有下列关系:

①正面投影与水平投影长度对正;

②正面投影与侧面投影高度对齐;

③水平投影与侧面投影宽度相等。

上述关系通常简称为"长对正、高平齐、宽相等"的三等规律。

2)位置对应关系

投影时,约定观察者面向 V 面,每个视图均能反映物体的两个向度,观察图 1.4.7(a)可知:正面投影反映物体左右、上下关系;水平投影反映物体左右、前后关系;侧面投影反映物体上下、前后关系。

至此,从图 1.4.7(a)中我们可以看出物体 3 个投影的形状、大小、前后均与物体距投影面的位置无关,故物体的投影均不需再画投影轴、投影面,只要遵守"长对正、高平齐、宽相等"的投影规律,即可画出图 1.4.7(b)所示的 3 个投影图。

(3)三面投影图的作图步骤

①估计各投影图所占范围的大小,在图纸上适当安排 3 个视图的位置,确定各视图基准线。

②先画最能反映物体形状特征的投影。

③根据"长对正、高平齐、宽相等"的投影关系,作出其他两面投影。

【例 4.1】   画出图 1.4.8(a)所示物体的三面投影图。

【解】   该物体可看成由一块多边形底板、一块三角形支撑板及一块矩形直墙叠加而成,其作图步骤如图 1.4.8(b)~(d)所示。

实习实作:测绘教室课桌(或模型)的三面投影图。

图 1.4.8 物体三面投影图的画图步骤

(a)已知条件　(b)画底板三面投影　(c)画直墙及支撑三面投影　(d)将结果加深

4.1.2　点的投影

任何形体都可看成由点、线、面所组成。在点、线、面 3 种几何元素中,点又是组成形体最基本的几何元素。所以,要正确表达形体、理解他人的设计思想,点的投影规律是必须掌握的。

微课:点的投影

PPT:点的投影

1.点的两面投影

点的一个投影不能确定点的空间位置。如图 1.4.9 所示,点 a 可以是通过 a 的投影线上任一点(如 A_1、A_2 等)的投影。至少需要点在两个投影面上的投影才能确定点的空间位置。

如图 1.4.10(a)所示,相互垂直的水平投影面 H 和正立投影面 V 构成两面投影体系,V、H 面的交线称为 OX 投影轴。过 A 点分别作 H、V 面的垂线(即投影线)Aa、Aa',其垂足 a、a' 即是点 A 的水平投影和正面投影。

图 1.4.9　点的单面投影

图 1.4.10　点的两面投影

(a)立体图　(b)投影图

在图 1.4.10(a)中,容易验证:$aa_X \perp OX$、$a'a_X \perp OX$、$Aa = a'a_X$、$Aa' = aa_X$。

为使用方便,需把 H、V 面展开到同一平面上。展开时,V 面(连同 a')保持不动,将 H 面(连同 a)绕 OX 轴向下旋转 90°。此时,H、V 面共面,即得点 A 的两面投影图,如图 1.4.10(b)

所示。其中，aa_X、$a'a_X$ 与 OX 轴的垂直关系不变，故 $aa' \perp OX$。

综上所述，点的两面投影规律如下：

①点的 H、V 面投影的连线垂直于 OX 轴，即 $aa' \perp OX$；

②点到 H 面的距离等于点的 V 面投影到 OX 轴的距离，点到 V 面的距离等于点的 H 面投影到 OX 轴的距离，即 $Aa = a'a_X$，$Aa' = aa_X$。

2. 点的三面投影

在两面投影体系的基础上，增加一个同时与 V、W 面垂直的侧立投影面 W，这样，构成 3 个投影面，它们两两垂直，称为三面投影体系。V、H 面的交线为 OX 投影轴，V、W 面的交线为 OZ 投影轴，H、W 面的交线为 OY 投影轴，3 条轴的交点为原点 O，如图 1.4.11（a）所示。若在三面投影体系中引进坐标的概念，则 3 个投影面就相当于 3 个坐标面，3 条投影轴相当于 3 条坐标轴，原点相当于坐标原点。这样，投影体系中空间点的位置可由其三维坐标决定。

图 1.4.11　点的三面投影
（a）立体图　（b）投影图

在图 1.4.11（a）中，过点 A 分别向 V、H、W 面作垂线，得垂足 a'、a、a''，即点的三面投影。为方便使用，应对投影体系进行展开。投影面展开时，仍规定 V 面不动，将 H 面（连同 a）绕 OX 轴向下、W 面（连同 a''）绕 OZ 轴向右展开到与 V 面重合，去掉投影面边框，即得点 A 的三面投影图，如图 1.4.11（b）所示。其中 OY 轴一分为二，随 H 面向下旋转的 OY 轴用 Y_H 标记，随 W 面向右旋转的 OY 轴用 Y_W 标记。

在图 1.4.11（b）中，有 $a'a \perp OX$，$a'a'' \perp OZ$，$aa_X = a''a_Z$。

提示：在三面投影中，空间上的点用大写字母表示（如 A），H 面的投影点用相应的小写字母表示（如 a），V 面的投影点用相应的小写字母加一撇表示（如 a'），W 面的投影点用相应的小写字母加两撇表示（如 a''）。

综上所述，点的三面投影规律如下：

①点的 H、V 面投影的连线垂直于 OX 轴，即 $aa' \perp OX$；

②点的 V、W 面投影的连线垂直于 OZ 轴，即 $a'a'' \perp OZ$；

③点的水平投影到 OX 轴的距离等于点的 W 面投影到 OZ 轴的距离,即 $aa_X = a''a_Z$。

【例4.2】 已知点 $A(15,10,20)$,求作它的3个投影点 a、a'、a''。

【解】 由于点的3个投影与点的坐标关系是:$a(x,y)$、$a'(x,z)$、$a''(y,z)$,因此可作出 A 点的投影。

①画出投影轴。

②自原点 O 起分别在 X、Y、Z 轴上量取15、10、20,得 a_X、a_{Y_H}、a_{Y_W}、a_Z,如图1.4.12(a)所示。

③过 a_X、a_{Y_H}、a_{Y_W}、a_Z 分别作 X、Y、Z 轴的垂线,它们两两相交,交点即为点 A 的3个投影 a、a'、a'',如图1.4.12(b)所示。

图 1.4.12　A 点的三面投影

实习实作:已知点 B 到 W 面的距离为 25 mm,到 H 面的距离为 30 mm,到 V 面的距离为 20 mm。求作 B 点的三面投影。

3.两点的相对位置和重影点

(1)两点的相对位置判断

空间两点的相对位置可根据两点同面投影的相对位置或比较同名坐标值来判断。X、Y、Z 坐标分别反映了点的左右、前后、上下位置。如图1.4.13中,点 a 在点 b 的左、后、上方。

(2)重影点和可见性

位于某一投影面的同一条投影线上的两点,在该投影面上的投影重合为一点,这两点称为对该投影面的重影点。图1.4.14(a)中,A、B 两点是对 H 面的重影点,它们的 H 面投影 a、b 重合;C、D 两点是对 V 面的重影点,它们的 V 面投影 c'、d' 重合。

图 1.4.13　两点的相对位置图

图 1.4.14　重影点
(a)立体图　(b)投影图

理解:什么叫同面投影?

实习实作:以课堂上两个同学的位置为例,请其他小组的同学说出其相对位置。或给出相对位置,在教室中找出符合条件的任意两个同学。

重影点的重合投影有上遮下、前遮后、左遮右的关系,在上、前、左的点可见,下、后、右的点不可见。判断重影点的可见与不可见,是通过比较它们不重合的同面投影来判别的,坐标值大者可见,坐标值小者不可见。图 1.4.14(b)中,a、b 两点是对 H 面的重影点,由于 $Z_a > Z_b$,因此 a 点可见,b 点不可见,不可见的投影要加括号,写成 (b)。

实习实作:以所在教室为例,判断教室各角点、设备所在位置点属于哪类点,对于重影点判断其可见性。

实习实作:已知点 D 距 H 面 35 mm,距 V 面 28 mm,距 W 面 20 mm,点 E 在点 D 的左方 10 mm,下方 15 mm,前方 10 mm,点 F 在点 E 的正下方 20 mm 处,作出点 D、E、F 的三面投影,并判断重影点的可见性。

PPT:直线的投影　　　　微课:直线的投影

4.1.3　直线的投影

直线的投影一般仍为直线,如图 1.4.15(a)所示。任何直线均可由该直线上任意两点来确定,因此只要作出直线上任意两点的投影,并将其同面投影相连,即可得到直线的投影。如图 1.4.15(b)所示,要作出直线 AB 的两投影,只要分别作出 A、B 的同面投影 a'、b' 及 a、b,然后将同面投影相连即得 $a'b'$、ab,如图 1.4.15(c)所示。

(a)　　　　　　　(b)　　　　　　　(c)

图 1.4.15　直线的投影点

(a)直线单面投影点　(b)直线两面投影点　(c)投影图

1.各种位置直线的投影

在三面投影体系中,根据直线与投影面的相对位置关系,直线可以划分为一般位置直线、投影面平行线和投影面垂直线3类,后两种直线又统称为特殊位置直线。

(1)一般位置直线的投影

对三个投影面都处于倾斜位置的直线称为一般位置直线。图 1.4.16(a)中,直线 AB 同时倾斜于 H、V、W 3 个投影面,它与 H、V、W 的倾角分别为 α、β、γ。

一般位置直线具有下列投影特点:直线段的各投影均不反映线段的实长,也无积聚性;直线的各投影均倾斜于投影轴,但其与投影轴的夹角均不反映直线与任何投影面的倾角,如图 1.4.16(b)所示。

（a） （b）

图 1.4.16 一般位置直线

(a)立体图 (b)投影图

(2)投影面平行线的投影

平行于一个投影面而与其他两个投影面倾斜的直线称为投影面平行线。根据平行的投影面不同,投影面平行线可分为 3 种:只平行于水平投影面 H 的直线称为水平线;只平行于正投影面 V 的直线称为正平线;只平行于侧投影面 W 的直线称为侧平线。虽然各种平行线平行的投影面不同,但它们具有相似的投影性质。

各种平行线的立体图、投影图及投影特性如表 1.4.1 所示。现以正平线为例分析如下:

①由于 AB 上任何点到 V 面的距离相同,即 Y 坐标相等,所以有 $ab // OX$,$a''b'' // OZ$;

②由于 $\beta = 0$,所以 $a'b' = AB$;$a'b'$ 与 X 轴的夹角等于 α,与 Z 轴的夹角等于 γ,即正面投影反映直线段的实长及倾角 α、γ。

表 1.4.1 投影面平行线

名称	正平线(// V 面)	水平线(// H 面)	侧平线(// W 面)
立体图			
投影图			

名称	正平线(//V面)	水平线(//H面)	侧平线(//W面)
投影特性	1. 正面投影反映实长 2. 正面投影与 X 轴和 Z 轴的夹角,分别反映直线与 H 面和 W 面的倾角 3. 水平投影及侧面投影分别平行于 X 轴及 Z 轴,但不反映实长	1. 水平投影反映实长 2. 水平投影与 X 轴和 Y 轴的夹角,分别反映直线与 V 面和 W 面的倾角 3. 正面投影及侧面投影分别平行于 X 轴及 Y 轴,但不反映实长	1. 侧面投影反映实长 2. 侧面投影与 Y 轴和 Z 轴的夹角,分别反映直线与 H 面和 V 面的倾角 3. 水平投影及正面投影分别平行于 Y 轴及 Z 轴,但不反映实长

由表 1.4.1 可以归纳出投影面平行线的投影特性如下:

①直线在它所平行的投影面上的投影,反映该线段的实长和对其他两投影面的倾角;

②直线在其他两投影面上的投影分别平行于相应的投影轴,且都小于该线段的实长。

实习实作:以所在教室为例,找出有、无投影面的平行线。

(3)投影面垂直线的投影

垂直于一个投影面,同时平行于其他两投影面的直线称为投影面垂直线。根据垂直的投影面不同,投影面垂直线可分为 3 种:垂直于水平投影面 H 的直线称为铅垂线;垂直于正投影面 V 的直线称为正垂线;垂直于侧投影面 W 的直线称为侧垂线。虽然各种垂直线垂直的投影面不同,但它们具有相似的投影性质。

各种垂直线的立体图、投影图及投影特性如表 1.4.2 所示。现以正垂线为例分析如下:

①由于 $\beta = 90°$,所以 a'、b' 积聚成一点;

②由于 AB 上任何点的 X 坐标相等,Z 坐标也相等,所以 ab 及 $a''b''$ 均平行于 Y 轴;

③由于 $\alpha = \gamma = 0$,所以 $ab = a''b'' = AB$,且 $ab \perp OX$,$a''b'' \perp OZ$ 。

表 1.4.2　投影面垂直线

名称	正垂线(⊥V面)	铅垂线(⊥H面)	侧垂线(⊥W面)
立体图			

续表

名称	正垂线(⊥V面)	铅垂线(⊥H面)	侧垂线(⊥W面)
投影图			
投影特性	1. 正面投影积聚为一点 2. 水平投影及侧面投影分别垂直于 X 轴及 Z 轴,且反映实长	1. 水平投影积聚为一点 2. 正面投影及侧面投影分别垂直于 X 轴及 Y 轴,且反映实长	1. 侧面投影积聚为一点 2. 水平投影及正面投影分别垂直于 Y 轴及 Z 轴,且反映实长

由表 1.4.2 可以归纳出投影面垂直线的投影特性如下:

①直线在它所垂直的投影面上的投影积聚成一点;

②直线在其他两投影面上的投影分别垂直于相应的投影轴,且都反映该线段的实长。

 实习实作:以所在教室为例,找出有、无投影面的垂直线。

2. 直线上的点的投影

(1)直线上任意点的投影

在空间上,直线与点的相对位置有两种情况,即点在直线上和点不在直线上。若点在直线上,则该点的各个投影一定在直线的同面投影上,且符合点的投影规律,如图 1.4.17(a)所示。反之,点的各投影都在直线的同面投影上,且符合点的投影规律,则该点一定在直线上。在图 1.4.17(b)中,由于 c 在 ab 上,c' 在 $a'b'$ 上,且 $cc' \perp OX$,所以 C 点在 AB 上。

图 1.4.17　直线上的点
(a)立体图　(b)投影图

(2)直线上特定点的投影

图 1.4.17(a)中,C 点把 AB 分成 AC 和 CB 两段,设这两段长度之比为 $m:n$,则有 $AC:CB = ac:cb = a'c':c'b' = m:n$。即点将直线段分成定比,则该点的各个投影必将该线段的同面投影分成相同的比例。这个关系称为定比关系。

【例4.3】　已知 C 点把线段 AB 按 2∶1 分成两段,求 C 点的两个投影。

【解】　过 a 作辅助线 aB_0,并在该线段上截取三等分;连接 bB_0;过二等分点 C_0 作 bB_0 的平行线,其与 ab 的交点即为 C 点的水平投影 c;最后利用点的投影性质求出 c',如图 1.4.18 所示。

【例4.4】　已知在侧平线 AB 上一点 C 的正面投影 c',求其水平投影 c。

方法1:因为 C 点在 AB 上,所以它的各个投影均应在直线的同面投影上,所以可先作出直线的侧面投影 $a''b''$,由 c' 定出 c'',再求出 C 点的水平投影 c,如图 1.4.19(a)所示。

方法2:过 a 作辅助线 aB_0,并在该线段上截取 $aC_0 = a'c'$,$C_0B_0 = c'b'$;连接 bB_0;过 C_0 作 bB_0 的平行线,其与 ab 的交点即为 C 点的水平投影 c,如图 1.4.19(b)所示。

图 1.4.18　一般位置直线上特定点两面投影图　　　图 1.4.19　侧平线上特定点水平投影
　　　　　　　　　　　　　　　　　　　　　　　　　　　(a)方法 1　(b)方法 2

思考:如果要判断某一个点是否在侧平线上,可用什么方法?

3. 直角三角形法求实长

由于一般位置直线倾斜于各投影面,因此它的投影不反映线段的实长,且其投影与投影轴的夹角也不反映线段对投影面的倾角。但是线段的两个投影已完全确定它在空间的位置,所以它的实长和倾角是能求出的。

求一般位置直线的实长和倾角的基本方法主要有直角三角形法和变换法两种,本书只介绍直角三角形法。图 1.4.20 中,过 A 作 $AB_1 /\!/ ab$,得直角三角形 AB_1B,其中 AB 为斜边,$\angle B_1AB$ 就是直线 AB 与 H 面的倾角 α,这个直角三角形的一直角边 $AB_1 = ab$,而另一直角边 $BB_1 = Z_B - Z_A$。所以,根据线段的投影图就可以作出与 $\triangle AB_1B$ 全等的一个直角三角形,从而求得线段的实长及其对投影面的倾角。

【例4.5】　已知直线 AB 的投影,如图 1.4.21(a)所示,求 AB 的实长和它与 H、V 面的倾角 α、β。

【解】　作图过程如图 1.4.21(b)所示。

①过 a' 作 OX 轴的平行线,交 bb' 于 b_1',则 $b'b_1' = Z_B - Z_A$;

②以 ab 为一直角边,过 b 作 ab 的垂线,并在垂线上取 $bB_0 = Z_B - Z_A$;

③连接 aB_0,则 aB_0 为线段 AB 的实长,$\angle baB_0$ 是线段 AB 与 H 面的倾角 α。

④过 b 作 OX 轴的平行线,交 aa' 于 a_1,则 $aa_1 = Y_A - Y_B$;

⑤以 $a'b'$ 为一直角边,过 a' 作 $a'b'$ 的垂线 $a'A_0$,并在垂线上取 $a'A_0 = Y_A - Y_B$;

⑥连接 $b'A_0$,则 $b'A_0$ 为线段 AB 的实长,$\angle a'b'A_0$ 是线段 AB 与 V 面的倾角 β。

从上述求线段实长及其倾角的方法中,可归纳出利用直角三角形法作图的一般规则,以线

图 1.4.20 立体图

图 1.4.21 投影图
(a)已知条件 (b)作图过程

段的某一投影面上的投影为一直角边,以线段两端点到该投影面上的距离差(即坐标差)为另一直角边,所构成的直角三角形的斜边就是线段的实长,而且此斜边与该投影的夹角就等于该线段对投影面的倾角。

提示:在直角三角形的四要素(投影长、坐标差、实长及倾角)中,只要知道其中的任意两个,就可以作出该直角三角形,也可求出其他两要素。

【例4.6】 已知直线 AB 的水平投影 ab 及 A 点的正面投影 a',如图 1.4.22(a)所示,并知 AB 对 H 面的倾角 $\alpha = 30°$,求 $a'b'$。

【解】 作图过程如图 1.4.22(b)所示。

①以 ab 为一直角边,过 b 作与 ab 成 30° 角的斜线,此斜线与过 a 点的垂线交于 A_0,aA_0 即为另一直角边,所以 $aA_0 = |Z_B - Z_A|$;

②过 a' 作 OX 轴平行线,过 b 作 OX 轴的垂线,两线交于 b'_1 点;

图 1.4.22 求直线的投影
(a)已知条件 (b)作图过程

③从 b'_1 点沿竖直方向向上或向下(此题有两解)量取 $aA_0 = |Z_B - Z_A|$ 长度,所得端点即为 B 点的正面投影 b'。

实习实作:以所在教室为例,判断教室各墙线、设备的轮廓线各属于哪类直线,并判断两直线之间的关系。以某一具体建筑为例,判断各轮廓线各属于哪类直线,并判断两直线之间的关系。

4.1.4 平面的投影

1. 平面的表示法

(1)几何表示法

由初等几何可知,一平面可由下列任一组几何元素确定它的空间位置:

①不在同一直线上的三点,如图 1.4.23(a)所示;

② 一直线和直线外一点,如图1.4.23(b)所示;

③ 两相交直线,如图1.4.23(c)所示;

④ 两平行直线,如图1.4.23(d)所示;

⑤ 平面图形,如图1.4.23(e)所示。

在投影图中可以用上述任一组几何元素的两面投影来表

PPT:平面的投影

微课:平面的投影

图1.4.23 平面的表示方法

(a)不共线的三点 (b)直线和直线外一点 (c)两相交直线 (d)两平行直线 (e)平面图形

示平面,并且同一平面在同一位置用任一组几何元素来表示位置都不变。

 提示:平面图形 ABC 只表示在三角形 ABC 范围内的那一部分平面;平面 ABC 则应理解为通过三角形 ABC 的一个广阔无边的平面。

(2)迹线表示法

平面与投影面的交线称为迹线,如图1.4.24所示。平面 P 与 H、V、W 面的交线分别称为水平迹线 P_H、正面迹线 P_V、侧面迹线 P_W。用迹线表示的平面称为迹线平面。图1.4.25(a)表示的是铅垂面 P,图1.4.25(b)表示的是一般位置平面 Q。

图1.4.24 迹线立体图

(a) (b)

图1.4.25 迹线平面

(a)铅垂面 (b)一般位置平面

2. 各种位置平面的投影

在三面投影体系中,根据平面与投影面的相对位置不同,平面可以划分为一般位置平面、投影面平行面和投影面垂直面。后两种平面又统称为特殊位置平面。平面对 H、V、W 面的倾角分别用 α、β、γ 表示。以下分别介绍各种位置平面的投影特点。

(1)一般位置平面的投影

对 3 个投影面都处于倾斜位置的平面称为一般位置平面。以平面图形表示的一般位置平面 3 个投影都是原平面图形的类似图形,如图 1.4.26 所示。

图 1.4.26   一般位置平面
(a)立体图   (b)投影图

一般位置平面投影具有下列特点:

①各投影都是原平面图形的类似图形,均不反映平面的实形;

②平面的各投影也无积聚性,投影图中不能直接反映平面对投影面的倾角。

(2)投影面平行面的投影

平行于一个投影面而与其他两个投影面垂直的平面称为投影面平行面。根据平行的投影面不同,投影面平行面可分为 3 种:平行于水平投影面 H 的平面称为水平面;平行于正投影面 V 的平面称为正平面;平行于侧投影面 W 的平面称为侧平面。虽然平行的投影面不同,但它们具有相似的投影性质。

各种平行面的立体图、投影图及投影特性如表 1.4.3 所示。现以水平面为例分析如下:

①$\alpha = 0$,平面在 H 面上的投影反映实形;

②由于平面上所有点的 Z 坐标相等,平面在 V、W 两投影面上的投影均积聚成一条垂直于 Z 轴的直线。

由表 1.4.3 可以归纳出投影面平行面的投影特性如下:

①平面在它所平行的投影面上的投影反映实形;

②平面在其他两投影面上的投影均积聚成一条直线,其方向与相应投影轴垂直。

实习实作;以所在教室为例,判断有无投影面的平行面。

表 1.4.3　投影面平行面

名称	正平面(//V面)	水平面(//H面)	侧平面(//W面)
立体图			
投影图			
投影特性	1. 正面投影反映实形 2. 水平投影及侧面投影积聚成一直线,且分别平行于 X 轴及 Z 轴	1. 水平投影反映实形 2. 正面投影及侧面投影积聚成一直线,且分别平行于 X 轴及 Y 轴	1. 侧面投影反映实形 2. 水平投影及正面投影积聚成一直线,且分别平行于 Y 轴及 Z 轴

（3）投影面垂直面的投影

只垂直于一个投影面而与其他两投影面倾斜的平面称为投影面垂直面。根据垂直的投影面不同,投影面垂直面可分为 3 种:垂直于水平投影面 H 的平面称为铅垂面;垂直于正投影面 V 的平面称为正垂面;垂直于侧投影面 W 的平面称为侧垂面。虽然各种投影面垂直面垂直的投影面不同,但它们具有相似的投影性质。

各种垂直面的立体图、投影图及投影特性如表 1.4.4 所示。现以铅垂面为例分析如下:

①由于 $\alpha = 90°$,所以平面在 H 面的投影积聚成一条直线,其与 OX、OY 轴的夹角分别反映平面对 V、W 面的倾角 β、γ;

②平面的正面投影和侧面投影均为原平面图形的类似形。

由表 1.4.4 可以归纳出投影面垂直面的投影特性如下:

①平面在它所垂直的投影面上的投影积聚成一直线,其与相应投影轴的夹角分别反映平面对其他两投影面的倾角;

②平面在其他两投影面上的投影均为原图形的类似图形。

表 1.4.4　投影面垂直面

名称	正垂面(⊥V面)	铅垂面(⊥H面)	侧垂面(⊥W面)
立体面			
投影面			
投影特性	1. 正面投影积聚成一直线 2. 正面投影与 X 轴和 Z 轴的夹角分别反映平面与 H 面和 W 面的倾角 3. 水平投影及侧面投影为平面的类似图形	1. 水平投影积聚成一直线 2. 水平投影与 X 轴和 Y 轴的夹角分别反映平面与 V 面和 W 面的倾角 3. 正面投影及侧面投影为平面的类似图形	1. 侧面投影积聚成一直线 2. 侧面投影与 Y 轴和 Z 轴的夹角分别反映平面与 H 面和 V 面的倾角 3. 水平投影及正面投影为平面的类似图形

实习实作:以所在教室为例,判断教室各墙面、设备的各表面属于哪类平面,墙上、顶棚上的门、窗、灯具、开关、投影仪等点、线的位置;实测某一墙面(包括墙上的门窗、灯具、开关、投影幕布等),绘出投影图。

3. 平面上的点和直线

(1)在平面内取点和直线

1)点和直线在平面上的几何条件

①如果点位于平面内的任一直线上,则此点在平面上。

②如果一直线通过平面上两已知点或过平面上一已知点且平行于平面上一已知直线,则

微课:平面上的直线和点

PPT:平面上的直线和点

此直线在平面上。

在图 1.4.27 中，AB、BC 均为平面 P 上的直线，在 AB 和 BC 上各取一点 E 和 F，则由该两点所决定的直线 EF 一定在平面 P 上。若过 C 点作直线 $CM//AB$，则直线 CM 也一定是平面 P 上的直线。

2) 在平面上取直线的方法

①在平面上取两已知点连成直线；

②在平面上过一已知点作平面上一已知直线的平行线。

【例 4.7】 在图 1.4.28(a)中，在相交两直线 AB、BC 所确定的平面上任作一直线。

【解】 在图 1.4.28(b)中，在直线 AB 上任取一点 $E(e、e')$，在直线 BC 上任取一点 $F(f、f')$，则直线 EF 一定在已知平面上。或通过平面上一已知点 $C(c、c')$，作直线 CM($cm、c'm'$)$//AB$，则直线 CM 也一定在平面上。

图 1.4.27 立体图

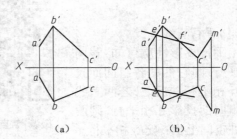

图 1.4.28 投影图
(a)已知条件 (b)作图过程

3) 在平面上取点的方法

①直接在平面上的已知直线上取点；

②先在平面上取直线，然后在该直线上取点。

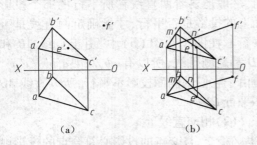

图 1.4.29 在平面上取点
(a)已知条件 (b)作图过程

【例 4.8】 已知点 E、F 均在平面 ABC 上，如图 1.4.29(a)所示，求 e、f。

【解】 连接 $c'e'$ 并延长交 $a'b'$ 于 m'，那么 E 点为平面内直线 CM 上的点；作出 M 点的水平投影 m 并连接 CM，最后作出 E 点的水平投影 e。同理，连接 $a'f'$ 交 $c'b'$ 于 n'，F 点为平面内直线 AN 上的点；作出 N 点的水平投影 n，连接 an 并延伸，最后作出 F 点的水平投影 f，如图 1.4.29(b)所示。

(2)平面内的投影面平行线

平面内的投影面平行线属于平面内的特殊位置直线。由于投影面有 H 面、V 面、W 面，所以平面内的投影面平行线有水平线、正平线、侧平线 3 种。平面内的投影面平行线既是平面内的直线，又是投影面平行线，它除具有投影面平行线的投影特性外，还应符合直线在平面内的几何条件。

【例4.9】 已知点 E 在平面 ABC 上,如图 1.4.30(a)所示,试通过 E 点作平面内的水平线 EF。

分析 由于 $EF /\!/ H$ 面,因此有 $e'f' /\!/ OX$。具体作图过程如图 1.4.30(b)所示。

4.1.5 直线和平面的相对位置

1.两直线的相对位置

空间两直线的相对位置有 3 种,即相交、平行和交叉。前两种为共面直线,后者为异面直线。

（1）平行直线

由平行投影性质可知:若两直线平行,则它们的各组同面投影必互相平行。反之,若两直线的各组同面投影互相平行,则两直线在空间上也一定互相平行。

对一般位置的两直线,仅根

图 1.4.30 作平面内的直线
（a）已知条件 （b）作图过程

微课:两直线的相对位置　　　　PPT:两直线的相对位置

据它们的水平投影和正面投影互相平行,就可判断其在空间上也互相平行。图 1.4.31 (a)中,由于 $ab /\!/ cd$、$a'b' /\!/ c'd'$,所以 $AB /\!/ CD$。但是,当两直线同时平行于某一投影面时,一般还要看两直线在所平行的那个投影面上的投影是否平行,才能确定两直线是否平行。在图 1.4.31(b)中,由于直线 AB 和 CD 都是侧平线,所以有 $ab /\!/ cd$、$a'b' /\!/ c'd'$。但由于它们的侧面投影不平行,所以直线 AB 不平行 CD。

（2）相交直线

图 1.4.31 两直线的相对位置
（a）两直线平行 （b）两直线不平行

如果空间两直线相交,则它们的各组同面投影也必相交,且交点的投影必符合点的投影规律。反之,如果两直线的各组同面投影均相交,且各投影的交点符合点的投影规律,则此两直线在空间上也一定相交。

在投影图上判别空间两直线是否相交,对一般位置的两直线,只需观察两组同面投影即可。在图 1.4.32(a)中,由于 $ab \cap cd = k$,$a'b' \cap c'd' = k'$,且 $kk' \perp OX$,所以直线 AB 与 CD 相交。

但是,当两直线中有一条直线平行于某一投影面时,一般还要看直线所平行的那个投影面上的投影才能确定两直线是否相交。在图 1.4.32(b)中,直线 AB 和 CD 的正面投影和水平投影均相交,由于 AB 是侧平线,所以还需检查它们侧面投影的交点是否符合点的投影规律。从

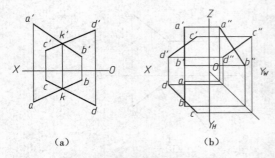

图 1.4.32 两直线的相对位置
(a)两直线相交 (b)两直线不相交

在空间上既不平行也不相交的两直线称为交叉直线。在投影图上,凡是不符合平行或相交条件的两直线都是交叉直线。

【例4.11】 已知直线 AB 和 CD 两直线的投影图,如图 1.4.34 所示,试判别它们的相对位置关系。

【解】 两者为交叉直线。

(4)一边平行于投影面的直角的投影

角度的投影一般不反映实际角度,只有当角所在的平面平行于某一投影面时,它在

图 1.4.34 两交叉直线
(a)判别 V、H 面重影点 (b)判别 H 面重影点

两直线,也适用于交叉垂直的两直线。

【例4.12】 求 A 点到正平线 BC 的距离,如图 1.4.36(a)所示。

【解】 求一点到某直线的距离实际上就是求过该点的垂线段的实长。设垂足为 D 点,由于 AD⊥BC,BC//V,所以有 a'd'⊥b'c';求出垂线 AD 的投影后,再利用直角三角形法求 AD 实长,如图 1.4.36(b)所示。

【例4.13】 已知△ABC 为等腰直角三角形,一直角边 BC 在正平线 EF 上,如图 1.4.37

图中可以看出正面投影交点与侧面投影交点的连线不垂直于 OZ 轴,所以 AB 和 CD 不相交。

【例4.10】 已知四边形 ABCD 的正面投影及 AB、AC 的水平投影,如图 1.4.33(a)所示,试完成其水平投影。

【解】 连接 bc、b'c'、a'd',D 点可看成△ABC 平面内一直线 AE 上的一点,然后利用在平面内取点的方法求出 D 点的水平投影,如图 1.4.33(b)所示。

(3)交叉直线

图 1.4.33 求平面的投影
(a)已知条件 (b)作图过程

该投影面上的投影才反映真实角度大小。而对于直角,当直角的两边都不平行于投影面时,其投影肯定不是直角;当直角所在的平面平行于某一投影面时,它在该投影面上的投影仍是直角。

直角的投影特性:当一条直角边平行于某一投影面时,直角在该面上的投影仍是直角。此性质又称为直角投影定理。

在图 1.4.35(a)中,若 AB⊥BC,且 BC//H 面,则有 ab⊥bc,如图 1.4.35(b)所示。

直角投影定理既适用于互相垂直的相交

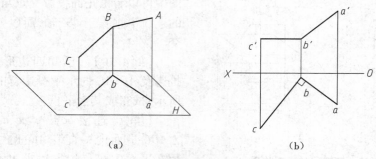

图 1.4.35 一边平行于投影面的直角的投影
(a)立体图 (b)投影图

图 1.4.36 求点到直线的距离
(a)已知条件 (b)求作过程

(a)所示,试完成其投影。

图 1.4.37 求平面的投影
(a)已知条件 (b)求作过程

【解】 由于 $AB \perp EF$,且 $EF /\!/ V$,所以有 $a'b' \perp e'f'$;利用直角三角形法求 AB 实长;过 b' 在 $e'f'$ 上量取 $b'c' = AB = BC$。具体过程如图 1.4.37(b)所示。

2. **直线和平面相交**

直线与平面相交,只有一个交点。直线与平面的交点既在直线上,又在平面内,是直线与平面的公共点。因此,求直线与平面的交点问题,实质上就是求直线与平面的公共点问题。

平面与平面相交,交线是一条直线。求出交线上的两个公共点,连接起来就得到两平面的交线。因此,求平面与平面交线的问题,实质上就是求两平面的两个公共点的问题。

（1）一般位置直线与投影面垂直面相交

当相交的两元素中有一个垂直于某投影面时,可利用其在垂直的投影面上的积聚性及交点的共有性,直接求出交点的一个投影。

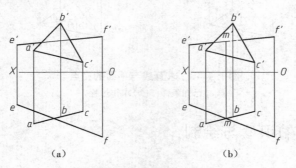

图 1.4.38　求直线与平面的交点

(a)已知条件　(b)求作过程

如图 1.4.38(a)所示,铅垂面 $\triangle ABC$ 与一般位置直线 EF 相交,交点 M 的 H 面投影 m 必在平面 $\triangle ABC$ 的 H 面投影线段 abc 上,又必在直线 EF 的 H 面投影 ef 上。因此,m 必在线段 abc 与 ef 的交点上。定出交点 M 的 H 投影 m 后,根据交点的公有性,m' 必在 $e'f'$ 上。即过 m 作 OX 轴垂线,与 $e'f'$ 交于 m'。m、m' 即为 EF 与平面 $\triangle ABC$ 交点 M 的两投影,如图 1.4.38(b)所示。

（2）一般位置平面与投影面垂直面相交

如图 1.4.39(a)所示,铅垂面 $\triangle ABC$ 与一般位置平面 DEF 相交。求它们的交线时,可把一般位置平面 DEF 看成由两相交直线 DF、EF 构成,这样就可利用求一般位置直线与投影面垂直面交点的方法,分两次求得两交点 M、N,连接起来即得交线 MN,如图 1.4.39(b)所示。

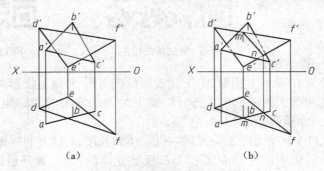

图 1.4.39　求两平面交线

(a)已知条件　(b)求作过程

（3）投影面垂直线与一般位置平面相交

在图 1.4.40(a)中,铅垂线 EF 与平面 $\triangle ABC$ 相交于 M 点。由于直线 EF 的投影在 H 面上有积聚性,所以交点 M 的 H 面投影与 e、f 积聚为一点,其 V 面投影 m' 可用在平面内取点的方法求出,如图 1.4.40(b)所示。

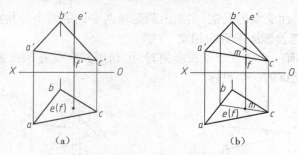

图 1.4.40　求直线与平面的交点
(a)已知条件　(b)求作过程

4.2　基本体投影的识读与绘制

4.2.1　平面立体的投影

表面由平面所围成的几何体称为平面立体。由于平面立体由其平面表面所决定,所以平面立体的投影就是围成它的表面的所有平面图形的投影。在平面立体表面上作点和线,也就是在它的表面平面上作点和线。常见的平面立体有棱柱和棱锥两种。

1.棱柱体

底面为多边形,各棱线互相平行的立体就是棱柱体。棱线垂直于底面的棱柱叫直棱柱,直棱柱的各侧棱面为矩形;棱线倾斜于底面的棱柱叫斜棱柱,斜棱柱的各侧棱面为平行四边形。

(1)棱柱的投影

图 1.4.41(a)为一铅垂放置

微课:棱柱体的投影

PPT:棱柱体的投影

的正六棱柱,其六个棱面在 H 面上积聚,上下底投影反映实形;V 面上投影对称,一个棱面反映矩形的实形,两个棱面为等大的矩形类似形;W 面上为两个等大的对称矩形类似形。3 个投影展开后得六棱柱的三面投影,如图 1.4.41(b)所示。

在图 1.4.41(a)、(b)中我们把 X 轴方向叫做立体的长度,Y 轴方向叫做立体的宽度,Z 轴方向叫做立体的高度,从图中可见 V、H 面投影都反映立体的长度,展开后这两个投影左右对齐,这种关系称为"长对正"。H、W 面投影都反映立体的宽度,展开后这两个投影宽度相等,这种关系称为"宽相等"。V、W 面投影都反映立体的高度,展开后这两个投影上下对齐,这种关系称为"高平齐"。

同时,从图 1.4.41(b)中我们还可以看到 V 面投影反映立体的上下和左右关系,H 面投影反映立体的左右和前后关系,W 面投影反映立体的上下和前后关系。

至此,立体 3 个投影的形状、大小、前后均与立体距投影面的位置无关,故立体的投影均不需再画投影轴、投影面,而 3 个投影只要遵守"长对正、宽相等、高平齐"的原则,就能够正确地

图 1.4.41 正六棱柱的投影
(a)立体图 (b)作图过程 (c)投影图 (d)动画

反映立体的形状、大小和方位,如图 1.4.41(c)所示。

该立体作图时先作 H 面上反映实形的正六边形,再在合适的位置对应作出 V、W 面投影。"长对正、宽相等、高平齐"是画立体正投影的投影规律,画任何立体的三面投影都必须严格遵守。

图 1.4.42 (a)为一水平放置的正三棱柱(可视为双坡屋顶),两个棱面垂直于 W,一个棱面平行于 H,两个端面平行于 W,按照"长对正、宽相等、高平齐"作正投影后,V 面投影为矩形的类似形;H 面投影为可见两个矩形的类似形和一个不可见矩形的实形;W 面投影为三角形的实形,如图 1.4.42(b)所示。

(2)棱柱表面上的点

在平面立体表面上取点,其方法与平面内取点相同,只是平面立体是由若干个平面围成的,投影时总会有两个表面重叠在一起,就有一个可见性问题。只有位于可见表面上的点才是可见的,反之不可见。所以要确定立体表面上的点,先要判断它位于哪个平面上。

如图 1.4.43(a)所示,六棱柱的表面分别有 A、B、C 点的一个投影,求其他的两个投影。

投影分析:从 V 面投影看,a' 在中间图框内且可见,则 A 点应在六棱柱最前的棱面上;b' 在右面的图框内且不可见,B 点应在六棱柱右后方的棱面上;从 H 面投影看,c 在六边形内且可见,C 点应在六棱柱上表面上。

（a） （b）

图 1.4.42 三棱柱的投影
（a）立体图 （b）投影图

作图:由于六棱柱的 6 个侧面均积聚在 H 面投影上,所以 A、B 两点的 H 面投影应在相应侧面的积聚投影上,利用积聚性即可求得,如图 1.4.43(b)所示,它们的 W 面投影和 C 点的 V、W 面投影则可根据"长对正、宽相等、高平齐"求得。注意判断可见性。

（a） （b）

图 1.4.43 棱柱表面上定点的投影
（a）已知条件 （b）作图过程

2.棱锥体

底面为多边形,所有棱线均相交于一点的立体就是棱锥体。正棱锥底面为正多边形,其侧棱面为等腰三角形。

（1）棱锥的投影

图 1.4.44(a)为一正置的正四棱台,H 面投影外框为矩形,反映 4 个梯形棱面的类似形,顶面反映矩形实形,而底面为不可见的矩形;在 V、W 面上的梯形均反映棱面的类似形。其三面投影图如图 1.4.44(b)所示。

微课:棱锥体的投影

PPT:棱锥体的投影

图 1.4.44　正四棱台
（a）立体图　（b）投影图

（2）棱锥表面上的点

棱锥表面定点的方法和棱柱有相似之处,不同的是棱锥表面的点绝大多数没有积聚性,不能利用积聚性找点。关键是点与平面从属性的应用。

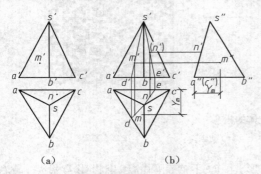

图 1.4.45　棱锥表面上定点的投影
（a）已知条件　（b）作图过程

如图 1.4.45（a）所示,已知正三棱锥 S-ABC 表面上的点 M、N 的一个投影,求其他两个投影。

投影分析:从 V 面投影看,M 点应在三棱锥的左前棱面 SAB 上;从 H 面投影看,N 点应在三棱锥的后棱面 SAC 上。由于三棱锥的 3 个棱面均处于一般位置,没有积聚性可利用,所以要利用平面内取点的方法(辅助线法)。

作图:如图 1.4.45（b）所示,过点 M 作辅助线 SM,即连接 $s'm'$ 并延长交底边得 $s'd'$,向 H 面上投影得 sd,由 m' 向下作竖直线交 sd 得 m,利用宽度 Y_m 相等,确定 m'',因为 SAB 棱面在三投影中都可见,所以 M 点的三面投影也可见。

同理可得 n' 和 n''。连接 sn 并延长交于 ac 得 se,求出 $s'e'$,过 n 作竖直线交 $s'e'$ 得 n',根据投影规律求得 n''。因为 SAC 棱面处于三棱锥的后面,故 n' 不可见,n'' 则积聚在 $s''a''c''$ 上,如图 1.4.45（b）所示。

提示:这里的辅助线并不一定都要过锥顶,我们还可以做底边的平行线、棱面上过已知点的任意斜线。

4.2.2　曲面立体的投影

由曲面或曲面与平面所围成的几何体,称为曲面立体。常见的曲面立体是回转体。回转体是曲面立体中形状较规则的一类,它是由回转面与平面(有的无平面)所围成的立体,最常见的是圆柱、圆锥、球等。

1. 圆柱体

(1)圆柱体的投影

圆柱体是直母线 AB 绕轴线旋转形成的圆柱面与两圆平面为上下底所围成的立体。如图1.4.46 所示。图 1.4.46(b)为正置圆柱体的三面投影图。

H 面投影为一圆周,反映圆柱体上、下两底面圆的实形,圆

微课:圆柱体的投影

PPT:圆柱体的投影

(a)   (b)   (c)

图 1.4.46　圆柱体的投影
(a)立体图　(b)投影图　(c)动画

柱体的侧表面积聚在整个圆周上;V 面投影为一矩形,由上、下底面圆的积聚投影及最左、最右两条素线组成。这两条素线是圆柱体对 V 面投影的转向轮廓线,它把圆柱体分为前半圆柱体和后半圆柱体,前半圆柱体可见,后半圆柱体不可见,因此它们也是正面投影可见与不可见的分界线;W 面投影为一矩形,是由上、下两底面圆的积聚投影及最前、最后两条素线组成。这两条素线是圆柱体对 W 面投影的转向轮廓线,它把圆柱体分为左半圆柱体和右半圆柱体,左半圆柱体可见,右半圆柱体不可见,因此它们也是侧面投影可见与不可见的分界线。

由于圆柱体的侧表面是光滑的曲面,实际上不存在最左、最右、最前、最后这样的轮廓素线,它们仅仅是因投影而产生的。因此,投影轮廓素线只在相应的投影中存在,在其他投影中则不存在。

(2)圆柱表面上的点

由于圆柱侧表面在轴线所垂直的投影面上投影积聚为圆,故可利用积聚性来作图。如图1.4.47(a)所示,已知圆柱表面上的点 K、M、N 的一个投影,求其他两个投影。

投影分析与作图过程如下。

①特殊点。从 V 面投影看,k' 在正中间且不可见,则 K 点应在圆柱最后的素线上(转向轮

廓线上），其他两个投影也应该在这条素线上。像这样转向轮廓线上的点可直接求得，如图 1.4.47（b）所示。

②一般点。从 V 面投影看，m' 可见，则 M 点在左前半圆柱上，由于整个圆柱面水平投影积聚在圆周上，所以 m 也应该在圆周上，由"长对正"可直接求得。m'' 则通过"宽相等、高平齐"求得。

从 H 面投影看，N 点应在圆柱的下底面上，其他两个投影也应该在相应的投影上，利用"长对正、宽相等"可以求出 n'、n''。

图 1.4.47　圆柱表面上的点的投影
（a）已知条件　（b）作图过程

2. 圆锥体

（1）圆锥体的投影

圆锥体是直母线 SA 绕过 S 点的轴线旋转形成的圆锥面与圆平面为底所围成的立体，如图 1.4.48（a）所示。图 1.4.48（b）为正置圆锥体的三面投影图。

H 面投影为一圆周，反映圆锥体下底面圆的实形。锥表面为光滑的曲面，其投影与底面圆重影且覆盖其上；V 面投影为一等腰三角形。三角形的底边为

微课：圆锥体的投影　　　　　PPT：圆锥体的投影

图 1.4.48　圆锥体的投影
（a）立体图　（b）投影图　（c）动画

圆锥体底面圆的积聚投影，两腰为圆锥体最左、最右两轮廓素线的投影。它是圆锥体前、后两部分的分界线；W 面投影为一等腰三角形。其底边为圆锥体底面圆的积聚投影，两腰为圆锥体最前、最后两轮廓素线的投影。它是圆锥体左、右两部分的分界线。

（2）圆锥表面上的点

由于圆锥表面投影均不积聚，所以求圆锥表面上的点就要作辅助线。点属于曲面,也应该属于曲面上的一条线。曲面上最简单的线就是素线和圆。下面分别介绍素线法和纬线圆法。

如图1.4.49（a）所示,已知圆锥表面上的点 K、M、N 的一个投影,求其他两个投影。

图1.4.49　圆锥表面上的点的投影
（a）已知条件　（b）立体图　（c）素线法定点　（d）纬线圆法定点

投影分析与作图过程如下。

①特殊点。从 V 面投影看,k' 在转向轮廓线上,即 K 点在圆锥最右的素线上,其他两个投影也应该在这条素线上。k、k'' 可直接求得,注意,k'' 不可见,如图1.4.49（c）所示。

②一般点。素线法:从图1.4.49（a）的 V 面投影看,m' 可见,所以 M 点在左前半圆锥面上。在 V 面投影上连接 $s'm'$ 并延长与底面水平线交于 a',$s'a'$ 即素线 SA 的 V 面投影,如图1.4.49（b）所示;过 a' 作铅垂线与 H 面上圆周交于前后两点,因 m' 可见,故取前面一点,sa 即为素线 SA 的 H 面投影;再过 m' 引铅垂线与 sa 交于 m,即为所求 M 点的 H 面投影;根据点的投影规律求出 $s''a''$,过 m' 作水平线与 $s''a''$ 交于 m''。作图过程如图1.4.49（c）所示。纬线圆法:母线绕轴线旋转时,母线上任意点的轨迹是一个圆,称为纬线圆,且该圆所在的平面垂直于轴线,如图1.4.49（b）中 M 点的轨迹。过 m' 作水平线与轮廓线交于 b',$o'b'$ 即为辅助线纬圆的半径实长,在 H 面上以 $s(o)$ 为中心,$o'b'$ 为半径作圆周即得纬圆的 H 面投影,此纬圆与过 m' 的铅垂线相交得 m 点。这一交点应与素线法所得交点 m 是同一点。

从图1.4.49（a）的 H 面投影看,N 点位于右后锥面上,用纬线圆法求解,其作图过程与图1.4.49（c）相反,即先过 n 作纬圆的 H 面投影,再求纬圆的 V 面投影而求得 n' 点,作图过程如图1.4.49（d）所示。

3. 圆球体

（1）圆球体的投影

圆球体是半圆（EAF）母线以直径 EF 为轴线旋转而成的球面体,如图1.4.50（a）所示。

如图1.4.50（b）所示,球的三面投影均为圆,并且大小相等,其直径等于球的直径。所不同的是,H 面投影为上、下半球之分界线,在圆球上半球面上的所有的点和线的 H 面投影均可见,而在下半球面上的点和线的投影不可见;V 面投影为前、后半球之分界线,在圆球前半球面上所有的点和线的 V 面投影为可见,而在后半球面上的点和线的投影则不可见;W 面投影则为左、右半球之分界线,在圆球左半球面上所有的点和线的 W 面投影为可见,而在右半球上的点和线的投影不可见。这 3 个圆都是转向轮廓线,其另两面投影落在相应的对称线上,不予画出。

（2）圆球表面上的点

点属于圆球,也必定属于圆球表面上的一条线,而圆球表面

微课:圆球体的投影

PPT:圆球体的投影

　（a）　　　　　　（b）　　　　　　　（c）

图 1.4.50　圆球体的投影
（a）立体图　（b）投影图　（c）动画

只有圆。理论上可用圆球表面上的任意纬线圆作辅助线,用纬线圆法简单易画,所以常用投影面平行圆。

如图 1.4.51（a）所示,已知圆球表面上的点 K、M 的一个投影,求其他两个投影。

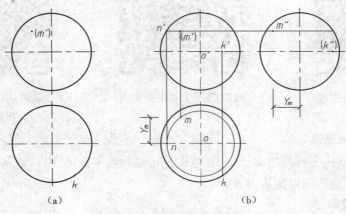

　（a）　　　　　　　　　　　　（b）

图 1.4.51　圆球表面上的点的投影
（a）已知条件　（b）作图过程

投影分析与作图过程如下。

①特殊点。从 H 面投影看，k 在前半圆球面上，在水平投影转向轮廓线上，则其他两个投影也应该在这条轮廓线上。k'、k'' 可直接求得，注意，k'' 不可见，如图 1.4.51(b) 所示。

②一般点。从图 1.4.51(a) 的 V 面投影看，M 点应在左后上部圆球面上，先用水平圆来作图。在图 1.4.51(b) 中过 m' 作水平线与 V 面圆交于 n'，根据 n' 求出纬线圆 ON 的 H 面投影 on，过 m' 作铅垂线与圆 ON 交于两点，因 m' 不可见，取后半圆上一点 m，然后根据 m'、m 求得 m''。

提示：按同样的方法，在 m' 处还可以用正平圆作辅助圆、用侧平圆作辅助圆，得到的答案都是一致的。

实习实作：将模型、学校周围较为规则的建筑、建筑构件等进行简化，作为基本立体的具体实例，进行实际测绘或目测，根据结果作投影图，并将上述立体表面上的一些具有特殊性的位置作为立体表面上的点，作出点的投影。

4.2.3　立体的截交线

平面与立体相交，可看作立体被平面所截，该平面称为截平面；截平面与立体表面的交线称为截交线；截交线所围成的平面图形称为断面；截交线的顶点称为截交点。在求作截交线时，常常先求出截交点，然后连成截交线。

PPT：平面立体的截交线

微课：平面立体的截交线

视频：平面立体截交线
投影的动画

1.平面立体的截交线

平面立体的截交线为一封闭多边形，其顶点是棱线与截平面的交点，而各边是棱面与截平面的交线，可由求出的各顶点连接而成。

（1）棱柱体的截切

图 1.4.52(a) 为切口正六棱柱，被两相交平面截切，完成其三面投影。

（a）　　　　　　　　　　　（b）

图1.4.52　切口正六棱柱的投影

（a）已知条件　（b）作图过程

分析:切口形体作图一般按"还原切割法"进行,先按基本形体补画出完整的第三投影,再利用截平面的积聚性,在截平面积聚的投影面上直接找到截平面与棱线的交点,再找这些交点的其他投影。

如图1.4.52(b)所示,先补画出完整六棱柱的 W 面投影,再利用正面投影上截平面(一为正垂面;一为侧平面)的积聚性直接求得截平面与棱线的交点 a'、b'、c'、d'、e'(只标出可见点),对应得其水平投影 a、b、c、d、e 和侧面投影 a''、b''、c''、d''、e''。由于六棱柱的水平投影有积聚性,实际上只增加侧平面截面积聚后的一条直线,其左边为斜截面所得七边形的类似形投影,右边是六棱柱顶面截切后余下的三角形实形投影。在 W 面投影上,斜截面所得七边形仍为类似形,侧平截面所得矩形反映实形,其分界线就是两截平面的交线,此外,在连线时应注意棱线(轮廓线)的增减和可见性变化。

（2）棱锥体的截切

图1.4.53（a）为正四棱锥被一正垂面 P 截切,截平面位置标记为 P_V,完成其 H、W 面投影。

作图过程如图1.4.53（b）所示,先按基本形体作出四棱锥的 W 面投影,再利用截平面 P_V 的积聚性,在 V 面上直接显示截平面与棱线的交点 $a'(d')$、$b'(c')$,由其对应求得 a、b、c、d 和 a''、b''、c''、d'',最后判明可见性并连线加深。

（a）　　　　　　　　　　　（b）

图1.4.53　斜切正四棱锥的投影

（a）已知条件　（b）作图过程

2.曲面立体的截交线

曲面立体被平面所截而在曲面立体表面所形成的交线即为曲面立体的截交线。它是曲面立体与截平面的共有线，而曲面立体的各侧面是由曲面或曲面加平面所组成。因此，曲面立体的截交线一般情况下为一条封闭的平面曲线或平面曲线加直线段所组成。特殊情况下也可能为平面折线。

微课：曲面立体的截交线

PPT：曲面立体的截交线

（1）圆柱体的截切

圆柱体被平面截切，由于截平面与圆柱轴线的相对位置不同，其截交线（或截断面）有3种情况，如表1.4.5所示。

表1.4.5　圆柱体的截切

截平面位置	倾斜于圆柱轴线	垂直于圆柱轴线	平行于圆柱轴线
截交线形状	椭圆	圆	两条素线
立体图			
投影图			

【例4.14】　补全圆柱切台（榫头）和开槽（榫槽）的三面投影，如图1.5.14（a）所示。

观察图1.4.54（a），圆柱的左端被两个对称于轴线的水平面及一侧平面截切去两部分，形成常见的圆柱榫头，截断面为矩形和圆弧，圆柱右端被两个正平面（对称于轴线）和一侧平面截去中间部分，形成常见的榫槽，其截面也是矩形和圆弧，如图1.4.54（b）所示。

作图如图1.4.54（c）所示，由于圆柱的 W 面投影有积聚性，左端两水平截面在 W 面也积聚成两条直线,由 V、W 面投影对应到 H 面投影面上得矩形的实形。右端的作法与左端相似,只是方位和可见性发生了变化,请读者自行分析比较。

图 1.4.54   切台和开槽的圆柱的投影
(a)已知条件   (b)立体图   (c)作图过程

【例 4.15】   求斜切口圆柱的 H、W 面投影,如图 1.4.55(a)所示。

图 1.4.55   斜切口圆柱的投影
(a)已知条件   (b)作图过程

观察图 1.4.55(a),圆柱右端为一种折断画法,左端被两相交正垂面切成 V 形切口,截面为两个局部椭圆,恰似木屋架下弦杆端部的接头切口。

作图过程如图 1.4.55(b)所示,由于圆柱的 W 面投影积聚,只能作出两截平面交线 BD 在 W 面上的投影 $b''d''$(虚线)。而 H 投影面上,先还原作出圆柱轮廓的投影,后由 a'、b'、c'、d' 和 a''、b''、c''、d'' 对应求出特殊点 a、b、c、d,再利用积聚性求出若干中间点的水平投影(如 m、n),最后光滑连成椭圆曲线及交线 bd。

(2)圆锥体的截切

圆锥体被截平面截切,由于相对位置不同可得到 5 种截交线,如表 1.4.6 所示。

表 1.4.6　圆锥体的截切

截平面位置	垂直于圆锥轴线	与截面上素线相交	平行于圆锥面上一条素线	平行于圆锥面上两条素线	通过锥顶
截交线形状	圆	椭圆	抛物线	双曲线	两条素线
立体图					
投影图					

【例 4.16】　补全切口圆锥体的 H、W 面投影，如图 1.4.56 所示。

观察图 1.4.56(a)，正置圆锥体被 3 个截平面截切，一侧平截面过轴线，其截断面为三角形；一截平面为正垂面，且平行于圆锥右轮廓线，其截断面为抛物线；另一水平截面，其截断面为圆。

作图如图 1.4.56(b)所示，先作出圆锥的 W 面投影，再利用积聚性和实形性作出侧平截面的投影（H 面投影积聚成直线、W 面投影为实形的等腰三角形），水平截面的投影（H 面投影为实形的圆，W 面投影为一积聚性直

图 1.4.56　切口圆锥体的投影
(a)已知条件　(b)作图过程

线）。最后在 V 面投影上正垂截面 $a'b'$ 之间取若干中间点如 n'，过该点作辅助水平纬线圆，对应得 n 和 n''，顺连抛物线 anb 和 $a''n''b''$，以及各截面的交线，并判明可见性，即完成作图。

（3）圆球体的截切

圆球体被截平面截切的截断面均是圆，由于截平面与投影面的相对位置不同，其投影也不同，当截平面垂直于投影面时，投影积聚成一直线；当截平面平行于投影面时，投影反映实形圆；当截平面倾斜于投影面时，投影变形成椭圆。

【例 4.17】　补全开槽半球体的 H、W 面投影，如图 1.4.57(a)所示。

观察图 4.57(a)，半球体上开的方形槽由两个侧平截面和一个水平截面组成，类似常见的半球螺钉头上的起子槽。

图 1.4.57　开槽半球体的投影

（a）已知条件　（b）作图过程

作图过程如图 1.4.57（b）所示，先作出半球的 W 面投影，后作方槽侧平面的实形圆弧至 a''、b''，虚线连接 $a''b''$ 并延长其两端为实线；将 V 面上积聚的两侧平截面对应到 H 面上仍为两条直线，作出水平截面的圆弧，交水平截面于 a、b 两点，即完成作图。

实习实作：将模型、周围较为复杂的建筑、建筑构件等的一部分作为立体被平面切割的具体事例，进行测绘或目测，根据结果作投影图。

4.2.4　立体的相贯线

两立体相交，称为两立体相贯。这样的立体称为相贯体。它们表面的交线称为相贯线。相贯线是两立体表面的共有线，相贯线上的点都是两立体表面的共有点。相贯体实际上是一个整体。

由于形体的类型和相对位置不同，有两平面立体相贯、平面立体与曲面立体相贯、两曲面立体相贯；两外表面相交、两内表面相交和内外表面相交；全贯和互贯等形式。

1.两平面立体相贯

图 1.4.58 显示两种平面立体相贯的直观图，图 1.4.58（a）为两个三棱柱全贯，形成两条封闭的空间折线；图 1.4.58（b）为一个四棱柱与一个三棱柱互贯，形成一条封闭的空间折线。

观察图 1.4.58（a）、（b），求两平面立体的相贯线，实质上是求棱线与棱线、棱线与棱面的交点（空间封闭折线的各顶点）以及求两棱面的交线（各折线段）的问题，而各顶点的依次连接就是各折线段，由此可得出求两平面立体相贯线的作图步骤如下：

①形体分析：先看懂投影图的对应关系、相贯形体的类型、相对位置、投影特征，尽可能判断相贯线的空间状态和范围；

②求各顶点：其作法因题型而异，常利用积聚性或辅助线求得；

③顺连各顶点的同面投影，并判明可见性，特别注意连点顺序和棱线、棱面的变化。

【例 4.18】　求四棱柱与五棱柱的相贯线，补全三面投影，如图 1.4.59（a）所示。

由图 1.4.59（a）可以看出，两平面立体可看成是铅垂的烟囱与侧垂的坡屋顶相贯的建筑

图 1.4.58　两平面立体相贯

(a)三棱柱与三棱柱全贯　(b)四棱柱与三棱柱互贯

形体,是全贯式的一条封闭折线。在 H、W 面上均积聚在棱面的投影上。

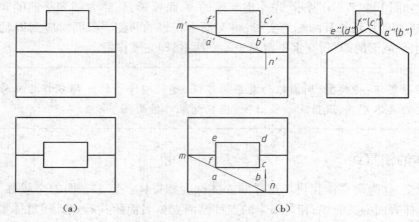

图 1.4.59　四棱柱与五棱柱相贯

(a)已知条件　(b)作图过程

　　作图过程如图 1.4.59(b)所示,根据题意要求先作出 W 面投影,由 H、W 投影的积聚性可对应标出 $a \sim f$ 和 $a'' \sim f''$ 6 个顶点;由于烟囱在屋脊处前后对称,对应到 V 面投影上得 a'、b'、c' 和 f';顺连 $f'a'$、$a'b'$、$b'c'$,即得 V 面上的相贯线。

　　由图 1.4.59(b)还可以看出,若不要求作 W 面投影,也可在 H 面投影上直接取辅助线求出 V 面投影。如过 a 作辅助线 mn,对应到 V 面上得 $m'n'$,即得 a' 。

　　【例4.19】　求四棱柱与四棱锥的相贯线,补全三面投影,如图 1.4.60(a)所示。

　　由图 1.4.60(a)可以看出,正置四棱锥侧棱面均无积聚性,而水平四棱柱的四棱面均侧垂于 W 面,上下棱面在 V 面上有积聚性,前后棱面在 H 面上有积聚性,两立体全贯且对称,只需求出一条相贯线就可对称作出另一条,而 W 面上的相贯线与四棱柱棱面完全重合。

　　作图过程如图 1.4.60(b)所示,先作出 W 面投影,并利用积聚性直接标出左侧的 6 个相贯点 $a'' \sim f''$;后由 a'',d'' 对应得到 a'、d' 和 a、(d);再由 a、(d) 作四棱锥底边平行线求得 b、(c) 和 f、(e),并对应得 b'、(f')、c'、(e');最后判明可见性,顺连 ab、bc、cd、de、ef 和 $a'b'$、$b'c'$、$c'd'$,并对称作出另一条相贯线,即完成 V、H 面上的相贯线。

图1.4.60(c)为拔出四棱柱后形成穿方孔的四棱锥,请读者分析比较。

图1.4.60　四棱柱与四棱锥相贯

(a)已知条件　(b)作图过程　(c)穿孔四棱锥

2.平面立体与曲面立体相贯

图1.4.61显示两种相贯体的直观图,图1.4.61(a)为三棱柱与半圆柱全贯;图1.4.61(b)为四棱柱与圆锥全贯,都形成一条空间封闭的曲折线。

图1.4.61　平面立体与曲面立体相贯

(a)三棱柱与半圆柱全贯　(b)四棱柱与圆锥全贯

观察图1.4.61,可以看出求这类相贯线的实质是求相关棱线与曲面的交点(曲折线的转折分界点)和相关棱面的交线段(可视为截交线),因此求此类相贯线的步骤如下:①形体分析(同前);②求各转折点,常利用积聚性或辅助线法求得;③求各段曲线,先求出全部特殊点(如曲线的顶点、转向点),再求出若干中间点;④顺连各段曲线,并判明可见性。

【例4.20】　求四棱柱与圆柱的相贯线,如图1.4.62(a)所示。

由图1.4.62(a)可以看出,它可看成是铅垂的圆立柱被水平放置的方梁贯穿,有两条相贯线,其水平投影积聚在圆柱面上,W面投影积聚在四棱柱的棱面上。

作图过程如图1.4.62(b)所示,先作出W面投影,并标出特殊点$a'' \sim f''$和$a \sim f$;后对应在V面上得$a' \sim d'$;再顺连$a' \sim d'$(e'、f'因重影而略去)得一条相贯线,并对称作出另一条相贯线,即完成作图。

图1.4.62(c)显示出圆柱上穿方孔的相贯线,请读者分析比较。此外应指出,由于四棱柱

（或四方孔）的两侧棱面与圆柱轴线平行，其交线段成为直线，属于特殊情况。

图 1.4.62　四棱柱与圆柱体相贯
（a）已知条件　（b）作图过程　（c）圆柱上穿方孔

【例4.21】　求圆锥与四棱柱的相贯线的 V 、W 面投影，如图 1.4.63（a）所示。

由图 1.4.63（a）可以看出，它可以看成是铅垂的方形立柱与圆锥形底座全贯，但只在上方产生一条相贯线，H 面投影积聚在方柱棱面上，4 段曲线为双曲线，分别在 V、W 面上积聚或反映实形。

图 1.4.63　四棱柱与圆锥相贯
（a）已知条件　（b）作图过程

作图过程如图 1.4.63（b）所示，先作出基本形体的 W 面投影，后在 H 面投影上利用方柱的积聚标出 $a \sim h$ 的特殊点，过点 A 取圆锥面上的辅助素线 sm，对应到 V 面上的 s' 得 a'，并根据对称性和"高平齐"得 $a' \sim d'$ 及 $a'' \sim d''$，而 $e \sim h$ 是双曲线的最高点，由 V、W 面投影对应得 f' 和 e'。再在 V 面投影的最低点之上和最高点之下取圆锥的水平纬线圆，对应到 H 面投影上得 $i \sim l$ 等点，将 $i \sim l$ 对应到 V、W 面投影上得 k'、l' 和 i''、l''。最后，光滑顺连 $a'k'f'l'b'$ 和 $d''i''e''j''a''$ 成双曲线,将方柱棱线延长至 a'、b' 和 d''、a'',即完成作图。

3. 两曲面立体相贯

图 1.4.64 显示两种相贯体
的直观图,图 1.4.64(a)为两圆
柱全贯,图 1.4.64(c)为圆柱与
圆锥全贯,都是两条封闭的空间
曲线。

观察图 1.4.64(a)、(b),可
以看出求两曲面立体相贯线,实

微课:两曲面立体相贯

PPT:两曲面立体相贯

质上是求空间曲线的共有点,求此类相贯线的步骤如下:①形体分析(同前);②求一系列共有
点,利用积聚性或辅助线(面)法先求出特殊点(极限位置点和转向点),再视需要求若干中间
点;③顺序光滑连接各点并判明可见性。

图 1.4.64　两曲面立体相贯

(a)两圆柱全贯　(b)圆柱全贯图　(c)圆柱与圆锥全贯　(d)圆柱与圆锥全贯图　(e)投影动画

【例4.22】　求两圆柱体的相贯线,如图 1.4.65(a)所示。

图 1.4.65　两圆柱体相贯

(a)已知条件　(b)作图过程

由图 1.4.65(a)可以看出,两圆柱正交全贯,在上部产生一条相贯线,由于大小圆柱轴线

分别垂直于 W、H 面投影面,其相贯线积聚在圆柱面的投影上,只需求出其 V 面投影。

作图过程如图 1.4.65(b)所示,先利用积聚性对应标出 H、W 面投影上的特殊点 a、a''(最左最高点)、b、b''(最右最高点),c、c''(最前最低点),d、d''(最后最低点),其中 a'、b' 又是 V 面投影的转向点;对应求出 a'、b'、c'、(d');再在 H 面投影上对称取中间点 e、f,利用积聚性标出 $e''(f'')$,在 V 面投影对应得 e'、f';最后依次光滑连接 a' $e'c'f'b'$ 得相贯线。

图 1.4.66 两圆筒相贯

若将图 1.4.65 中两圆柱体改成两圆筒相贯,如图 1.4.66 所示,成为工程中常见的一种管接头"三通",则在内外表面产生两条相贯线,请读者分析比较。

两回转体相贯,在特殊情况下,其相贯线也可能是平面曲线或直线。两回转体同轴相贯时,其交线为圆,如图 1.4.67 所示。两回转体相切于同一球面时,其交线为椭圆,如图 1.4.68 所示。两圆柱轴线平行时,其交线为直线,如图 1.4.69 所示。

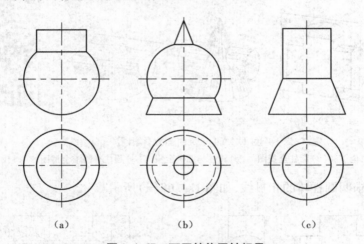

(a)   (b)   (c)

图 1.4.67 两回转体同轴相贯
(a)圆柱、球相贯   (b)圆锥、球相贯   (c)圆柱、圆台相贯

4.同坡屋面交线

在一般情况下,屋顶檐口的高度在同一水平面上,各个坡面与水平面的倾角相等,称为同坡屋面。它是两平面体相贯的一种特殊形式,也是房屋建筑中常见的一种实例,如图 1.4.70 所示。

已知屋面的 H 面投影和倾角,求作屋面交线的问题,可视为特殊形式的平面体相贯问题来解决。作同坡屋面的投影图,可根据同坡屋面的投影特点,直接求得水平投影,再根据各坡面与水平面的倾角求得 V 面投影以及 W 面投影。

同坡屋面的交线有以下特点:

①当檐口线平行且等高时,前后坡面必相交成水平屋脊线。屋脊线的 H 面投影,必平行

图 1.4.68　两回转体相切于同一个球面　　**图 1.4.69　两圆柱轴线平行**

图 1.4.70　同坡屋面的投影

(a)立体图　(b)投影图

于檐口线的 H 面投影,并且与两檐口线距离相等,如图 1.4.70(b)所示;

②檐口线相交的相邻两个坡面,必然相交于倾斜的斜脊线或天沟线,它们的 H 面投影为两檐口线 H 面投影夹角平分线,如图 1.4.70(b)所示;

③当屋面上有两斜脊线,两斜天沟线或一斜脊线,一斜沟线交于一点时,必然会有第 3 条屋脊线通过该交点,这个点就是 3 个相邻屋面的公有点,如图 1.4.71(c)中的 g 点、m 点所示。

【例 4.23】　已知同坡屋面的倾角 $\alpha = 30°$ 及檐口线的 H 面投影,如图 1.4.71(a)所示,求屋面交线的 H 面投影及 V 面投影。

从图中可知,此屋顶的平面形状是一倒凹形、有 3 个同坡屋面两两垂直相交的屋顶。

具体作图步骤如下:

①将屋面的 H 面投影划分为 3 个矩形块,*ijkl*、*lpqr* 和 *rstu*,如图 1.4.71(b)所示;

②分别作各矩形顶点的角平分线和屋脊线,得点 a、b、c、d、e、f,分别过同坡屋面的各个凹角作角平分线,得斜脊线 *gh*、*mn*,如图 1.4.71(c)所示;

③根据屋面交线的特点及倾角 α 的投影规律,去掉不存在的线条可得屋面的 V 面投影,如图 1.4.71(d)所示。同理也可求得 W 面投影。

图 1.4.71　同坡屋面的投影图

(a)已知条件　(b)划分矩形块　(c)作各矩形顶点的角平分线和屋脊线

(d)屋面 V 面投影图　(e)屋面的立体图

图 1.4.71(e)是该屋面的立体图。

> 实习实作:将模型、周围建筑、建筑构件等的一部分,作为相贯体的具体实例,进行测绘或目测,根据结果作投影图。

4.3　组合体的识读与绘制

4.3.1　组合体的画法及识读

1.组合体的画法

任何一个建筑形体都可以看成是一个难易不同的组合体。要画出组合体的投影应先把组合体分解为若干基本几何体,分析它们的相对位置、表面关系及组成特点,这一过程叫做形体分析。下面

微课:组合体的组成方式

PPT:组合体的组成方式

结合实例介绍组合体的画图方法和步骤。

微课：组合体的画法　　　　　PPT：组合体的画法　　　　　微课：四棱柱组合体及其
　　　　　　　　　　　　　　　　　　　　　　　　　　　　　　　　　正投影图

【例4.24】　画切口形体的三面投影图。

（1）形体分析

如图1.4.72所示,该形体可以看成是由长方体挖切而成,先切割出大梯形块Ⅰ,再切割出小梯形块Ⅱ,最后挖切出半圆柱块Ⅲ。

（2）视图选择

在充分观察形体构造特点的基础上,从3个方面合理选择投影表达方案。

①合理安放,使形体放置平稳,合乎自然状态或正常工作位置（如房屋应放在地坪上,柱子应竖直放置,而梁应横向放置）。

②以 V 面投影（图1.4.73（a））为主反映形体主要特征,并兼顾其他投影,作图简便清晰。力求反映各向实形,避免虚线。

图1.4.72　切口形体分析

③确定投影图（视图）数量。在确保完整清晰表达形体的前提下,以投影图数量最少为佳。本例应采用3个投影图表示。

提示：在以后表达房屋建筑内外形状和构造时,需用更多的视图。常拟定多种投影方案进行比较,择优作图。

（3）定比例,选图幅

先根据形体的大小和复杂程度确定绘图比例,再根据形体总体尺寸、比例和投影图数量,结合尺寸标注、填写标题栏和文字说明的需要确定图幅大小。

（4）画投影图

先固定图纸,绘出图框和标题栏后,再按下列步骤绘图。

①合理布局,使各投影图及其他内容在整张图幅内安排匀称,重点是布置各投影图的作图基准线（如中心线、对称线、底面线或形体的总体轮廓）,本例以长方形的总体轮廓进行布局,

如图 1.4.73（b）所示。

②轻画底稿,可按先总体后局部,先大后小,先基本形体后组合形体,先实线后虚线的顺序进行,并注意各投影作图的相互配合和严格对应,如图 1.4.73（c）~（e）所示。

③检查漏误,加粗描深,全面检查各投影图是否正确,相互之间是否严格对应,改正错漏,擦去多余图线,按线型规范加粗描深,如图 1.4.73（f）所示。

图 1.4.73　切口形体的三面投影图画图步骤

（a）立体图　（b）合理布局　（c）画出外轮廓
（d）画出半圆柱　（e）画出凹槽　（f）加粗描深投影图

（5）标注尺寸

填写文字、标记及标题栏。

【例 4.25】　画建筑形体的三面投影图。

（1）形体分析

如图 1.4.74 所示,该建筑形体是一种双坡屋面的小平房,由五棱柱形正房 I 、五棱柱形耳房 II 、四棱柱形烟囱 III 、长方形平台 IV 和长方形门窗洞口组成。I 和 II 、III 之间属相贯式组合,IV 与 I 为叠加式组合,而 I 上门窗洞口属于挖切式组合。

（2）视图选择

根据房屋的形状和使用特点,应将房屋底面放在 H 面（地面）上,而以正房（建筑主体）和门窗洞口作主要投影方向（V 向）,常称为正立面图,W 面投影称侧立面图,H 面投影称平面图。本例需 3 个投影才能

图 1.4.74　形体分析

完整表达它的形状。

（3）定比例，选图幅（略）

（4）画投影图

如图 1.4.75 所示，其中门窗洞口的深度（虚线）未画出。

（5）标注尺寸（略）

（a）　　　　　　　　　　　　　　（b）

（c）　　　　　　　　　　　　　　（d）

图 1.4.75　画建筑形体三投影图的步骤

（a）画 I 体　　（b）画 II 体　　（c）画 III、IV 体及细部　　（d）加深、加粗线型

2.常用视图

视图用于表达建筑形体各个方向的外观形状，尽量取消虚线的使用。在一般情况下规定了 6 个基本视图，在特殊情况下可使用有关辅助视图。

（1）基本视图

如图 1.4.76（a）所示形体，将其置于一个互相垂直的六投影面体系中（图 1.4.76（b）），以前（A 向）、后（F 向）、左（C 向）、右（D 向）、上（B 向）、下（E 向）6 个方向分别向 6 个投影面作正投影，得到 6 个正投影图（视图）。A 向得正立面图（原称正面投影或 V 面投影），B 向得平面图（原称水平投影或 H 面投影），C 向得左侧立面图（原称左侧面投影或 W 面投影），D 向得右侧立面图，E 向得底面图，F 向得背立面图。其展开方向如图 1.4.76（b）所示，展开后的配置如图 1.4.76（c）所示，可省略图名；为了节约图纸幅面，可按图 1.4.76（d）配置，但必须在各图的正下方注写图名，并在图名下画一条粗横线。

由形成过程可以看出，6 个基本视图仍然遵守"长对正、高平齐、宽相等"的投影规律，作图与读图时要特别注意它们的尺寸关系、方位关系和对应关系。在使用时，应以三视图为主，合

（a）　　　　　　　　（b）　　　　　　　　（c）

（d）　　　　　　　　（e）　　　　　　　　（f）

图 1.4.76　基本视图的形成、配置与名称

（a）立体图　（b）6 个基本投影图的形成及其展开　（c）基本投影图　（d）基本投影图的配置

（e）房屋多面投影图视频　（f）形体多面投影图视频

理确定视图数量。如表达一幢房屋的外观，就不可能有底面图。

（2）局部视图

当物体的某一局部尚未表达清楚，而又没有必要画出完整视图时，可将局部形状向基本投影面进行投射，得到的视图称为局部视图。如图 1.4.77 所示形体的左侧凸台，只需从左投射，单独画出凸台的视图，即可表示清楚。

局部视图的范围用波浪线表示。当局部结构完整，且外形轮廓又成封闭时波浪线可省略不画。局部视图需在要表达的结构附近，用箭头指明投影方向，并注写字母，在画出的局部视图下方注出视图的名称"A 向"，如图 1.4.77 所示。

当局部视图按投影关系配置，中间又没有其他图形隔开时，可省略上述标注。

（3）斜视图

当物体的某个表面与基本投影面不平行时，为了表示该表面的真实形状，可增加与倾斜表

图 1.4.77　局部视图

面平行的辅助投影面,倾斜表面在辅助平面上的正投影,称为斜视图。

斜视图也是表示物体某一局部形状的视图,因此也要用波浪线表示出其断裂边界,其标注方法与局部视图相同。在不致引起误解的情况下,斜视图可以旋转到垂直或水平位置绘制,但须在视图的名称后加注"旋转"二字,如图1.4.78所示。

图1.4.78　斜视图
(a)立体图　(b)斜视图1　(c)斜视图2

(4)旋转视图

假想将物体的某一倾斜表面旋转到与基本投影面平行,再进行投射,所得到的视图称为旋转视图,如图1.4.79所示。该法常用于建筑物各立面不互相垂直时,表达其整体形状。

图1.4.79　旋转视图
(a)正立面图(旋转)　(b)底层平面图

(5)镜像视图

假想用镜面代替投影面,按照物体在镜中的垂直映像绘制图样,得到的图形称为镜像视图。镜像视图多用于表达顶棚平面以及有特殊要求的平面图。采用镜像投影法所画出的图样,应在图名之后加注"镜像"二字,如图1.4.80所示。

镜面

平面图
（镜像）

图 1.4.80　镜像视图

PPT:组合体的读图

微课:组合体的读图

3.组合体的读图方法

根据组合体的投影图想象出它的形状和结构,这一过程就叫读图。读图是画图的逆过程,是从平面图形到空间形体的想象过程。因此,画图与读图是相辅相成,不断提高和深化识图能力的过程。通过前面各章节的学习,要求读者不但熟悉工程图样绘制规范,更要熟练掌握三面正投影图的形成原理,几何元素的投影特性,基本形体及组合体的投影表达方法,这是读图的基础。

综合前述各章节关于画图和读图的讨论,对组合体投影图的识读方法可以概括为三种方法:投影分析法、形体分析体、线面分析法。

（1）投影分析法

任何形体必须用两个以上甚至更多的投影图互相配合才能表达清楚。因此,必须首先弄清用了几个投影图,它们的对应关系如何? 从方位到线框图线都要一一对应,弄清相互关系。

（2）形体分析法

在投影分析的基础上,一般从正面投影入手,将各线框和其他投影对应起来,分析所处方位（上下、左右、前后）和层次,想象局部形状（基本形体或切口形体）,再将各部分综合起来想象整体形状及组合关系。

（3）线面分析法

对于较复杂的投影图,仅用投影分析法和形体分析法,不一定能完全看懂,这就需要用点、线、面的投影特性来分析投影图中每个线框、每条线、每个交点分别代表什么,进而判断形体特征及其组合方式。

若投影图标注有尺寸,可借助尺寸判断形体大小和形状（如 $S\phi \times \times$ 可判定是球体）。

视频:**形体轴测图与正投影图**

验证是否看懂投影图的方法,除了可用制作实物来证明外,还可用下列方法来检验:

①画出立体图;

②补第三投影图或补图线;

③改正图中错处。

【例 4.26】　根据三面投影图想象出形体的空间形状,如图 1.4.81(a)所示。

图 1.4.81　形体分析法

(a)投影图　(b)分解投影图　(c)T 型立柱立体图　(d)四棱柱去槽立体图

(1)投影分析

由图 1.4.81(a)可以看出该图给出了常见的三面投影,根据"长对正",自左向右逐一对出 V、H 面投影上 5 条竖向线的对应位置;根据"高平齐",自上而下对出 V、W 面投影上 5 条横向直线的对应位置;根据"宽相等",自前向后对出 4 组直线转折 90°后的对应位置。

(2)形体分析

在弄清投影对应关系后,由 V、H 面投影可将图形划分为两部分,如图 1.4.81(b)所示,图中用粗细线区分这两部分,左边粗线部分可看成是一 T 型立柱,其上被正垂面斜截而成,如图 1.4.81(c)所示。而右边细线部分则是一长方块上开了一个方槽,如图 1.4.81(d)所示。最后将两部分形状按图 1.4.82(b)所示合在一起就得出整体形状,如图 1.4.82(a)所示。

图 1.4.82　形体分析

(a)组合图　(b)立体拆分图

提示:将投影图形划分成两部分是一种假想的思维方法,若结合处共面或是连续的光滑表面没有分界线,如图 1.4.82(a)中"×"处。此外,该形体也可看成是一长方体被截切去 5 块而成,如图 1.4.82(b)所示。

【例4.27】 如图1.4.83(a)所示,已知一组合体的 *V*、*H* 面投影,补画其 *W* 面投影。

图1.4.83 补画第三投影

(a)已知条件 (b)想象并绘制基本体 (c)画圆柱 (d)画凹槽 (e)检查并加深 (f)立体图

(1)投影分析

根据已知的 *V*、*H* 面投影,按"长对正"自左至右对应出各线点的位置,并注意 *V* 面投影的上下层次和 *H* 面投影的前后层次。

(2)形体分析

由水平投影的半圆对应正面投影的最左和最右边的直线,结合上下层次,可看出形体的下部是一个水平半圆板;而由正面投影上部的半圆形和圆对应到水平投影的实线,显然是一正立的方形半圆板、放置于水平半圆板上方的后部,如图1.4.83(b)所示。

（3）线面分析

将 V 面上的圆对应到 H 面上的两条虚线，可以看出是半圆板上的圆孔，如图 1.4.83（c）所示；将 V 面上半圆板中部上方的矩形线框对应到 H 面上半圆板中部前方的矩形线框，可以看出是在半圆板中部上方开了一方形槽，如图 1.4.83（d）所示；将 V 面上水平半圆板的左右对称性切口对应到 H 面上的两条直线，可以看出是半圆板左右切去弧形块并补画出完整的 W 面投影图，如图 1.4.83（e）所示。最后综合想象出形体的整体形状，如图 1.4.83（f）所示。

【例 4.28】　补画榫头三面投影图中所缺图线，如图 1.4.84（a）所示。

（1）投影分析

根据三面投影"长对正、高平齐、宽相等"的投影规律，对 3 个投影图上各点、线初步查找其对应关系，判断可能缺少图线的位置。

（2）形体分析

对照 V、H 面投影可以看出形体由左右两部分组成，左边是高度为 A 宽度为 B 的长方块，左下方有一长方形切口 C。由此可对应画出 H 面投影上的虚线，W 面投影上的矩形图线及一条与缺口对应的实线，如图 1.4.84（b）所示。

图 1.4.84　补画图线

（a）已知条件　（b）补榫头图线　（c）补截切长方体图线　（d）检查并加深

（3）线面分析

对右边的长方体，将三面投影互相对应分析，可以看出长方体后上方被截切一长方形切口 D；而前上方被侧垂面 P 和正垂面 Q 斜切形成斜线 EF。从而对应补画出有关图线，其中棱线 $g'f'$ 遮住了后方的虚线，如图 1.4.84（c）所示。综合整理加粗描深，如图 1.4.84（d）所示，想象出空间形状，如图 1.4.85 所示。

【例4.29】 已知一半球体被4个平面截切,以H面投影为准,改正V、W面投影中的错处,如图1.4.86(a)所示。

图1.4.85 立体图

图1.4.86 改正错误图线
(a)错误图线 (b)正确图线

由题意和图1.4.86(a)可知,半球体被两正平面和两侧平面截切,其水平投影积聚成直线;而平面截切球体时其截交线应是圆弧,分别在V、W面上反映实形(半圆)。因此,图1.4.86(a)中打"×"号的两条直线是错的,应改成图1.4.86(b)中的半圆,相当于球形屋顶的4道墙面。

【例4.30】参考图1.4.87(a),若其H面投影不变,试构思V面投影不同的形体。

图1.4.87 水平投影相同的形体构思
(a)两个圆柱 (b)圆柱和圆台 (c)圆柱、圆台和半球 (d)圆柱、圆柱和圆锥

图1.4.87(a)反映两个铅垂圆柱同轴叠加式组合体的投影,水平投影的两个圆有积聚性。若水平投影不变,则在不同高度内可形成多种组合方案,如图1.4.87(b)~(d)所示。

讨论:周围的建筑、建筑构件等,哪些是基本立体,哪些是被平面切割后的截断体,哪些是两立体的相贯体?

4.3.2　拓展知识

1.徒手绘图

(1)基本概念

徒手绘图是指不借助仪器,只用铅笔以徒手、目测的方法来绘制图样,通称画草图。

在工程设计中,设计人员用草图记录自己的设计方案,在施工现场技术人员用草图讨论某些技术问题,在技术交流中工程师们用草图表达自己的设计思想,在教学活动中由于计算机绘图的引入,也越来越降低手绘图的要求,而加大由草图到计算机绘图的比重。因此,徒手绘图是工程技术人员必备的一种绘图技能。

草图不要求完全按照国标规定的比例绘制,但要求正确目测实物形状和大小,基本上把握住形体各部分之间的比例关系。如一个物体的长、宽、高之比为4:3:2,画此物体时,就要保持物体自身的这种比例。判断形体间比例的正确方法是从整体到局部,再由局部返回整体相互比较的观察方法。

草图不是潦草的图,除比例一项外,其余必须遵守国标规定,要求做到投影正确,线型分明,字体工整。为便于控制尺寸大小,可在坐标纸(方格纸)上画徒手草图,坐标纸不要求固定在图板上,为了作图方便可任意转动和移动。

(2)绘图方法

水平线应自左向右画出,铅垂线应自上而下画出,眼视终点,小指压住纸面,手腕随线移动,如图 1.4.88 所示。画水平线和铅垂线时要尽量利用坐标纸的方格线,除了 45° 斜线可利用方格的对角线以外,其余斜线可根据它们的斜率画,如图 1.4.89 所示。

(a)　　　　(b)　　　　(c)　　　　(d)

图 1.4.88　草图画法

(a)画水平线　(b)画铅垂线　(c)向左画斜线　(d)向右画斜线

图 1.4.89　斜线画法

画较小的圆时,应先画出两条互相垂直的中心线,再在中心线上按半径长定 4 个象限点,然后连成圆。如图 1.4.90(a)所示。如画较大的圆,可以再增画两条对角线,在对角线上找 4 段半径的端点,然后通过这些点描绘,最后完成所画的圆,如图 1.4.90(b)所示。

(3)草图画法示例

图 1.4.91、1.4.92 是草图画法示例。

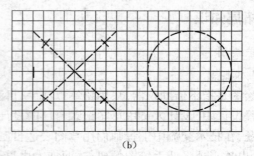

（a）　　　　　　　　　　　（b）

图 1.4.90　草图圆的画法

（a）小圆　（b）大圆

图 1.4.91　草图画法示例一

图 1.4.92　草图画法示例二

2.简化画法

为了提高绘图速度或节省图纸空间,建筑制图图家标准允许采用下列简化画法。

（1）对称画法

对称图形可以只画一半,但要加上对称符号,如图1.4.93所示。对称符号用一对平行的短细实线表示,其长度为6～10mm,间距宜为2～3 mm。两端的对称符号到图形的距离应相等。

微课:简化画法

PPT:简化画法

省略掉一半的梁或杆件要标注全长,如图1.4.93（a）所示。

（a）　　　　　　　　（b）

图1.4.93　对称画法
（a）不画对称符号　（b）画对称符号

（2）相同要素简化画法

当物体上有多个完全相同且连续排列的构造要素时,可在适当位置画出一个或几个完整图形,其他要素只需在所处位置用中心线或中心线交点表示,但要注明个数,如图1.4.94所示。

（a）　　　　　　　（b）　　　　　　　（c）

图1.4.94　相同要素简化画法
（a）滤水板　（b）空心板　（c）多孔板

（3）折断画法

只需表示物体的一部分形状时,可假想把不需要的部分折断,画出留下部分的投影,并在折断处画上折断线,如图1.4.95所示。

（4）断开画法

如果形体较长,且沿长度方向断面相同或均匀变化,可假想将其断开,去掉中间部分,只画两端,但要标注总长,如图 1.4.96 所示。

图 1.4.95　折断画法　　　　　　　　　图 1.4.96　较长杆件的断开画法

(a)圆柱　(b)圆管　(c)大范围折断

　实习实作:将模型、周围的建筑、建筑构件等,进行目测,徒手绘制投影图。

4.3.3　组合体的尺寸标注

1.尺寸标注的关联性

一般情况下,AutoCAD 将一个标注的尺寸线、尺寸界线、尺寸起止符号和尺寸数字以块的形式组合在一起,作为一个整体的对象存在,这有利于对尺寸标注进行编辑修改。

AutoCAD 提供了集合对象和标注间的 3 种类型的关联性,它们分别通过系统变量 DIMASSOC 的不同取值来控制。

(1)关联标注

尺寸作为一个整体对象,当关联的几何对象被修改时,尺寸标注自动调整其位置、方向和测量值。系统变量 DIMASSOC 设置为 2(系统默认值)。如图 1.4.97 所示,尺寸标注随矩形边长的改变而改变。

图 1.4.97　关联尺寸标注

(a)修改图形对象之前　(b)修改图形对象之后

(2)无关联标注

无关联标注是尺寸仍为一个整体对象,但须与几何对象一起选定和修改。若只对几何对象进行修改,尺寸标注不会发生变化。此时,系统变量 DIMASSOC 设置为 1。

(3)分解标注

分解标注尺寸的各组成部分为各自独立的单个对象。系统变量 DIMASSOC 设置为 0,如图 1.4.98 所示,尺寸标注不随矩形边长的改变而改变。

图 1.4.98 分解标注

(a)修改图形对象之前 (b)修改图形对象之后

2.尺寸标注步骤

一般来说,图形标注应遵循以下步骤。

①为尺寸标注创建一独立的图层,使之与图形的其他信息分隔开。为尺寸标注设置独立的标注层,对于复杂图形的编辑修改非常有利。如果标注的尺寸与图形放在不同的图层中,需修改图形时,可以先冻结尺寸标注层,只显示图形对象,这样就比较容易修改。修改完毕后,打开尺寸标注层即可。

②创建标注样式。在进行具体的尺寸标注之前,应先设置尺寸各组成部分即尺寸线、尺寸界线、尺寸起止符号和尺寸数字等详细信息,同时对尺寸的其他特性如比例因子、格式、文本、单位、精度以及公差等进行设置。

③根据尺寸的不同类型,选择相应的标注命令进行标注。

3.创建标注样式

在未创建新的标注样式时,AutoCAD 使用缺省的标注样式为当前样式,AutoCAD 中缺省的标注样式为 STANDARD 样式。STANDARD 样式是根据美国国家标准协会(ANSI)标注标准设计的,但并不与标注标准完全相同。如果开始绘制新的图形并选择公制单位,ISO—25(国际标准化组织)是缺省的标注样式。DIN(德国标准化学会)和 JIS(日本工业标准)样式分别由 AutoCAD 的 DIN 和 JIS 图形样板提供。

AutoCAD 提供的创建和设置尺寸标注样式的命令是"DIMSTYLE"。

(1)命令调用方式

◇按钮:"标注"工具栏中的 ⬛ 按钮

◇菜单:标注(N)→样式(S)

◇命令:DIMSTYLE(简写:D)

通过以上任一方法调用"DIMSTYLE"命令后,将弹出图 1.4.99 所示的【标注样式管理器】对话框。除了创建新样式外,还可以利用此对话框对其他标注样式进行管理和修改。

【标注样式管理器】对话框中各选项含义如下:

①当前标注样式:显示当前样式标注名称;

②样式:"样式"列表中显示了当前图形中已设置的标注样式,当前样式被亮显。要将某样式设置为当前样式,可以选择该样式后,单击"置为当前"按钮;

③列出:从"列出"下拉列表中选择显示哪类标注样式的选项。其中所有样式显示所有标注样式,正在使用的样式仅显示被当前图形引用的标注样式;

图 1.4.99 【标注样式管理器】对话框

④预览:在"预览"区显示在"样式"列表中选中的样式。通过预览,可以了解"样式"列表中各样式的基本风格;

⑤置为当前:该按钮的作用是将"样式"列表中选定的标注样式设置为当前样式;

⑥新建:单击"新建"按钮,将打开【创建新标注样式】对话框;

图 1.4.100 【修改标注样式】对话框

⑦修改:单击"修改"按钮,将打开【修改标注样式】对话框,如图 1.4.100 所示;

⑧替代:单击"替代"按钮,将打开【替代当前样式】对话框。该对话框与【修改标注样式】对话框相似,在此对话框中可以设置标注样式的临时替代值;

⑨比较:单击"比较"按钮,将打开【比较标注样式】对话框。该对话框比较两种标注样式的特性或列出一种样式的所有特性,如图 1.4.101 所示。

(2)操作步骤

若要创建新标注样式,可按以下步骤进行操作。

图 1.4.101 【比较标注样式】对话框

①在【标注样式管理器】对话框中,单击"新建"按钮,将弹出如图 1.4.102 所示【创建新标注样式】对话框。

②在【创建新标注样式】对话框中的"新样式名"文本输入框中输入新样式名。

③在"基础样式"下拉列表中,可以选择与需要创建的新样式最相近的已有样式作为基础样式。这样,新样式会继承基础样式的所有设置,在此基础上对新样式进行设置,可以节省大量的时间和精力。

④在"用于"下拉列表中,可以选择新样式的应用范围,如图 1.4.103 所示。如果在"用于"下拉列表中选择"所有标注"选项,则可以创建一种新的标注样式;如果是选择一种标注类型,则只能创建基础样式的子样式,用于应用到基础样式中所选的标注类型中。利用此选项,用户可以创建一种仅适用于特定标注样式类型的样式。例如,假定 STANDARD 样式的文字对齐方式是与尺寸线对齐,但是在标注角度时,文字是水平对齐的,则可以选择"基础样式"为"STANDARD",并在"用于"下拉列表中选择"角度标注"。因为定义的是 STANDARD 样式的子样式,所以"新样式名"不可用。然后单击"继续"按钮,在打开的【创建新标注样式】对话框中,将文字的对齐方式改为水平对齐后,"角度标注"选项作为一个子样式将显示在【标注样式管理器】里的"STANDARD"样式下面。子样式创建完后,在使用"STANDARD"标注样式标注对象时,除角度标注文字为水平对齐外,其他标注文字均与尺寸对齐。

图 1.4.102 【创建新标注样式】对话框

图 1.4.103 选择应用范围

⑤单击"继续"按钮,将打开【新建新标注样式】对话框。在对话框中包括"线"、"符号和箭头"、"文字"、"调整"、"主单位"、"换算单位"以及"公差"等7个选项卡,如图1.4.104所示。各选项卡的作用如下。

A."线"选项卡

单击"线"选项,将进入"线"选项卡界面,如图1.4.104所示。该选项卡用来设置尺寸线、尺寸界线的外观和作用。

图1.4.104 "线"选项卡

a."尺寸线"选项区 该选项区共有"颜色"、"线宽"、"超出标记"、"基线间距"和"隐藏" 5个选项。各选项卡分别介绍如下。

颜色:该选项区用于设置尺寸线的颜色。可以从下拉列表中选择颜色。如果从列表中选择"其他"选项,则将打开【选择颜色】对话框,从中可以选择需要的颜色。

线宽:该选项设置尺寸线的线宽。可以从下拉列表中选择宽度。

提示:尺寸线、尺寸界线以及文本的颜色和线型均宜设置为"随层",这样便于利用图层控制尺寸标注,从而达到高效绘图。

超出标记:该选项用于设置尺寸线两端超出尺寸界线的长度,一般设为0,如图1.4.105所示。

基线间距:该选项用于设置基线标注时尺寸线之间的间距,一般设为7~8,如图1.4.106所示。

隐藏:该选项用于隐藏尺寸线。选中"尺寸线1"选项,则隐藏第一段尺寸线;选中"尺寸线2"选项,则隐藏第二段尺寸线;同时选中,则隐藏整段尺寸线,如图1.4.107所示。

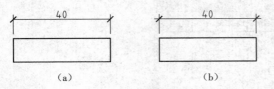

图 1.4.105　设置"超出标记"选项

（a）超出标记为0　（b）超出标记为2

图 1.4.106　设置"基线间距"选项

（a）基线间距为5　（b）基线间距为8

b．"尺寸界线"选项区　该选项区共有"颜色"、"线宽"、"超出尺寸线"、"起点偏移量"和"隐藏"5 个选项。各选项分别介绍如下。

颜色和线宽：分别用于设置尺寸界线的颜色和线宽。

超出尺寸线：该选项用于设置尺寸界线在尺寸线上方延伸的距离，一般设为2，具体效果如图 1.4.108 所示。

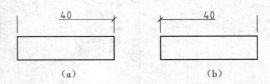

图 1.4.107　隐藏尺寸线

（a）隐藏尺寸线1　（b）隐藏尺寸线2

起点偏移量：该选项用于设置从图形中定义标注的点到尺寸界线起点的距离，一般应大于2，如图 1.4.109 所示。

隐藏：该选项用于隐藏尺寸界线。选中"尺寸界线 1"选项，则隐藏第一段尺寸界线；选中"尺寸界线 2"选项，则隐藏第二段尺寸界线；同时选中则隐藏整段尺寸界线。

图 1.4.108　设置超出尺寸线

（a）超出尺寸线为2　（b）超出尺寸线为4

图 1.4.109　设置起点偏移量

（a）起点偏移量为2　（b）起点偏移量为5

B．"符号和箭头"选项卡

单击"符号和箭头"选项，将进入"符号和箭头"选项卡，如图 1.4.110 所示。该选项卡用来设置箭头、圆心标记和中心线的外观和作用。

a．"箭头"选项区　该选项区的作用是设置尺寸起止符号的类型和大小。

第一个、第二个：通过这两个选项的下拉列表可以设置尺寸标注箭头的类型。当改变第一个箭头的类型时，第二个箭头类型将自动改变以同第一个箭头相匹配。如果需要使尺寸线上两个箭头不一样，则在改变第一个箭头类型后，接着改变第二个箭头类型，这样可以得到尺寸线上两个箭头不一样的效果。

引线：从该选项的下拉列表中可以设置引线箭头的类型。

箭头大小：可以在该文本输入框中设置箭头的大小，一般设为 2.5。

图 1.4.110 "符号和箭头"选项卡

b."圆心标记"选项区 该选项区的作用是控制直径标注和半径标注的圆心标记外观,共有"无"、"标记"和"直线"3 种类型可供选择,如图 1.4.110 所示。

C."文字"选项卡

图 1.4.111 "文字"选项卡

单击【新建标注样式】对话框中的"文字"选项,将进入"文字"选项卡,如图 1.4.111 所示。该选项卡的主要作用是用来设置标注文字的外观、位置、对齐和移动方式等。在该选项卡中,包括"文字外观"、"文字位置"和"文字对齐"3 个选项区。

a."文字外观"选项区 该选项区主要用于设置标注文字的外观,包括"文字样式"、"文字颜色"、"填充颜色"、"文字高度"、"分数高度比例"以及"绘制文字边框"6 个选项区。

文字样式:该选项区用于设置当前标注文字的样式。可以在下拉列表中选择一种文字样式,也可以单击下拉列表右边的▓▓按钮打开【文字样式】对话框,创建新的标注文字样式。

文字颜色:该选项用于设置标注文字的颜色,一般选择"随层"。

填充颜色:该选项用于设置标注文字的底纹颜色。

文字高度:该选项用于设置标注文字的高度。

提示:如果在创建文字样式时将文字的高度设置为大于 0 的值,则标注文字的高度使用"文字样式"中定义的高度,此选项设置的文字高度不起作用;如果要使用"文字高度"选项所设置的高度,则必须将"文字样式"中文字的高度设置为 0。

分数高度比例:该选项的作用是设置分数相对于标注文字的比例。该选项只有在"主单位"选项卡中的"单位格式"选项设置为"分数"时才可用。

绘制文字边框:该选项的作用是在标注文字的周围绘制一个边框。

b."文字位置"选项区　该选项区用于设置标注文字的位置。包括"垂直"、"水平"以及"从尺寸线偏移"3 个选项,如图 1.4.111 所示。

垂直:该选项区的作用是控制标注文字相对于尺寸线的垂直位置,在下拉列表中共有"置中"、"上方"、"外部"和"JIS"4 个选项。用户可从预览区观察各选项的效果。

水平:该选项用于控制标注文字相对于尺寸线和尺寸界线的水平位置,在下拉列表中共有"居中"、"第一条尺寸界线"、"第二条尺寸界线"、"第一条尺寸界线上方"和"第二条尺寸界线上方"5 个选项。用户可从预览区观察各选项的效果。

从尺寸线偏移:该选项用于设置标注文字与尺寸线的距离,一般采用默认值。

c."文字对齐"选项区　该选项区用于控制标注文字的对齐方式,包括"水平"、"与尺寸线对齐"和"ISO 标准"3 个选项,如图 1.4.111 所示。

水平:该选项区用于水平放置标注文字。标注角度尺寸宜选择该选项。

与尺寸线对齐:该选项区用于将文字与尺寸线对齐,这是最常用的标注文字对齐方式。

ISO 标准:选中该选项,则当文字在尺寸界线内时,文字与尺寸线对齐;当文字在尺寸界线外时,文字水平排列。

D."调整"选项卡

单击【新建标注样式】对话框中的"调整"选项,将进入"调整"选项卡,如图 1.4.112 所示。该选项卡的主要作用是调整标注文字、箭头、引线和尺寸线的相对排列位置。在该选项卡中,包括"调整选项"、"文字位置"、"标注特征比例"和"优化"4 个选项区。

a."调整选项"选项区　该选项区用于控制基于尺寸界线之间的文字和箭头的位置。包括"文字或箭头(最佳效果)"、"箭头"、"文字"、"文字和箭头"和"文字始终保持在尺寸界线之间"5 个单选项和一个复选项。

文字或箭头(最佳效果):选中该选项,AutoCAD 将按照下列方式放置文字和箭头。当尺寸界线的距离足够放置文字和箭头时,文字和箭头都放置在尺寸界线内;否则,AutoCAD 将按最佳布局移动文字和箭头,此项为默认选项;当尺寸界线的距离仅够放置文字时,将文字放置

图 1.4.112　"调整"选项卡

在尺寸界线内,箭头放置在尺寸界线外;当尺寸界线的距离仅够放置箭头时,将箭头放置在尺寸界线内,文字放置在尺寸界线外;当尺寸界线的距离既不够放置文字又不够放置箭头时,文字和箭头均放置在尺寸界线外。

箭头:选中该选项,AutoCAD 将按照下列方式放置文字和箭头。当尺寸界线的距离足够放置文字和箭头时,文字和箭头都放置在尺寸界线内;当尺寸界线的距离仅够放置文字时,将文字放置在尺寸界线内,箭头放置在尺寸界线外;当尺寸界线的距离不够放置文字时,文字和箭头均放置在尺寸界线外。

文字:选中该选项,AutoCAD 将按照下列方式放置文字和箭头。当尺寸界线的距离足够放置文字和箭头时,文字和箭头都放置在尺寸界线内;当尺寸界线的距离仅够放置箭头时,将箭头放置在尺寸界线内,文字放置在尺寸界线外;当尺寸界线的距离不够放置箭头时,文字和箭头均放置在尺寸界线外。

文字和箭头:选中该选项,AutoCAD 将按照下列方式放置文字和箭头。当尺寸界线的距离足够放置文字和箭头时,文字和箭头都放置在尺寸界线内;当尺寸界线的距离不够放置文字箭头时,文字和箭头均放置在尺寸界线外。

文字始终保持在尺寸界线之间:选中该选项后,无论尺寸界线之间的距离是否能够容纳文字,AutoCAD 始终将文字放在尺寸界线之间。

若箭头不能放在尺寸界线内,则将其消除:选中该选项,如果尺寸界线内没有足够的空间,则将箭头消除。

b."文字位置"选项区　该选项区用于控制标注文字从默认位置移动时标注文字的位置。共有 3 个选项,如图 1.4.112 所示。

尺寸线旁边:选中该选项,AutoCAD 将标注文字放在尺寸线旁,如图 1.4.113(b)所示。

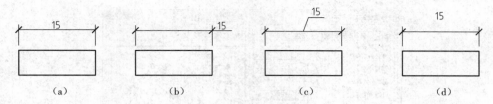

图 1.4.113　文字位置

（a）原尺寸标注　（b）尺寸线旁边　（c）尺寸线上方,加引线　（d）尺寸线上方,不加引线

尺寸线上方,带引线:如果文字移动到远离尺寸线,将创建一条从尺寸线到文字的引线,如图 1.4.113(c)所示。

尺寸线上方,不带引线:如果文字移动到远离尺寸线,不用引线将尺寸线与文字相连,如图 1.4.113(d)所示。

c.“标注特征比例”选项区　该选项区用于设置全局标注比例或图纸空间比例,包括“使用全局比例”和“将标注缩放到布局”2 个选项,如图 1.4.112 所示。

使用全局比例:该选项的作用是设置标注样式的总体尺寸比例因子。此比例因子将作用于超出标记、基线间距、尺寸界线超出尺寸线的距离、圆心标记、箭头、文本高度,但是不能作用于形位公差、角度。同时,全局比例因子的改变不会影响标注测量值,如图 1.4.114 所示。

图 1.4.114　全局比例对标注的影响

（a）全局比例为1　（b）全局比例为2

将标注缩放到布局:该选项的作用是根据当前模型空间视口和图纸空间的比例确定比例因子。

d.“优化”选项区　该选项的作用是文字的位置是自动定位还是手动定位,包括“手动放置文字”和“在尺寸界线之间绘制尺寸线”两个选项,如图 1.4.112 所示。

手动放置文字:该选项的作用是忽略所有水平对正设置,允许用户手工定位文本的标注位置。若不选择此项,则将按“文字”选项卡中设置的标注位置标注文本。

在尺寸界线之间绘制尺寸线:该选项的作用是即使将箭头放在尺寸界线之外,也始终在尺寸界线之间绘制尺寸线。

E.“主单位”选项卡

单击【新建标注样式】对话框中的“主单位”选项,将进入“主单位”选项卡,如图 1.4.115 所示。该选项卡的作用是设置主标注单位的格式和精度,以及标注文字的前缀和后缀。在该选项卡中,包括“线性标注”、“测量单位比例”和“角度标注”3 个选项区。

a.“线性标注”选项区　该选项区的作用是设置线性标注的格式和精度,以及标注文字的前缀和后缀,如图 1.4.115 所示。

单位格式:该选项的作用是设置除角度标注之外的所有标注类型的单位格式,有“科学”、“小数”、“工程”、“建筑”、“分数”和“Windows 桌面”6 种单位格式可选择。一般宜选“小数”

图 1.4.115 "主单位"选项卡

格式。

精度：设置标注数字的小数位数。

分数格式：设置分数文本的格式。该选项只有在选中"分数"单位格式才可用。

小数分隔符：该选项用来设置小数点分隔符的格式，有"句号"、"逗号"和"空格"3 种形式可供选择。

舍入：该选项的作用是设置除角度标注之外的所有标注类型的标注测量值的舍入规则。如果输入"0"，则所有标注距离都是实际测量值。如果输入非零值"m"，则所有标注距离都是以"m"为单位进行舍入，取最接近 m 的倍数作为标注值。

前缀：该选项的作用是给标注文字加一个前缀。

后缀：该选项的作用是给标注文字加一个后缀。

b．"测量单位比例"选项区　该选项有"比例因子"和"仅应用到布局标注"两个选项。

比例因子：设置线性标注测量值的比例因子。AutoCAD 按照此处输入的数值放大标注测量值。例如，如果输入"10"，实际测量值为"12"，则 AutoCAD 会将其标注为"120"。

仅应用到布局标注：仅对在布局中创建的标注应用测量单位比例因子。

消零：选中该选项，AutoCAD 将不再输出标注尺寸时的前导零和后续零。

c．"角度标注"选项区　该选项区用来设置角度标注的格式和精度，以及是否消零等，包含"单位格式"、"精度"和"消零"3 个选项，如图 1.4.115 所示。

单位格式：该选项的作用是设置角度标注的单位格式，有"十进制度数"、"度/分/秒"、"百分度"和"弧度"4 种单位格式可选择。

精度：设置角度标注的小数位数。

消零：选中该选项后，AutoCAD 将不再输出标注角度时的前导零或后续零。

F."公差"选项卡

单击【新建标注样式】对话框中的"公差"选项,将进入"公差"选项卡,如图1.4.116所示。该选项卡的作用是控制公差格式。在该选项卡中,包括"公差格式"和"换算单位公差"2个选项区,以下主要介绍"公差格式"选项区的设置。

图1.4.116 "公差"选项卡

a."公差格式"选项区 该选项区用于设置公差的计算方式、精度、上偏差值、下偏差值、高度比例以及位置等,如图1.4.117所示。

图1.4.117 计算公差的各种方式
(a)无 (b)对称 (c)极限偏差 (d)极限尺寸 (e)基本尺寸

方式:该选项卡的作用是设置计算公差的方式,共有5个方式。

无:不添加公差,如图1.4.117(a)所示。

对称:添加正负公差。选中此项后,在"上偏差"中输入公差值,如图1.4.117(b)所示。

极限偏差:分别添加正负公差。AutoCAD将给出不同的正负变量值。正号"+"位于在"上偏差"中输入的公差值前面,负号"-"位于在"下偏差"中输入的公差值前面,如图1.4.117(c)所示。

极限尺寸:在这种标注中,AutoCAD显示一个最大值和一个最小值。最大值等于标注值加上"上偏差"中的输入值,最小值等于标注值减去"下偏差"中的输入值,如图1.4.117(d)所示。

基本尺寸:创建基本标注,在这种标注中,AutoCAD 在整个标注范围周围绘制一个框,如图 1.4.117(e)所示。

上偏差:可在文本输入框中输入上偏差值。

下偏差:可在文本输入框中输入下偏差值。

高度比例:用于设置公差值的高度相对于主单位高度的比例值。

垂直位置:用于控制对称公差和极限公差文字的垂直位置,有上、中、下 3 个选项,如图 1.4.118 所示。

图 1.4.118　公差文字的垂直位置
(a)垂直位置为下　(b)垂直位置为中　(c)垂直位置为上

至此,将【新建标注样式】对话框中各选项卡内容设置完成后,单击【新建标注样式】对话框中"确定"按钮,新的标注样式创建结束,接下来就可以进行尺寸标注了。

实习实作:请创建"直线标注"的尺寸样式,要求如下,尺寸线颜色为绿色,尺寸界线超出尺寸线 4 mm,尺寸界线起点偏移量 3 mm,第一个箭头用建筑标记,第二个箭头用点,箭头大小 4 mm,宋体,字高 8 mm,文字距尺寸线 2 mm,小数分隔符用逗点,测量比例因子为 2,其余参数使用默认值。

4. 尺寸标注

在创建了尺寸标注样式之后,就可以使用尺寸标注命令进行尺寸标注了。AutoCAD 2010 提供了 11 个尺寸标注命令,利用它们可以完成不同类型尺寸的标注。启动尺寸标注命令有 3 种:①从"标注"下拉菜单中选择命令;②通过"标注"工具栏选择命令按钮(如图 1.4.119 所示),③在命令行直接输入命令。

图 1.4.119　"标注"工具栏

以下介绍各种尺寸标注命令的使用方法。

(1)线性尺寸标注

线性尺寸标注是建筑绘图中最常用的标注类型,它用来标注两点之间水平或垂直方向的距离。

1)命令调用方式

◇按钮:"标注"工具栏中的 按钮

◇菜单:标注(N)→线性(L)

◇命令:DIMLINEAR(简写:DLI)

2)操作步骤

①以上任一方法调用"DIMLINEAR"命令后,命令行提示:

◇指定第一条尺寸界线原点或<选择对象>:

②打开捕捉,用鼠标指定第一个端点后,命令行接着提示:

◇指定第二条尺寸界线原点:

③用鼠标指定第二个端点后,命令行接着提示:

◇指定尺寸线位置或[多行文字(M)/文字(T)/角度(A)/水平(H)/垂直(V)/旋转(R)]:

选项说明如下:

多行文字(M):在命令行输入"M",将打开多行文字编辑,可以用它编辑标注文字。

文字(T):在命令行输入"T",可以在命令行输入自定义标注文字。

角度(A):在命令行输入"A",设置标注文字的方向角。

水平(H):在命令行输入"H",创建水平线性标注。

垂直(V):在命令行输入"V",创建垂直线性标注。

旋转(R):在命令行输入"R",可以设置尺寸线旋转的角度。

④在视口指定一点作为尺寸线的位置后,标注结束。

水平、垂直、旋转尺寸标注如图1.4.120所示。

图1.4.120　水平、垂直、旋转尺寸标注
(a)水平标注　　(b)垂直标注　　(c)旋转标注

(2)对齐尺寸标注

对齐尺寸标注用于标注斜线的长度。

1)命令调用方式

◇按钮:"标注"工具栏中的 按钮

◇菜单:标注(N)→对齐(G)

◇命令:DIMALIGNED(简写:DAL)

2)操作步骤

①以上任一方法调用"DIMALIGNED"命令后,命令行提示:

◇指定第一条尺寸界线原点或<选择对象>:

②用鼠标指定第一个端点后,命令行接着提示:

◇指定第二条尺寸界线原点:

③用鼠标指定第二个端点后,命令行接着提示:

◇指定尺寸线位置或[多行文字(M)/文字(T)/角度(A)]:

各选项含义同上。

④在视图中指定一点作为尺寸线的位置后,标注结束,如图1.4.121所示。

图1.4.121 对齐标注

(3)坐标尺寸标注

坐标尺寸标注用于标注指定点的 X 或 Y 坐标。AutoCAD 将坐标标注文字与坐标引线对齐。

1)命令调用方式

◇按钮:"标注"工具栏中的 按钮

◇菜单:标注(N)→坐标(O)

◇命令:DIMORDINATE(简写:DOR)

2)操作步骤

①以上任一方法调用"DIMORDINATE"命令后,命令行提示:

◇指定点坐标:

②用鼠标指定第一个端点后,命令行接着提示:

◇指定引线端点或[X 基准(X)/Y 基准(Y)/多行文字(M)/文字(T)/角度(A)]:

选项说明:

X 基准(X):在命令行输入"X",则标注横坐标。

Y 基准(Y):在命令行输入"Y",则标注纵坐标。

多行文字(M):在命令行输入"M",将打开多行文字编辑,可以用它编辑标注文字。

文字(T):在命令行输入"T",可以在命令行输入自定义标注文字。

角度(A):在命令行输入"A",设置标注文字的方向角。

③在视图中指定一点作为引线的端点后,标注结束。

(4)半径尺寸标注

半径尺寸标注用来标注圆弧和圆的半径。

1)命令调用方式

◇按钮:"标注"工具栏中的 按钮

◇菜单:标注(N)→半径(R)

◇命令:DIMRADIUS(简写:DRA)

2)操作步骤

①以上任一方法调用"DIMRADIUS"命令后,命令行提示:

◇选择圆弧或圆:

②选择需标注的圆弧或圆后,命令行接着提示:

◇指定尺寸线位置或[多行文字(M)/文字(T)/角度(A)]:

③在视图中指定一点后,标注结束。

(5)直径尺寸标注

直径尺寸标注用来标注圆弧和圆的直径。

1) 命令调用方式

◇按钮:"标注"工具栏中的 按钮

◇菜单:标注(N)→直径(D)

◇命令:DIMDIAMETER(简写:DDI)

2) 操作步骤

①以上任一方法调用"DIMDIAMETER"命令后,命令行提示:

◇选择圆弧或圆:

②选择需标注的圆弧或圆后,命令行接着提示:

◇指定尺寸线位置或[多行文字(M)/文字(T)/角度(A)]:

③在视图中指定一点后,标注结束。

> 提示:在标注半径或直径之前,应先执行"标注样式"→"修改"→"调整"选项卡,并在"调整"选项区中选择"文字"或"箭头"或"文字和箭头"选项,完成设置后再进行标注,这样才能标注出合理的半径或直径尺寸。

(6) 角度尺寸标注

角度尺寸标注命令用于标注圆弧的圆心角、圆上某段弧对应的圆心角、两条相交直线间的夹角,或者根据 3 点标注夹角。

1) 命令调用方式

◇按钮:"标注"工具栏中的 △ 按钮

◇菜单:标注(N)→角度(A)

◇命令:DIMANGULAR(简写:DAN)

2) 操作步骤

①以上任一方法调用"DIMANGULAR"命令后,命令行提示:

◇选择圆弧、圆、直线或〈指定顶点〉:

②用户可以选择一个对象(圆弧或圆)作为标注对象,也可以指定角的顶点和两个端点标注角度。如果选择圆弧,AutoCAD 将把圆弧的两个端点作为角度尺寸界线的起点;如果选择圆,则把选取点作为尺寸界线的一个起点,然后指定另外一个尺寸界线的起点,如图 1.4.122 所示。

图 1.4.122　角度尺寸标注

(7) 快速引线标注

利用快速引线标注功能,可以实现多行文本旁注。旁注指引线既可以是直线,也可以是曲线;指引线的起始端既可以有箭头,也可以没有箭头。

1) 命令调用方式

◇命令:QLEADER(简写:LE)

2）操作步骤

①调用"QLEADER"命令后,命令行提示:

◇指定第一条引线点或［设置(S)］＜设置＞:

②在视图中指定引线起点后,命令行接着提示:

◇指定下一点:

③在视图中指定引线折线起点后,命令行接着提示:

◇指定下一点:

④在视图中指定引线终点后,命令行接着提示:

◇指定文字宽度＜0＞:

⑤回车,命令行接着提示:

◇输入注释文字的第一行＜多行文字(M)＞:

⑥在命令行输入第一行注释文字后,回车,命令行接着提示:

◇输入注释文字的下一行:

⑦在命令行输入注释文字,回车,命令行接着提示:

◇输入注释文字的下一行:（重复第⑥步）

若注释输入结束,按两次回车键,结束标注。

（8）圆心标记标注

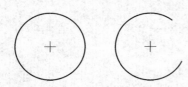

图 1.4.123　圆心标记

标注圆心标记可以用一定的记号标记圆弧或圆的圆心,如图 1.4.123 所示。

1）命令调用方式

◇按钮:"标注"工具栏中的⊕按钮

◇菜单:标注(N)→圆心标记(M)

◇命令:DIMCENTER(简写:DCE)

2）操作步骤

①以上任一方法调用"DIMCENTER"命令后,命令行提示:

◇选择圆弧或圆:

②在视图中选择一圆弧或圆对象后,标注结束,如图 1.4.123 所示。

（9）基线标注

基线标注创建一系列由相同的标注原点测量出来的标注。对于定位尺寸,可以利用基线标注命令进行标注,但必须注意的是,在进行基线尺寸标注之前,应先标注出基准尺寸。

1）命令调用方式

◇按钮:"标注"工具栏中的⊨按钮

◇菜单:标注(N)→基线(B)

◇命令:DIMBASELINE(简写:DBA)

2）操作步骤

①以上任一方法调用"DIMBASELINE"命令后,命令行提示:

◇指定第一条尺寸界线原点或［放弃(U)/选择(S)］＜选择＞:

②打开对象捕捉,用鼠标指定第一条尺寸界线原点后,命令行接着提示:

◇指定第二条尺寸界线原点或[放弃(U)/选择(S)]<选择>:

③用鼠标指定下一个尺寸界线原点后,AutoCAD 重复上述过程。所有尺寸界线原点都选择完后,按两次回车键,标注结束,结果如图 1.4.124 所示。

（10）连续标注

连续标注命令可以方便、迅速地标注出同一行或列上的尺寸,生成连续的尺寸线。在进行连续标注之前,应先对第一条线段建立尺寸标注。

1）命令调用方式

◇按钮:"标注"工具栏中的 按钮

◇菜单:标注(N)→连续(C)

◇命令:DIMCONTINUE(简写:DCO)

2）操作步骤

①以上任一方法调用"DIMCONTINUE"命令后,命令行提示:

◇指定第一条尺寸界线原点或[放弃(U)/选择(S)]<选择>:

②打开对象捕捉,用鼠标指定第一条尺寸界线原点后,命令行接着提示:

◇指定第二条尺寸界线原点或[放弃(U)/选择(S)]<选择>:

③用鼠标指定下一个尺寸界线原点后,AutoCAD 重复上述过程。所有尺寸界线原点都选择完后,按两次回车键,标注结束,结果如图 1.4.125 所示。

图 1.4.124　基线标注

图 1.4.125　连续标注

提示:使用连续标注命令前,必须先调用线性标注或对齐标注的命令标注一个基准尺寸。

（11）快速标注

快速标注命令可以一次标注一系列相邻或相近的同一类尺寸,也可以标注同一个对象上多个点之间的尺寸。

1）命令调用方式

◇按钮:"标注"工具栏中的 按钮

◇菜单:标注(N)→快速标注(Q)

◇命令:QDIM

2)操作步骤

①以上任一方法调用"QDIM"命令后,命令行提示:

◇选择要标注的几何图形:

②选择要标注的多个对象(或组合对象),然后按回车键或右击鼠标,命令行接着提示:

◇指定尺寸线位置或[连续(C)/并列(S)/基线(B)/坐标(O)/半径(R)/直径(D)/基准点(P)/编辑(E)]<连续>:

③在命令行输入标注类型,或者按"Enter"键使用缺省类型。

④在视口指定尺寸线位置后,标注结束,如图1.4.126所示。

图1.4.126 各种快速标注

(a)连续 (b)基线 (c)并列 (d)半径

5.编辑尺寸标注

尺寸标注完后,有时需要对尺寸的格式、位置、角度、数值等进行修改。下面介绍尺寸的编辑方法。

(1)利用DIMEDIT命令编辑标注

利用"DIMEDIT"命令可以为尺寸指定新文本、恢复文本的缺省位置、旋转文本和倾斜尺寸界线,另外还可以同时对多个标注对象进行操作。

1)命令调用方式

◇按钮:"标注"工具栏中的 按钮

◇命令:DIMEDIT(简写:DED)

2)操作步骤

①以上任一方法调用"DIMEDIT"命令后,命令行提示:

◇输入标注编辑类型[缺省(H)/新建(N)/旋转(R)/倾斜(O)]<默认>:

选项说明如下。

缺省(H)：把标注文字移回到缺省位置。若在命令行输入"H"，回车，命令行接着提示："选择对象："选取一要修改的尺寸对象，命令行接着提示："选择对象："不断选取尺寸对象，待要修改的尺寸对象选取完毕后，回车，命令结束。

新建(N)：打开"文字格式"修改标注文字。若在命令行输入"N"，回车，将打开"文字格式"。在"文字格式"中改变尺寸文本及其特性，设置完毕后，单击"确定"按钮，关闭此对话框。命令行接着提示："选择对象："选取要修改的尺寸对象，命令行接着提示："选择对象："不断选取尺寸对象，待要修改的尺寸对象选取完毕后，回车，命令结束，如图1.4.127(b)所示。

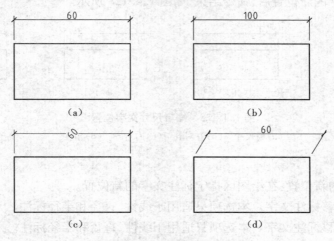

图1.4.127　编辑尺寸标注
(a)原尺寸　(b)新建　(c)旋转　(d)倾斜

旋转(R)：按指定角度旋转标注文字。若在命令行输入"R"，回车，命令行接着提示："指定标注文字的角度："在命令行输入角度数值后，回车，命令行接着提示："选择对象："选取要修改的尺寸对象，命令行接着提示："选择对象："不断选取尺寸对象，待要修改的尺寸对象选取完毕后，回车，命令结束，如图1.4.127(c)所示。

倾斜(O)：调整线性标注尺寸界线的倾斜角度，AutoCAD通常创建尺寸界线与尺寸线垂直的线性标注，当尺寸界线与图形中的其他图线重叠时本选项很有用处。若在命令行输入"O"，回车，命令行接着提示："选择对象："选取要修改的尺寸对象后，回车，命令行接着提示："输入倾斜角度(按"Enter"键表示无)："在命令行输入角度数值后，回车，则尺寸界线旋转输入的角度数值，命令结束，如图1.4.127(d)所示。

(2) 利用DIMTEDIT命令编辑标注文字

利用"DIMTEDIT"命令可以重新调整尺寸文本的位置。尺寸文本位置可在尺寸线的中间、左对齐、右对齐，或把尺寸文本旋转一定角度。

1) 命令调用方式

◇按钮："标注"工具栏中的 按钮

◇菜单:标注(N)→对齐文字(X)

◇命令:DIMTEDIT

2)操作步骤

①以上任一方法调用"DIMTEDIT"命令后,命令行提示:

◇选择标注:

②在视图中选择要修改的尺寸对象后,命令行接着提示:

◇指定标注文字的新位置或[左(L)/右(R)/中心(C)/缺省(H)/角度(A)]:

③指定标注文字的新位置后,命令结束,如图1.4.128所示。

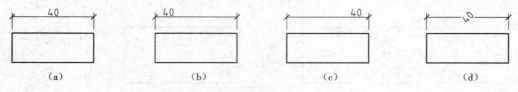

图1.4.128　编辑尺寸文字位置

(a)原尺寸　(b)左对齐　(c)右对齐　(d)角度

选项说明如下。

指定标注文字的新位置:在绘图区指定标注文字的新位置。

左:沿尺寸线左移标注文字。本选项只适用于线性、直径和半径标注。

右:沿尺寸线右移标注文字。本选项只适用于线性、直径和半径标注。

中心:把标注文字放在尺寸线的中心。

缺省:标注文字恢复到原来的状况。

角度:将标注文字旋转一定角度。

(3)利用【特性】窗口编辑标注特性

除了利用以上介绍的"DIMEDIT"和"DIMTEDIT"命令外,AutoCAD还可以使用【特性】对话框来修改标注的特性。

选择"修改"→"特性"命令,或在命令行输入"PROPERTIES"命令,或单击"标准"工具栏按钮,都可以打开【特性】窗口,如图1.4.129所示。

对于标注,可以通过【特性】窗口中的"基本"选项修改标注尺寸的有关特性。

在"基本"选项中,可以设置标注的基本特性,如:颜色、图层和线型等。

6.文字标注

(1)文字样式

AutoCAD图形中的文字都有与它关联的文字样式。文字样式是指控制文字外观的一系列特征,用于度量文字的字体、字高、角度、方向和其他特性。在绘图工程中,当关联的文字样式被修改时,图形中所有应用了此样式的文字均自动修改。我们可以在一个图形文件中设置一个或多个文字样式。

在创建文本之前,首先应选择好一种字体,确定字体的高度、宽度等,进而确定文字样式。AutoCAD 2010 定义文字样式的命令是"Style",可以通过以下 3 种方式启动"Style"命令。

◇按钮:"文字"工具栏中的按钮

◇菜单:格式(O)→文字样式(S)

◇命令:STYLE(简写:ST)

选择上述任意一种方式调用"STYLE"命令,系统将打开【文字样式】对话框。该对话框包括"样式"、"字体"、"大小"和"效果"4 个选项区,如图 1.4.130 所示。在【文字样式】对话框中,可以创建、删除文字样式。

置为当前:把所选文字样式,做为当前文字样式。

新建:用于定义新的文字样式。左击"新建"按钮,将弹出【新建文字样式】对话框,用户可以在对话框的"样式名"文本框中输

图 1.4.129　【特性】窗口

图 1.4.130　【文字样式】对话框

入新建文字样式的名称,如图 1.4.131 所示。

图 1.4.131　【新建文字样式】对话框

删除:用于删除用户定义的文字样式名。

 提示:在图形中已使用的文字样式和"Standard"样式不可以删除。

153

1）样式

该选项区的主要作用是动态显示当前文字样式和文字样例。列表中的"Standard"是一种缺省的文字样式，该文字样式不能改名或删除。

2）字体

该选项包括"字体名"、"字体样式"和"使用大字体"3个选项。

字体名：用于选择所需要的字体。AutoCAD 在"字体名"下拉列表中列出了所有注册的字体，如宋体、仿宋体、黑体、楷体等，以及 AutoCAD 目录中"Fonts"文件夹中 AutoCAD 特有的字体(.shx)。部分字体如图 1.4.132 所示

建筑制图　宋体　　　建筑制图　楷体

建筑制图　黑体　　　建筑制图　仿宋体

图 1.4.132　各种字体

提示：建文本请应先定义文字样式，并在字体名下拉列表中选择一种字体（一般为仿宋体），否则汉字将无法正常显示。在字体名下拉列表的上部和下部区域列出同名的汉字字体，选择汉字字体时最好在下部区域选择，因在默认状态下，上部区域的汉字字体是头朝左显示。

使用大字体：该选项用于指定亚洲语言的大字体文件。只有在[字体名]中选择了.shx 字体，才可以使用大字体。

3）大小

注释性：在用布局出图时，可在模型中将所有文字和标注设置成注释性对象，其高度设成想在出图时打印的高度，在出图时将所有注释性对象注释比例改为出图比例，这样可以一次性地修改文字和标注，尤其是同一张图用两种以上不同比例出图时可以方便地修改，因此注释性非常有用。

高度：该选项的作用是根据输入的值设置文字的高度，默认值为 0。当输入一个非零值后，在使用各种创建文本命令创建文本时，均以该数值作为文字的高度。

提示：此数值最好采用默认值 0，这样便于在创建文本时灵活设置不同字体的高度。

4）效果

该选项区的主要作用是修改字体的特性，包括"颠倒"、"反向"、"垂直"、"宽度因子"以及"倾斜角度"5 个选项。

颠倒：该选项的作用是倒置显示字符。

反向:该选项的作用是反向显示字符。

提示:"颠倒"和"反向"只能控制单行文本,对多行文本不起作用。

垂直:控制.shx字体垂直书写效果。

宽度因子:该选项用于设定文字的宽高比。宽度因子大于1时,文字变宽;宽度因子小于1时,则文字变窄。

倾斜角度:该选项用于设置文字的倾斜角度。角度值为正,文字向右倾斜;角度值为负,文字向左倾斜。

提示:"宽度因子"一般设置为0.67(制图标准中的长仿宋体宽高比),其他选项采用默认设置。

(2)文本的创建

完成文字样式的设定以后,就可以进行文本的创建。在AutoCAD 2010中,可根据文本的特点选择单行文本命令(TEXT或DTEXT)或多行文本命令(MTEXT)创建文本。

1)单行文本

对于一些简单的、不需要多种字体或多行的短输入文字项,可以用单行文本命令来创建文本。单行文本命令具有动态创建文本的功能,可以通过以下3种方式启动单行文本命令。

◇按钮:"文字"工具栏中的 A 按钮

◇菜单:绘图(D)→文字(X)→单行文字(S)

◇命令:TEXT或DTEXT(简写:DT)

①选择上述任意一种方法调用命令后,命令行提示:

◇当前文字样式:Standard　文字高度:2.5　指定文字的起点或[对正(T)/样式(S)]:

②文字的起点为单行文字的左下角点,用鼠标在绘图区指定该点后,命令行接下来提示:

◇指定高度 <2.5>

③可以按回车键选择默认高度,也可以输入新的文字高度值后回车,接下来提示:

◇指定文字的旋转角度 <0>

④可以按回车键选择默认角度,也可以输入新的角度后回车,接下来就可以输入文字了。

⑤输入的文字在绘图区显示出来。输入一行文字后回车,则自动换行,接着可继续输入第二行文字,也可再回车结束命令。

在实际绘图中,往往需要标注一些特殊的字符,如希望在一段文字的上方加上画线,标注"°""±""Φ"等符号。由于这些特殊字符不能从键盘上直接输入,AutoCAD提供了相应的控制符,以实现这些标注要求,见表1.4.7。

AutoCAD的控制符由两个百分号(%%)以及在后面紧接着一个字符构成。

表 1.4.7　单行文本中 AutoCAD 常用符号的输入代码

序号	代码	代码含义	举例
1	％％O	打开或关闭文字上画线	制图　表示为:％％O 制图％％O
2	％％U	打开或关闭文字下画线	文字　表示为:％％U 文字％％U
3	％％D	标注度"°"符号	90°　表示为:90％％D
4	％％P	标注正负公差(±)符号	±0.005　表示为:％％P0.005
5	％％C	标注直径(*Φ*)符号	*Φ*500　表示为:％％C500
6	％％％	标注百分号"％"	80％　表示为:80％％％

　　当在"输入文字:"提示下输入控制符时,这些控制符将临时显示在屏幕上,当结束"TEXT"命令时,这些控制符即从屏幕中消失,转换成相应的特殊符号。

　　提示:在确定字高时,一般应选取标准字号(2.5 mm,3.5 mm,5 mm,7 mm,10 mm,14 mm,20 mm),且汉字高度不宜小于3.5 mm,字符高度不宜小于2.5 mm。考虑到打印出图时的比例因子,在模型空间中确定文字高度时应把希望得到的字高(出图后图纸中文字的实际高度)除以出图比例来定制字高。例如:在出图比例为1:200 的图中,欲得到5 mm 的字高,定制字高应为 5÷(1/200) = 1000。

　　选项说明如下。

　　指定文字的起点:该选项指定单行文字起点位置。缺省情况下,文字的起点为左下角点。

　　对正(J):该选项用于设置单行文字的对齐方式。在命令行输入"J"后回车,系统提示:

　　◇输入选项[对齐(A)/调整(F)/中心(C)/中间(M)/右(R)/左上(TL)/中上(TC)/右上(TR)/左中(ML)/正中(ML)/右中(MR)/左下(BL)/中下(BC)/右下(BR)]:

　　其中常用的选项如下。

　　对齐(A):选择此项后,会要求给出两点,则文本将在点击的两点之间均匀分布,同时 AutoCAD 自动调整字符的高度,使字符的宽高比保持不变。

　　中间(M):该选项的作用是指定文字在基线的水平中点和指定高度的垂直中点上对齐。选择此项后,会要求指定一点,此点将是所输入文字的中心。此选项常用于设置墙体的轴线编号。

　　样式(S):该选项用于设定当前文字样式.在命令行输入"S"后回车,系统提示:

　　◇输入样式名或[?]<Standard>

　　输入样式名后,然后回车。如果不知道需要应用的样式名,则可以在命令行输入"?",然后回车,则系统提示:

　　◇输入要列出的文字样式<＊>:

　　回车,AutoCAD 将弹出"文本窗口",在"文本窗口"中列出了所有已定义的文字样式及其特性,如图 1.4.133 所示。如果文字样式太多,在"文本窗口"中一屏显示不下,则显示其中的一部分,按回车后可以显示下一屏,直到全部显示为止。

图 1.4.133　文本窗口

从"文本窗口"中查询文字样式后,就可以在命令行输入所需的文字样式后,按"回车"键,然后按前面介绍的步骤创建单行文本。

2)多行文本

前面介绍的"TEXT"和"DTEXT"命令均可创建单行文本,如果在输入每一行文字后回车换行,则可以创建另一行单行文本,这样也可以得到多行文本。但是这样得到的"多行文本"中的每一行均视为一个独立的对象,不能作为一个整体进行编辑。

如果希望将输入的多行文本作为一个对象,就要使用"MTEXT"多行文本命令。该命令可以激活多行文本编辑器,该编辑器有许多其他 Windows 文本编辑器具有的特征。通过它可以选择一种定义好的样式,改变文本高度,对某些字符设置加粗和斜体等格式,还可以选择一种对齐方式、定义行宽、旋转段落、查找和替换字符等。

要创建多行文本,可以通过以下 3 种方式启动多行文本命令。

◇按钮:"绘图"工具栏中的 **A** 按钮

◇菜单:绘图(D)→文字(X)→多行文字(M)

◇命令:MText(简写:MT)

①选择上述任意一种方法调用命令后,命令行提示:

◇指定第一角点:

②在绘图区域内单击一点作为多行文字的第一个角点后,命令行继续提示:

◇指定对角点或[高度(H)/对正(J)/行距(L)/旋转(R)/样式(S)/宽度(W)/栏(C)]:

③在绘图区域中单击另一点作为多行文字的对角点,也可以输入各种参数进行格式设置。

选项说明如下。

指定第一角点:指定多行文本框的一角点。

指定对角点:指定多行文本框的对角点。

高度(H):该选项的作用是确定多行文本字符的字体高度。

对正(J):该选项的作用是根据文本框边界,确定文字的对齐方式(缺省是左上)和文字走向。

行距(L):该选项的作用是设置多行文本的行间距,有"至少"和"精确"两个选项。

a."至少":根据行中最大字符的高度自动调整文字行。在选择"至少"选项时,如行中包含有较大的字符,则行距会加大。

b."精确":强制多行文本对象中所有行间距相等。行间距由对象的文字高度或文字样式决定。

选择某一项后,就可以在命令行中输入行距。单倍行距是文字字符高度的1.66倍。可以以数字后跟 x 的形式输入间距增量表示单倍行距的倍数。不同的行距效果如图1.4.134所示。

选择某一项后,就可以在命令行中输入行距。单倍行距是文字字符高度的1.66倍。可以以数字后跟 x 的形式输入的间距增量表示单倍行距的倍数。

(a)

选择某一项后,就可以在命令行中输入行距。单倍行距是文字字符高度的1.66倍。可以以数字后跟 x 的形式输入的间距增量表示单倍行距的倍数。

(b)

图1.4.134 "行距"设置

(a)行距为 $1x$ (b)行距为 $1.5x$

旋转(R):该选项的作用是设置文字边界的旋转角度,如图1.4.135所示。

(a)   (b)

图1.4.135 "旋转角度"设置

(a)旋转角度为30° (b)旋转角度为−30°

样式(S):该选项的作用是指定多行文本的文字样式。

宽度(W):该选项的作用是指定多行文本边界的宽度。

栏(C):该选项的作用是设定多行文本的栏数。

确定以上选项后,AutoCAD将弹出【文字格式】对话框。在该对话框中,用户可以进行相应的设置,输入所需创建的文本,然后单击"确定"按钮,多行文本就创建完成了。

当绘图窗口中指定一个用来放置多行文字的矩形区域后,便可打开如图 1.4.136 所示的"文字格式"编辑器,编辑器由工具栏和文字输入窗口等组成,在文字输入窗口可以输入所需的文字,也可以从其他文件输入或粘贴文字等;在工具栏中包括"文字样式"、"字体"、"字号"、"文字特性"等内容,可以对输入文字进行编辑等操作。

图 1.4.136 文字格式

在编辑文字属性的时候,要注意当前的文字必须在选中的状态下,再进行属性编辑。当然也可以在文字编辑之前先将需要的属性设置好,再写入文字,此时文字将自动套用设置的属性。在文字输入窗口中,单击右键将出现快捷菜单,如图 1.4.137 所示。

(3)编辑文本

文本创建后,若要对其进行修改,可以选择"修改"→"对象"→"文字"菜单中的"编辑"、"比例"、"对正"选项来编辑文本,但更方便快捷编辑文本的方法是利用"DDEDIT"命令或利用【特性】对话框。

1)利用 DDEDIT 命令编辑文本

AutoCAD 中编辑文本的基本命令是"DDEDIT"。如果编辑文本时,只需要修改文字的内容,而不修改文字特性时,则可以采用"DDEDIT"命令。启动"DDEDIT"命令后,

图 1.4.137 文字编辑器
快捷菜单

AutoCAD 会提示选择需要编辑的文本对象,用户可以选择单行文本,也可以选择多行文本。

通常,可以通过以下 3 种方式启动"DDEDIT"命令。

◇按钮:"文字"工具栏中的 按钮

| 编辑单行文本 |

图 1.4.138 【编辑文字】
对话框

◇菜单:修改(M)→对象(O)→文字(T)

◇命令:DDEDIT(简写:ED)

①选择上述任意一种方式调用"DDEDIT"命令后,命令行提示:

◇选择注释对象或[放弃(U)]:

②选择单行文本,AutoCAD 将打开【编辑文字】对话框,从中可以修改文字内容,如图 1.4.138 所示。

提示:选中单行文本后,双击鼠标也可以打开【编辑文字】编辑对话框。

③若选择多行文本,则 AutoCAD 将打开【文字格式】编辑对话框,从中可以修改文字内容,也可以修改文字的各种特性,如图 1.4.139 所示。

图 1.4.139 【文字格式】编辑对话框

提示:选中多行文本后,双击鼠标可以打开【文字格式】对话框,进行编辑。

2)利用特性对话框编辑文本

选择"修改"→"特性"命令或单击"标准"工具栏中的 按钮,AutoCAD 将打开【特性】对话框。选中单行文本或多行文本后,就可以在【特性】对话框中编辑文本。

在【特性】对话框中,用户不仅可以修改文本的内容,而且可以重新选择文本的文字样式,设定新的对正类型,定义新的高度、旋转角度、宽度比例、倾斜角度、文本位置以及颜色等该文本的所有特性。

单行文本和多行文本的【特性】对话框稍有差别,如图 1.4.140 所示。

图 1.4.140 【特性】对话框

(a)单行文本对话框 (b)多行文本对话框

4.4　轴测投影图的绘制

4.4.1　轴测投影认知

轴测图是一种能够在一个投影图中同时反映形体三维结构的图形。

如图 1.4.141 所示,是一立

微课:轴测投影的基本知识

PPT:轴测投影的基本知识

（a）　　　　　　　（b）

图 1.4.141　正投影图与轴测图对比
（a）正投影图　（b）轴测图

体的正投影图和轴测投影。显而易见,轴测图直观形象,易于看懂。因此,工程中常将轴测投影用作辅助图样,以弥补正投影图不易被看懂的不足。与此同时,轴测投影也存在着不易反映物体各表面的实形,因而度量性差、绘图复杂、会产生变形等缺点。

如图 1.4.142 所示,P 为轴测投影面,S 为投影方向,长方体上的坐标轴 OX、OY、OZ 均倾斜于 P 面,投影方向 S 与 P 面垂直。按此方法得到的 P 面轴测图称为正轴测图。如图 1.4.143 所示,P 为轴测投影面,S 为投影方向,立体上的坐标面 XOZ 平行于 P 面,投影方向 S 与 P 面不垂直。以此种投影方法产生的轴测图称为斜轴测图。

图 1.4.142　正轴测图的形成

图 1.4.143　斜轴测图的形成

1.轴测投影常用术语

（1）轴测投影面

作轴测投影的平面,称为轴测投影面。

（2）轴测投影轴

空间形体直角坐标轴 OX、OY、OZ 在轴测投影面上的投影 O_1X_1、O_1Y_1、O_1Z_1 称为轴测投影轴,简称轴测轴。

（3）轴间角

轴测轴之间的夹角 $\angle X_1O_1Z_1$、$\angle X_1O_1Y_1$、$\angle Y_1O_1Z_1$ 称为轴间角。

（4）轴伸缩系数

轴测轴与空间直角坐标轴单位长度之比,称为轴伸缩系数。

由于空间形体的直角坐标轴可与投影面 P 倾斜,其投影都比原来长度小,它们的投影与原来长度的比值,称为轴伸缩系数,分别用 p、q、r 表示,即

$$p = O_1X_1/OX, q = O_1Y_1/OY, r = O_1Z_1/OZ$$

2. 轴测投影图的分类

（1）根据投影方向 S 对轴测投影面的夹角不同,轴测投影可分为两大类。

①正轴测投影:用一组垂直于轴测投影面的平行投影线投射,且空间直角坐标轴 OX、OY、OZ 均倾斜于轴测投影面时所形成的轴测投影,简称正轴测。

②斜轴测投影:用一组倾斜于轴测投影面（也倾斜于 3 个坐标轴）的平行投影线投射,且空间直角坐标轴中有两个坐标轴平行于轴测投影面时所形成的轴测投影,简称斜轴测。

（2）根据 3 个坐标轴的轴伸缩系数的不同,每类轴测图又可分为 3 种。

①正（斜）等轴测图:3 个轴伸缩系数都相等 $p = q = r$;

②正（斜）二轴测图:其中 2 个轴伸缩系数相等 $p = q \neq r$; $p = r \neq q$; $q = r \neq p$;

③正（斜）三轴测图:3 个轴伸缩系数都不相等 $p \neq q \neq r$。

（3）标准推荐

为了作图方便、表达效果更好,GB 50001—2010 推荐了 4 种标准轴测图:正等轴测;正二轴测;正面斜等轴测和正面斜二轴测;水平斜等轴测和水平斜二轴测。

3. 轴测投影图的特性

轴测投影属于平行投影,所以轴测投影具有平行投影的所有特性。

①空间相互平行的直线,它们的轴测投影也互相平行。

②空间中凡是与坐标轴平行的直线,在其轴测图中也必与轴测轴互相平行。

③空间中两平行线段或同一直线上的两线段长度之比,在轴测图上保持不变。

应当注意的是,当所画线段与坐标轴不平行时,决不可在图上直接量取,而应先作出线段两端点的轴测图,然后连线得到线段的轴测图。另外,在轴测图中一般不画虚线。

4.4.2　正等轴测投影图的绘制

1. 正等轴测图的形成

正——采用正投影方法。

等——三轴测轴的简化轴伸缩系数相同,即 $p = q = r$。

由于正等测图绘制方便,因此在实际工作中应用较多。如本教材中的许多例图都采用了

正等测画法。

（1）轴间角

由于空间坐标轴 OX、OY、OZ 对轴测投影面的倾斜角相等，可计算出其轴间角 $\angle XOY = \angle XOZ = \angle YOZ = 120°$，如图 1.4.144 所示，其中 OZ 轴画成铅垂方向。

（2）轴伸缩系数

由理论计算可知：3 根轴的轴伸缩系数为 0.82。如按此系数作图，就意味着在画正等测图时，物体上凡是与坐标轴平行的线段都应将其实长乘以 0.82。为方便作图，轴向尺寸一般采用简化轴伸缩系数：$p = q = r = 1$。这样轴向尺寸即被放大 $k = 1/0.82 \approx 1.22$ 倍，所画出的轴测图也就比实际物体大，这对物体的形状没有影响，但简化了作图，且两者的立体效果是一样的，如图 1.4.145 所示。

图 1.4.144　正等轴测图的轴间角

（a）　　　　　　　　　　（b）　　　　　　　　　　（c）

图 1.4.145　正等轴测图的绘制

（a）正投影图　（b）正等轴测图　（c）采用简化轴伸缩系数的正等轴

PPT：平面立体的正等轴测图

微课：平面立体的正等轴测图

2. 平面立体正等轴测图的画法

画平面立体正等轴测图最基本的方法是坐标法，即沿轴测轴度量定出物体上一些点的坐标，然后逐步由点连线画出图形。在实际作图时，还可以根据物体的形体特点，灵活运用各种不同的作图方法如坐标法、切割法、叠加法等。

（1）坐标法

画轴测图时，先在物体三视图中确定坐标原点和坐标轴，然后按物体上各点的坐标关系采用简化轴伸缩系数，依次画出各点的轴测图，由点连线而得到物体的正等轴测图。

坐标法是绘制轴测图的基本方法，适用于平面立体、曲面立体、正等测及其他轴测图的绘制。

（2）切割法

切割法适用于以切割方式构成的平面立体。先绘制挖切前完整形体的轴测图，再依据形体上的相对位置逐一进行切割。

（3）叠加法

适用于绘制由堆叠形成的物体轴测图。作图时应注意物体堆叠时的定位关系，首先将物体看成由几部分堆叠而成，然后依次画出这几部分的轴测投影，即得到该物体的轴测图。

以上3种方法都需要先定坐标原点，然后按各线、面端点的坐标在轴测坐标系中确定其位置，故坐标法是画图时最基本的方法。当绘制复杂物体的轴测图时，这3种方法往往综合使用。

【例4.31】 用坐标法作长方体的正等轴测图，如图1.4.146所示。

图1.4.146 正等轴测图的绘制步骤

（a）定出原点和坐标轴的位置 （b）长方体底面轴测图 （c）作长方体顶面各角点 （d）长方体正等轴测图

【解】

①如图1.4.146（a）所示，在正投影图上定出原点和坐标轴的位置；

②如图1.4.146（b）所示，画轴测轴，在 O_1X_1 和 O_1Y_1 上分别量取 a 和 b，对应得出点 m_1 和 n_1，过 m_1、n_1 作 O_1X_1 和 O_1Y_1 的平行线，得长方体底面的轴测图；

③如图1.4.146（c）所示，过底面各角点作 O_1Z_1 轴的平行线，量取高度 h，得长方体顶面各角点；

④如图 1.4.146(d)所示,连接各角点,擦去多余图线、加深,即得长方体的正等轴测图,图中虚线可不必画出。

3.回转体正等轴测图的画法

(1)平行于坐标平面圆的正等轴测图特点

画回转体时经常遇到圆或圆弧,由于各坐标面对正等轴测投影面都是倾斜的,因此平行于坐标平面圆的正等轴测投影是椭圆。而圆的外切正方形在正等测投影中变形为菱形,因而圆的轴测投影就是内切于对应菱形的椭圆,如图 1.4.147 所示。

微课:曲面立体的正等轴测图　　　　PPT:曲面立体的正等轴测图

图 1.4.147　平行于坐标面圆的正等轴测图

(a)圆的正等轴测图　(b)采用简化系数后圆的正等轴测图　(c)圆柱的正等轴测图

(2)圆的正等轴测图画法

1)弦线法(坐标法)

这种方法画出的椭圆较准确,但作图较麻烦。步骤如图 1.4.148 所示。

2)简化作图法

轴测投影中的椭圆常采用 4 段圆弧连接近似画出。这 4 段圆弧的圆心用椭圆的外切菱形求得,因此也称这个方法为"菱形四心法"。以水平面圆的正等轴测图为例说明这种画法,如图 1.4.149 所示。

①在正投影视图中作圆的外切正方形,P_1、P_2、P_3 和 P_4 为 4 个切点,并选定坐标轴和原点,如图 1.4.149(a)所示。

②确定轴测轴,并作圆外切正方形的正等轴测图,如图 1.4.149(b)所示。

③分别以钝角顶点 O_2、O_3 为圆心,以 O_2P_1、O_3P_3 为半径画圆弧 P_1P_2,P_3P_4,如图 1.4.149(c)所示。

④O_3P_4、O_3P_3 与菱形长对角线的交点为 O_4、O_5,分别以 O_4、O_5 为圆心,O_4P_4、O_5P_3 为半径,

图 1.4.148　用弦线法绘制圆轴测图的步骤

(a)在圆上作若干弦线　(b)作出轴测轴及各弦线　(c)依次光滑连接弦线各端点

图 1.4.149　圆轴测图的近似画法

(a)作圆外切正方形　(b)圆外切正方形的正等轴测图　(c)作大圆弧　(d)作小圆弧、加深

画圆弧 P_1P_4、P_2P_3，如图 1.4.149(d)所示。

(3)圆柱体的正等轴测图画法

掌握了圆的正等轴测图画法，圆柱体的正等轴测图也就容易画出了。只要分别作出其顶面和底面的椭圆，再作其公切线就可以了。图 1.4.150(a)~(f)为绘制圆柱体正等轴测图的步骤。

①根据投影图定出坐标原点和坐标轴，如图 1.4.150(a)所示。

②绘制轴测轴，作出侧平面内的菱形，求四圆心，绘出左侧面圆的轴测图，如图 1.4.150(b)所示。

③沿 X 轴方向平移左面椭圆的四圆心，平移距离为圆柱体长度 h，如图 1.4.150(c)所示。

④用平移的四圆心绘制右侧面椭圆，并作左侧面椭圆和右侧面椭圆的公切线，如图 1.4.150(d)所示。

⑤擦除不可见轮廓线并加深结果，如图 1.4.150(e)所示。

⑥用简便方法直接画圆找四圆心，如图 1.4.150(f)所示。

图 1.4.150　圆柱体正等轴测图的画法

（a）定出圆点和坐标轴　（b）绘轴测轴，求四圆心　（c）平移四圆心
（d）绘平移后的椭圆及公切线　（e）检查、加深后的正等轴测图　（f）简捷方法找四圆心

4.4.3　斜等轴测投影图的绘制

1. 斜二轴测图

图 1.4.151 所示为斜二等轴测图。

图 1.4.151   斜二等轴测图坐标

轴伸缩系数：$p = r = 1$，$q = 0.5$。

轴间角：$\angle XOZ = 90°$，$\angle XOY = \angle YOZ = 135°$。

2. 平行于各坐标面圆的斜二轴测图画法

如图 1.4.152 所示平行于 V 面的圆仍为圆，反映实形。平行于 H 面的圆为椭圆。

平行于 W 面的圆与平行于 H 面的圆的椭圆形状相同。

由于两个椭圆的作图用斜二轴测图相当繁琐，所以当物体这两个方向上有圆时，一般不用斜二轴测图，而采用正等轴测图。

图 1.4.152   **各种圆的斜二等轴测图**

提示：在斜二轴测图中，物体上平行于 V 面的平面都反映实形。

3. 正面斜二轴测图画法

图 1.4.153 为已知物体主、俯视图，画其正面斜二轴测图。

图 1.4.153   **正面斜二轴测图**

4. 水平斜等轴测图画法

水平斜等轴测图的绘制如图 1.4.154 所示。

图 1.4.154　水平斜等轴测图的绘制

4.4.4　轴测图投影方向的选择

1.轴测图的直观性分析

影响轴测图直观性的因素主要有两个:形体自身的结构;轴测投影方向与各直角坐标面的相对位置。

2.轴测图种类的选择

(1)各种轴测图的比较

将正等测、正二等测和斜二等测的表现效果和作图过程稍加比较,不难发现:

①正二等轴测图的直观性最好,但作图较繁;

②斜二等轴测图中平行于某一坐标面的图形反映实形,因此适用于画在投影平行面上形状比较复杂的物体;

③正等轴测图的直观性逊于正二等和斜二等轴测图,但作图方便,特别适用于表达几个方向上都有圆的物体。

所以,选择轴测图种类时一般是"先'正'后'斜',先'等'后'二'"。

(2)选择轴测图种类时应注意的问题

①避免物体的表面或棱线在轴测图中积聚成直线或点。

②避免物体的表面被遮挡以影响表现效果。

3.绘制轴测图的注意事项

用轴测图形表达一个建筑形体时,为了使其直观性良好,表达更清楚,应注意以下几点。

(1)避免被遮挡

在轴测图中,应尽量多地将隐蔽部分(如孔、洞、槽)表达清楚。如图1.4.155所示,该形体中部的孔洞在正等测图中看不到底(被左前侧面遮挡),而在正二测和正面斜轴测图中能看到底,故直观性较好。

图 1.4.155 孔、洞轴测图

(a)平面图 (b)正等轴测图 (c)正二轴测图 (d)正面斜轴测图

(2)避免转角处交线投影成一直线

如图1.4.156所示,在正等测图中,由于形体左前方转角处的交线 A_1B_1、B_1C_1、C_1D_1 均处在与 V 面成45°角的同一平面上,与投影方向平行,必然投影成一直线,故直观性不如图1.4.156(c)、(d)。

(3)避免平面体投影成左右对称的图形

如图1.4.156(b)所示,正等测投影方向恰好与形体的对角线所在平面平行,故轴测图左右对称。而图1.4.156(c)、(d)则不是这样,直观性相对较好。

(4)合理选择投影方向

如图1.4.157所示,反映出轴测图4种不同投影方向及其图示效果。显然,该形体不适合作仰视轴测图,如图1.4.157(d)、(e)所示,而适合作俯视轴测图,如图1.4.157(b)、(c)所示。

图 1.4.156　正投影及 3 种轴测图

(a)正投影　(b)正等轴测图　(c)正二轴测图　(d)正面斜轴测图

且图 1.4.157(b)的图示效果又好于图 1.4.157(c)。究竟从哪个方向投影才能清楚地表达建筑形体,应根据具体情况而选择。

图 1.4.157　轴测图的 4 种投影方向及图示效果

(a)正投影　(b)由左前上向右后下投影　(c)右前上向左后下投影

(d)左前下向右后上投影　(e)右前下向左后上投影

4.4.5　轴测图选择示例

【例 4.32】　求作图 1.4.158 中滑块的轴测图。

图 1.4.158　滑块的轴测图

(a)正投影　(b)斜二轴测图　(c)正等轴测图

分析过程:①滑快底部带有梯形槽,应突出表达底部形状,请你选择轴测图;②投射方向可选择为从左向右,从前向后,从下向上的投射方式;③轴测图种类选正等轴测或斜二轴测均可。

作图过程从略。

【例4.33】 试分析图1.4.159中支架轴测图的绘制。

图1.4.159 支架的轴测图

分析过程:支架由圆柱筒和底板组成,各圆均平行于 *XOY* 坐标面。选择正等轴测图较方便。为了表示其内部形状,沿轴线切去物体的1/4,以轴测剖视图表示。

实习实作:请同学们完成图1.4.159中支架轴测图的绘制。(轴测剖视图的画法可先画外形再取剖视)

任务4 小结

投影是假设按规定方向射来的光线能够透过物体照射形成的影子,能反映物体的外形、上部、内部的情况。它分为中心投影和平行投影(正投影和斜投影),建筑工程中常用平行投影,其基本性质有积聚性、实形性和类似性。

本任务介绍了三面投影体系的建立及投影规律:长对正、高平齐、宽相等。

任何复杂的形体都可以看成是由点、线、面所组成的。点的投影仍然是点,线的投影可以是点或线,面的投影可以是线或面。注意点的位置、相对位置、点是否在直线上、直线相对位置、直线与平面的相对位置等,位置不同,投影特性也不同。

组合体是由各种基本形体以不同的方式组合而成的。基本形体常分为平面体(棱柱、棱锥)和曲面体(圆柱、圆锥、球、环)。建筑工程中使用的基本形体大部分是较规整的形体。因此要重点理解正平面体和正曲面体的投影特性。组合体的尺寸标注正确与否关系到建筑物能否准确施工,因此要严格按照制图标准的规定练习尺寸标注。

轴测投影中介绍了轴测投影的形成、正轴测、斜轴测的分类、坐标、轴间角、轴伸缩系数的规定、绘制步骤和方法等。

由于组合体形状比较复杂,千差万别,要下工夫掌握绘制和识读组合体投影图的一般思路与方法。

习　题

一、选择题
二、判断题

选择题　　　　　　　　　判断题

任务5　建筑施工图的识读与绘制

导入

1. 建筑工程项目建造流程

建设单位提出拟建报告和计划任务书→上级主管部门对建设项目的批文→城市规划管理部门同意设计的批文→向建筑设计部门办理委托设计手续→初步设计→技术设计→施工图设计→招标施工、监理单位→施工单位施工→质检部门验收→交付使用。

任何一栋建筑物的建造,其设计工作都是不可缺少的重要环节。

2. 建筑工程设计的内容

2.1　建筑设计

建筑设计可以是单独建筑物的建筑设计,也可以是建筑群的总体设计。根据审批下达的设计任务和国家有关政策规定,综合分析其建筑功能、建筑规模、建筑标准、材料供应、施工水平、地段特点、气候条件等因素,提出建筑设计方案,直至完成全部建筑施工图设计。建筑设计应由建筑设计师完成。

此阶段所产生的对施工员岗位及岗位群有用的结果为:建筑施工图。

2.2　结构设计

结构设计需要结合建筑设计完成结构方案与选型,确定结构布置、进行结构计算和构件设计,直至完成全部结构施工图设计。结构设计应由结构工程师完成。

此阶段所产生的对施工员岗位及岗位群有用的结果为:结构施工图。

2.3　设备设计

设备设计需要根据建筑设计完成给水排水、采暖通风空调、电气照明以及通讯、动力、能源等专业的方案、选型、布置以及施工图设计。设备设计应由设备工程师完成。

此阶段所产生的对施工员岗位及岗位群有用的结果为:设备施工图。

提示:可由学生上网查阅或调研(到施工现场、设计单位、学长)完成。

3.民用建筑的基本构件及其作用

3.1 基础是建筑物最下部的承重构件,它承受建筑物的全部荷载,并将荷载传给地基。

3.2 墙和柱是建筑物的承重和维护构件,承受来自屋顶、楼面、楼梯的荷载并传给基础,同时能遮挡风雨。其中外墙起围护作用,内墙起分隔作用。为扩大空间,提高空间的灵活性,也为了结构需要,有时以柱代墙,起承重作用。

3.3 楼(地)面是建筑物中水平方向的承重构件,同时在垂直方向将建筑物分隔为若干层,并承受作用其上的家具、设备、人员、隔墙等荷载及楼板自重,并将这些荷载传给墙或柱。

3.4 楼梯是建筑物垂直方向的交通设施,供人、物上下楼层和疏散人流使用。

3.5 门窗均属围护构件,具有连接室内外交通及通风、采光的作用。

3.6 屋顶是建筑物最上部的围护结构和承重结构,主要起到防水、隔热和保温的作用。

上述为房屋的基本组成部分,除此以外房屋结构还包括台阶、阳台、雨篷、勒脚、散水、雨水管、天沟等建筑细部结构和建筑配件,在房屋的顶部还有上人孔,以供维修人员上屋顶检修。

提示:可针对在建或已建好的建筑物进行针对性讲解与学习。

5.1 建筑施工图的认知

PPT:建筑施工图的作用与内容

微课:建筑施工图的作用与内容

1.建筑施工图的作用与内容

建筑施工图(简称建施图),其作用是表示建筑物的总体布局、外部造型、内部布置、细部构造、内外装饰、固定设施和施工要求。

其内容包括总平面图、施工总说明、门窗表、建筑平面图、建筑立面图、建筑剖面图和建筑详图等。

2.建筑施工图的识读与绘制应遵循的标准

①房屋建筑施工图的识读与绘制,应遵循画法几何的投影原理、《房屋建筑制图统一标准》(GB 50001—2010)和《房屋建筑 CAD 制图统一规则》(GB/T 18112—2010)。

②总平面图的识读与绘制,还应遵守《总图制图标准》(GB/T 50103—2010)。

③建筑平面图、建筑立面图、建筑剖面图和建筑详图的识读与绘制,还应遵守《建筑制图标准》(GB/T 50104—2010)。

下面简要说明《建筑制图标准》中常见的基本规定。

(1)图线

图线的宽度 b 应根据图样的复杂程度和比例,按《房屋建筑制图统一标准》(GB 50001—2010)中(图线)的规定选用,如图 1.5.1 ~ 图 1.5.3 所示。绘制较简单的图样时,可采用两种线宽的线宽组,其线宽比最好为 $b:0.25b$。

建筑专业、室内设计专业制图采用的各种图线,应符合表 1.5.1 的规定。

图 1.5.1 平面图图线宽度选用示例

图 1.5.2 墙身剖面图图线宽度选用示例

图 1.5.3 详图图线宽度选用示例

表 1.5.1 图线

名称	线型	线宽	用途
粗实线	———	b	1.平、剖面图中被剖切的主要建筑构造(包括构配件)轮廓线 2.建筑立面图或室内立面图的外轮廓线 3.建筑构造详图中被剖切的主要部分轮廓线 4.建筑构配件详图中的外轮廓线 5.平、立、剖面图的剖切符号

名称	线型	线宽	用途
中实线		0.5b	1. 平、剖面图中被剖切的次要建筑构造(包括构配件)轮廓线 2. 建筑平、立、剖面图中建筑构配件的轮廓线 3. 建筑构造详图及建筑构配件详图中的一般轮廓线
细实线		0.25b	小于 0.5b 图形线、尺寸线、尺寸界线、图例线、索引符号、标高符号、详图材料做法引出线等
中虚线		0.5b	1. 建筑构造详图及建筑构配件不可见的轮廓线 2. 平面图中的起重机(吊车)轮廓线 3. 拟扩建的建筑物轮廓线
细虚线		0.25b	图例线、小于 0.5b 的不可见轮廓线
粗单点长画线		b	起重机(吊车)轨道线
细单点长画线		0.25b	中心线、对称线、定位轴线
折断线		0.25b	不需画全的断开界线
波浪线		0.25b	不需画全的断开界线、构造层次的断开界线

注:地平线的线宽可用 1.4b。

（2）比例

建筑专业、室内设计专业制图选用的比例，应符合表 1.5.2 的规定。

表 1.5.2　比例

图名	比例
建筑物或构筑物的平面图、立面图、剖面图	1:50,1:100,1:150,1:200,1:300
建筑物或构筑物的局部放大图	1:10,1:20,1:25,1:30,1:50
配件及构造详图	1:1,1:2,1:5,1:10,1:15,1:20,1:25,1:30,1:50

（3）构造及配件图例

由于建筑平、立、剖面图常用 1:100,1:200 或 1:50 等较小比例,图样中的一些构造及配件,不可能也没必要按实际投影画出,只需用规定的图例表示即可。

表 1.5.3　构造及配件图例

名称	图例	说明
墙体		应加注文字或填充图例表示墙体材料,在项目设计图纸说明中列材料图例表给予说明
楼梯		1.上图为底层楼梯平面,中图为中间层楼梯平面,下图为顶层楼梯平面 2.楼梯及栏杆扶手的形式和梯段踏步数应按实际情况绘制
坡道		上图为长坡道,下图为门口坡道
检查孔		左图为可见检查孔,右图为不可见检查孔
孔道		阴影部分可以涂色代替
坑槽		
烟道		1.阴影部分可以涂色代替 2.烟道与墙体为同一材料,其相交接处墙身线应断开
通风道		

续表

名称	图例	说明
单扇门 （包括平开或单面弹簧）		
双扇门 （包括平开或单面弹簧）		
墙中双扇推拉门		
竖向卷帘门		
单扇双面弹簧门		1.门的名称代号用 M 2.图例中剖面图左为外,右为内;平面图下为外,上为内 3.立面图上开启方向线交角的一侧为安装合页的一侧,实线为外开,虚线为内开
双扇双面弹簧门		4.平面图上门线应 90°或 45°开启,开启弧线宜绘出 5.平面图上的开启线一般设计图中可不表示,在详图及室内设计图上应表示 6.立面形式应按实际情况绘制

名称	图例	说明
单层固定窗		
单层外开上悬窗		
单层中悬窗		
立转窗		
推拉窗		
单层外开平开窗		1. 窗的名称代号用 C 表示 2. 立面图中的斜线表示窗的开启方向,实线为外开,虚线为内开;开启方向线交角的一侧为安装合页的一侧,一般设计图中可不表示
双层内外开平开窗		3. 图例中,剖面图所示左为外,右为内,平面图所示下为外,上为内 4. 平面图和剖面图上的虚线说明开关方式,在设计图中不需要表示
高窗	$h=$	5. 窗的立面形式应按实际绘制 6. 小比例绘图时平、剖面的窗线可用粗实线表示 7. 高窗中的 h 为窗底距本层楼地面的高度

（4）常用符号

视频：索引符号和详图符号

1）索引符号和详图符号

图样中的某一局部或构件，如需另见详图，应以索引符号索引，如图1.5.4（a）所示。索引符号是由直径为8～10 mm的圆和水平直径组成，圆及水平直径均应以细实线绘制。索引符号应按下列规定编写。

①索引出的详图，如与被索引的详图绘在同一张图纸内，应在索引符号的上半圆中用阿拉伯数字注明该详图的编号，并在下半圆中间画一段水平细实线，如图1.5.4（b）所示。需要标注比例时，文字在索引符号右侧或延长线下方，与符号下对齐。

②索引出的详图，如与被索引的详图不在同一张图纸内，应在索引符号的上半圆中用阿拉伯数字注明该详图的编号，在索引符号的下半圆中用阿拉伯数字注明该详图所在图纸的编号，如图1.5.4（c）所示。数字较多时，可加文字标注。

③索引出的详图，如采用标准图，应在索引符号水平直径的延长线上加注该标准图册的编号，如图1.5.4（d）所示。需要标注比例时，文字在索引符号右侧或延长线下方，与符号下对齐。

索引符号如用于索引剖视详图，应在被剖切的部位绘制剖切位置线，并以引出线引出索引符号，引出线所在的一侧应为剖视方向，如图1.5.5所示。

图1.5.4　索引符号图

（a）索引符号　（b）同一张图纸内索引
（c）不同张图纸内索引　（d）索引图采用标准图

图1.5.5　用于索引剖面详图的索引符号

零件、钢筋、杆件、设备等的编号直径宜以5～6 mm的细实线圆表示，同一图样应保持一致，其编号应用阿拉伯数字按顺序编写，如图1.5.6所示。消火栓、配电箱、管井等的索引符号，直径宜以4～6 mm为宜。

详图的位置和编号，应以详图符号表示。详图符号的圆应以直径为14 mm的粗实线绘制。详图应按下列规定编号。

①详图与被索引的图样同在一张图纸内时，应在详图符号内用阿拉伯数字注明详图的编号，如图1.5.7所示。图1.5.7说明编号为5的详图就出自本张图纸。

图1.5.6　零件、钢筋等的编号　　图1.5.7　与被索引图样同在一张图纸内的详图符号

②详图与被索引的图样不在同一张图纸内，应用细实线在详图符号内画一水平直径，在上半圆中注明详图编号，在下半圆中注明被索引的图纸的编号，如图1.5.8所示。

图1.5.8表示详图编号为5，而被索引的图纸编号为3。

图 1.5.8　与被索引图样不在同一张图纸内的详图符号

2）引出线

①引出线应以细实线绘制，宜采用水平方向的直线，与水平方向成 30°、45°、60°、90° 的直线，或经上述角度再折为水平线。文字说明宜注写在水平线的上方，如图 1.5.9（a）所示，也可注写在水平线的端部，如图 1.5.9（b）所示。索引详图的引出线，应与水平直径线相连接，如图 1.5.9（c）所示。

②同时引出几个相同部分的引出线，宜互相平行，如图 1.5.10（a）所示，也可画成集中于一点的放射线，如图 1.5.10（b）所示。

图 1.5.9　引出线	图 1.5.10　共用引出线
（a）水平线上方注写　（b）水平线端部注写　（c）索引详图	（a）平行线　（b）放射线

③多层构造或多层管道共用引出线，应通过被引出的各层，并用圆点示意对应各层次。文字说明宜注写在水平线的上方，或注写在水平线的端部，说明的顺序应由上至下，并应与被说明的层次相互一致；如层次为横向排序，则由上至下的说明顺序应与由左至右的层次对应一致，如图 1.5.11 所示。

图 1.5.11　多层构造引出线

（a）楼地面构造　（b）坡屋顶构造　（c）外墙面构造　（d）墙身剖面构造

3）定位轴线

定位轴线是房屋施工放样时的主要依据。在绘制施工图时，凡是房屋的墙、柱、大梁、屋架等主要承重构件均应画出定位轴线。定位轴线的画法如下。

①定位轴线应用细单点长画线绘制。

②定位轴线应编号，编号应注写在轴线端部的圆内。圆应用细实线绘制，直径为 8～10 mm。定位轴线圆的圆心应在定位轴线的延长线或延长线的折线上。

③平面图上定位轴线的编号，宜标注在图的下方与左侧。横

微课：定位轴线的编号顺序

向编号应用阿拉伯数字,从左至右顺序编写;竖向编号应用大写拉丁字母,从下至上顺序编写,如图 1.5.12 所示。

④拉丁字母的 I、O、Z 这 3 个字母不能用做轴线编号(避免与 0、1、2 混淆)。如字母数量不够使用,可增用双字母或单字母加数字注脚,如 A_A、B_A……Y_A 或 A_1、B_1……Y_1。

⑤组合较复杂的平面图中定位轴线也可采用分区编号,如图 1.5.13 所示,编号注写形式为"分区号-该分区编号"。分区号采用阿拉伯数字或大写拉丁字母表示。

图 1.5.12　定位轴线的编号顺序

图 1.5.13　定位轴线的分区编号

⑥附加定位轴线的编号,应以分数形式表示,并应按下列规定编写。

两轴线间的附加轴线,应以分母表示前一轴线的编号,分子表示附加轴线的编号,编号宜用阿拉伯数字顺序编写,如:

$\frac{1}{2}$ 表示 2 号轴线之后附加的第 1 根轴线　$\frac{3}{C}$ 表示 C 号轴线之后附加的第 3 根轴线。

1 号轴线或 A 号轴线之前的附加轴线的分母应以 01 或 0A 表示,如:

$\frac{1}{01}$ 表示 1 号轴线之前附加的第 1 根轴线;$\frac{3}{0A}$ 表示 A 号轴线之前附加的第 3 根轴线

一个详图适用于几根轴线时,应同时注明各有关轴线的编号,如图 1.5.14 所示。

微课:附加定位轴线和分轴线

182

图 1.5.14　详图的轴线编号

通用详图中的定位轴线,应只画圆,不注写轴线编号。圆形与弧形平面图中定位轴线的编号,其径向轴线应以角度进行定位,其编号宜用阿拉伯数字表示,从左下角或 −90°(若径向轴线很密,角度间隔很小)开始,按逆时针顺序编写;其环向轴线宜用大写拉丁字母表示,从外向内顺序编写,如图 1.5.15 所示。折线形平面图中定位轴线的编号可按图 1.5.16 的形式编写。

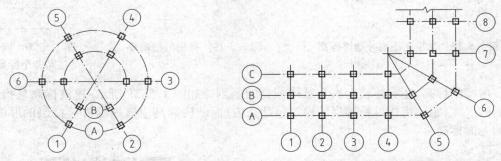

图 1.5.15　圆形平面定位轴线的编号图　　　图 1.5.16　折线形平面定位轴线的编号

4)标高

标高是标注建筑物高度的另一种尺寸形式。

①标高符号。标高符号应以直角等腰三角形表示,按图 1.5.17(a)形式用细实线绘制,如标注位置不够,也可按照图 1.5.17(b)形式绘制。标高符号的具体画法如图 1.5.17(c)、(d)所示。

总平面图室外地坪标高符号,宜用涂黑的三角形表示,如图 1.5.18(a)所示,具体画法如图 1.5.18(b)所示。

标高符号的尖端应指至被注高度的位置。尖端宜向下,也可向上。标高数字应注写在标高符号的上侧或下侧,如图 1.5.19 所示。

视频:标高符号

标高数字应以米为单位,注写到小数点以后第 3 位。在总平面图中,可注写到小数点以后第 2 位。零点标高应注写成 ±0.000,正数标高不注"+",负数标高应注"−",例如 3.200、−0.600。在图样的同一位置需表示几个不同标高时,标高数字可按图 1.5.20 的形式注写。

②标高分类。标高分为绝对标高和相对标高。绝对标高是以青岛黄海平均海平面的高度为零点参照点时所得到的高差值。在实际施工中,用绝对标高不方便。因此,习惯上将每一幢房屋室内底层地面的高度定为零点的相对标高,比零点高的标高为"正",比零点低的标高为"负"。在施工总说明中,应说明相对标高与绝对标高之间的关系。

图 1.5.17 标高符号

(a)平面图中楼地面标高符号 (b)标高引出标注 (c)标高符号具体画法 (d)引出标高具体画法
(l—取适当长度注定标高数字 h—根据需要取适当高度)

图 1.5.18 总平面图室外地坪标高

(a)标高符号 (b)具体画法

图 1.5.19 标高的指向号

图 1.5.20 同一位置注写多个标高数字

房屋的标高,还有建筑标高和结构标高的区别。如图 1.5.21 所示,建筑标高是指装修完成后的尺寸,它已将构件粉饰层的厚度包括在内;而结构标高应该剔除外装修层的厚度,是构件的毛面标高。

图 1.5.21 建筑标高和结构标高

5)其他符号

对称符号由对称线和两端的两对平行线组成。对称线用细单点长画线绘制;平行线用细实线绘制,其长度宜为 6~10 mm,每对的间距宜为 2~3 mm;对称线垂直平分两对平行线,两端超出平行线宜为 2~3 mm,如图 1.5.22 所示。

指北针的形状如图 1.5.23 所示,其圆的直径宜为 24 mm,用细实线绘制;指北针尾部的宽度宜为 3 mm,指针头部应注"北"或"N"字。需用较大直径绘制指北针时,指针尾部的宽度宜为直径的 1/8。

提示:标准部分可请学生自己阅读《建筑制图标准汇编》。

图 1.5.22　对称符号　　　　　图 1.5.23　指北针

5.2　图纸首页

在施工图的编排中,将图纸目录、建筑设计说明、总平面图及门窗表等编排在整套施工图的前面,常称为图纸首页。

视频:图纸首页

5.2.1　图纸目录

以本章所附的一套建筑施工图为例,其图纸目录如表 1.5.4 所示。

读图时,首先要查看图纸目录。图纸目录可以帮助了解该套图纸有几类,各类图纸有几张,每张图纸的图号、图名、图幅大小;如采用标准图,应写出所使用标准图的名称、所在标准图集的图号和页次。图纸目录常用表格表示。

图纸目录有时也称为“首页图”,意思是第一张图纸,建施-01 即为本套图纸的首页图。

图纸目录编制目的是为了便于查找图纸。从图纸目录中可以读出以下资料:

①设计单位——某建筑设计事务所(甲级资质)

②建设单位——某房地产开发公司

③工程名称——某生态住宅小区 E 型工程住宅楼

④工程编号——工程编号是设计单位为便于存档和查阅而采取的一种管理方法。

⑤图纸编号和名称——每一项工程会有许多张图纸,在同一张图纸上往往画有若干个图形。因此,设计人员为了表达清楚,便于使用时查阅,就必须针对每张图纸所表示的建筑物的部位,给图纸起一个名称,另外再用数字编号,确定图纸的顺序。

⑥图纸目录各列、各行表示的意义。图纸目录第 2 列为图别,填有“建施”字样,表示图纸种类为建筑施工图;第 3 列为图号,填有 01、02……字样,表示为建筑施工图的第 1 张、第 2 张……第 4 列为图纸名称,填有总平面图、建筑设计说明……字样,表示每张图纸具体的名称;第 5、6、7 列为张数,填写新设计、利用旧图或标准图集的张数,本套图纸均为新设计,且张数为 1 张;第 8 列为图纸规格,填有 A3、A2、A2^{+}……字样,表示图纸的图幅大小分别为 A3 图幅、A2 图幅、A2 加长图幅。图纸目录的最后几行,填有建筑施工图设计中所选用的标准图集代号、项目负责人、工种负责人、归档接收人、审定人、制表人、归档日期等基本信息。该套图纸共有建筑施工图 17 张。

表 1.5.4　图纸目录

某生态住宅小区 E 型工程建施图目录表
设计单位:××建筑设计事务所(甲级)
建设单位:××房地产开发公司

设计号		05-2005	工程名称		某生态住宅小区		单项名称		小区住宅楼	
工种	建筑		设计阶段	施工图	结构类型	砖混结构	完成日期		年　月　日	
序号	图别	图号	图纸名称				张数		图纸规格	备注
							新设计	利用图		
								旧图	标准图	
17	建施	17	门窗大样图(二)				1			A2
16	建施	16	门窗大样图(一)、地下室防水大样				1			A2
15	建施	15	①-⑦大样				1			A2
14	建施	14	楼梯间 2 大样、①-②厨厕大样				1			A2
13	建施	13	楼梯间 1 大样				1			A2⁺
12	建施	12	2-2 剖面图				1			A2
11	建施	11	Ⓐ-Ⓒ轴立面图、1-1 剖面图				1			A2⁺
10	建施	10	㉙-①轴立面图				1			A2⁺
9	建施	09	①-㉙轴立面图				1			A2⁺
8	建施	08	屋构架平面图				1			A2⁺
7	建施	07	屋面层平面图				1			A2⁺
6	建施	06	三~七层平面图				1			A2⁺
5	建施	05	二层平面图				1			A2⁺
4	建施	04	一层平面图				1			A2⁺
3	建施	03	负一层平面图				1			A2⁺
2	建施	02	建筑设计说明、门窗表				1			A2
1	建施	01	总平面图				1			A3
利用标准图集代号:西南 J212、J312、J412、J501、J515、J516、J517、J611、J812										
项目负责人			工种负责人				归档接收人			
审定人			制表人				归档日期		年　月　日	

提示：目前图纸目录的形式由各设计单位自己规定,尚无统一的格式。但总体上包括上述内容。

实习实作:阅读建筑施工图的图纸目录。

5.2.2 建筑设计说明

建筑设计说明的内容根据建筑物的复杂程度有多有少,但无论内容多少,必须说明设计依据、建筑规模、建筑物标高、装修做法和对施工的要求等。下面以"建筑设计说明"为例,介绍读图方法。

（1）设计依据

设计依据包括政府的有关批文。这些批文主要有两个方面的内容:一是立项,二是规划许可证等。

（2）建筑规模

建筑规模主要包括占地面积(规划用地及净用地面积)和建筑面积。这是设计出来的图纸是否满足规划部门要求的依据。占地面积指建筑物底层外墙皮以内所有面积之和。建筑面积指建筑物外墙皮以内各层面积之和。

（3）标高

在房屋建筑中,规定用标高表示建筑物的高度。建筑设计说明中要说明相对标高与绝对标高的关系。例如,附图建施-01 中"相对标高 ±0.000 相当于绝对标高 1891.15 m",这就说明该建筑物底层室内地面设计在比海平面高 1891.15 m 的水平面上。

（4）装修做法

这方面的内容比较多,包括地面、楼面、墙面等的做法。我们需要读懂说明中的各种数字、符号的含义。例如,附图建施-03 中散水坡面的说明:"散水坡面详西南 J802,沿房屋周边转通"这是说明散水坡面的做法。

（5）施工要求

施工要求包含两个方面的内容,一是要严格执行施工验收规范中的规定,二是对图纸中不详之处的补充说明。

实习实作:阅读建筑施工图的设计总说明。

5.2.3 门窗统计表

分楼层统计不同类型门窗的数量。

实习实作:阅读建筑施工图的门窗统计表。

PPT：建筑总平面图

微课：建筑总平面图

5.3 总平面图

总平面图有建筑总平面图和水电总平面图之分。建筑总平面图又分为设计总平面图和施工总平面图。此节介绍的是建筑总平面图中的设计总平面图，简称总平面图。

5.3.1 总平面图的作用和形成

1.总平面图的作用

在建筑图中，总平面图是用来表达一项工程总体布局的图样。它通常表示了新建房屋的平面形状、位置、朝向及其与周围地形、地物的关系。总平面图是新建房屋与其他相关设施定位的依据，也是土方工程、场地布置以及给排水、暖、电、煤气等管线总平面布置图和施工总平面布置图的依据。

2.总平面图的形成

在地形图上画出原有、拟建、拆除的建筑物或构筑物以及新旧道路等的平面轮廓，即可得到总平面图。附图建施-01 即为××花园小区住宅楼所在地域的建筑总平面图。

5.3.2 总平面图的表示方法

1.总平面图的比例

不论是一幢大的还是小的房屋，要在图纸上画出与实物同样大小的图样是办不到的，都需要将物体按一定比例缩小后表示出来。物体在图纸上的大小与实际大小相比的关系叫做比例，一般注写在图名一侧；当整张图纸只用一种比例时，也可以将比例注写在标题栏内。必须注意的是，图纸上所注尺寸是按物体实际尺度注写的，与比例无关。因此，读图时物体大小以所注尺寸为准，不能用比例尺在图上量取。

《总图制图标准》(GB/T 50103—2010)规定(以下简称"总图标准")，总图采用的比例，宜符合表1.5.5 的规定。

表 1.5.5　总图比例

图名	比例
现状图	1:500、1:1 000、1:2 000
地理交通位置图	1:25 000 ~ 1:200 000
总体规划、总体布置、区域位置图	1:2 000,1:5 000,1:10 000,1:25 000,1:50 000
总平面图、竖向布置图、管线综合图、土方图、铁路、道路平面图	1:300,1:500,1:1 000,1:2 000

图名	比例
场地园林景观总平面图、场地园林景观竖向布置图、种植总平面图	1:300、1:500、1:1 000
铁路、道路纵断面图	垂直:1:100,1:200,1:500 水平:1:1 000,1:2 000,1:5 000
铁路、道路横断面图	1:20、1:50、1:100、1:200
场地断面图	1:100,1:200,1:500,1:1 000
详图	1:1,1:2,1:5,1:10,1:20,1:50,1:100,1:200

在实际工作中,由于各地国土管理局所提供地形图的比例为1:500,故我们常接触的总平面图中多采用这一比例。

2.总平面图的图例

由于总平面图采用的比例较小,所以各建筑物或构筑物在图中所占的面积较小。同时根据总平面图的作用,也无需将其画得很细。故在总平面图中,上述形体可用图例(规定的图形画法叫做图例)表示。总图标准分别列出了总平面图图例、道路和铁路图例、管线和绿化图例,表1.5.6摘录了其中一部分。若这个标准中的图例不够用,需另行设定图例时,则应在总平面图上专门画出自定的图例,并注明其名称。

表1.5.6　常用的建筑总平面图图例

名称	图例	备注	名称	图例	备注
新建建筑物	$X=$ $Y=$ ① 12F/2D $H=59.00$ m	新建建筑物以粗实线表示与室外地坪相接处±0.00外墙定位轮廓线 建筑物一般以±0.00高度处的外墙定位轴线交叉点坐标定位。轴线用细实线表示,并标明轴线号 根据不同设计阶段标注建筑编号,地上、地下层数,建筑高度,建筑出入口位置(两种表示方法均可,但同一图纸采用一种表示方法) 地下建筑物以粗虚线表示其轮廓 建筑上部(±0.00以上)外挑建筑用细实线表示	原有建筑物		用细实线表示
			计划扩建的预留地或建筑物		用中粗虚线表示
			拆除的建筑物		用细实线表示
			建筑物下面的通道		—
			散状材料露天堆场		需要时可注明材料名称
			其他材料露天堆场或露天作业场		需要时可注明材料名称

续表

名称	图例	备注	名称	图例	备注
铺砌场地		—	露天电动葫芦	$G_n=(t)$	起重机起重量 G_n，以吨计算 "·"为支架位置
敞棚或敞廊		—	门式起重机	$G_n=(t)$ $G_n=(t)$	起重机起重量 G_n，以吨计算 上图表示有外伸臂 下图表示无外伸臂
高架式料仓			架空索道		"I"为支架位置
漏斗式贮仓		左、右图为底卸式 中图为侧卸式	斜坡卷扬机道		—
冷却塔（池）		应注明冷却塔或冷却池	斜坡栈桥（皮带廊等）		细实线表示支架中心线位置
水塔、贮罐		左图为卧式贮罐 右图为水塔或立式贮罐	坐标	1. $X=105.00$ $Y=425.00$ 2. $A=105.00$ $B=425.00$	1. 表示地形测量坐标系 2. 表示自设坐标系 坐标数字平行于建筑标注
水池、坑槽		也可以不涂黑			
明溜矿槽(井)		—	方格网交叉点标高	-0.50 | 77.85 78.35	"78.35"为原地面标高 "77.85"为设计标高 "-0.50"为施工高度 "-"表示挖方 ("+"表示填方)
斜井或平硐		—			
烟囱		实线为烟囱下部直径，虚线为基础，必要时可注写烟囱高度和上、下口直径			
围墙及大门		—	填方区、挖方区、未整平区及零线	$+$ $-$ $+$ $-$	"+"表示填方区 "-"表示挖方区 中间为未整平区 点画线为零点线
挡土墙	5.00 1.50	挡土墙根据不同设计阶段的需要标注 墙顶标高 墙底标高			
挡土墙上设围墙		—	填挖边坡		—
台阶及无障碍坡道	1. 2.	1. 表示台阶(级数仅为示意) 2. 表示无障碍坡道	分水脊线与谷线		上图表示脊线 下图表示谷线
露天桥式起重机	$G_n=(t)$	起重机起重量 G_n，以吨计算 "·"为柱子位置	洪水淹没线		洪水最高水位以文字标注

续表

名称	图例	备注	名称	图例	备注
地表排水方向		—	消火栓井		—
截水沟	40.00	"1"表示1%的沟底纵向坡度,"40.00"表示变坡点间距离,箭头表示水流方向	急流槽		箭头表示水流方向
			跌水		
排水明沟	107.50 $\frac{1}{40.00}$ 107.50 $\frac{1}{40.00}$	上图用于比例较大的图面 下图用于比例较小的图面 "1"表示1%的沟底纵向坡度,"40.00"表示变坡点间距离,箭头表示水流方向 "107.50"表示沟底变坡点标高(变坡点以"+"表示)	拦水(闸)坝		—
			透水路堤		边坡较长时,可在一端或两端局部表示
			过水路面		—
			室内地坪标高	151.00 (±0.00)	数字平行于建筑物书写
有盖板的排水沟	$\frac{1}{40.00}$ $\frac{1}{40.00}$	—	室外地坪标高	143.00	室外标高也可采用等高线
			盲道		—
雨水口	1. 2. 3.	1.雨水口 2.原有雨水口 3.双落式雨水口	地下车库入口		机动车停车场
			地面露天停车场		
			露天机械停车场		露天机械停车场

3.总平面图的定位

表明新建筑物或构筑物与周围地形、地物间的位置关系,是总平面图的主要任务之一。它一般从以下 3 个方面描述。

(1)定向

在总平面图中,指向可用指北针或风向频率玫瑰图表示。指北针的形状如图 1.5.23 所示。

风由外面吹过建设区域中心的方向称为风向。风向频率是在一定时间内某一方向出现风向的次数占总观察次数的百分比,用公式表示为

$$风向频率 = \frac{某一风向出现的次数}{总观察次数} \times 100\%$$

风向频率是用风向频率玫瑰图(简称风玫瑰图)表示的,如图 1.5.24 所示,图中细线表示的是 16 个罗盘方位,粗实线表示常年的风向频率,虚线则表示夏季六、七、八这 3 个月的风向

频率。在风向频率玫瑰图中所表示的风向,是从外面吹向该地区中心的。

小组讨论:风向频率玫瑰图对建筑施工及施工布置有什么影响?

（2）定位

定位是指确定新建建筑物的平面尺寸。

新建建筑物的定位一般采用两种方法,一是按原有建筑物或原有道路定位;二是按坐标定位。采用坐标定位又分为测量坐标定位和建筑坐标定位两种。

①根据原有建筑物定位。以周围其他建筑物或构筑物为参照物进行定位是扩建中常采用的一种方法。实际绘图时,可标出新建建筑物与其他附近的房屋或道路的相对位置尺寸。

②根据坐标定位。以坐标表示新建建筑物或构筑物的位置。当新建筑物所在地形较为复杂时,为了保证施工放样的准确性,可使用坐标表示法,如图 1.5.25 所示。常采用的方法如下。

图 1.5.24　风向频率玫瑰图

a.测量坐标　国土管理部门提供给建设单位的红线图,是在地形图上用细线画成交叉十字线的坐标网,南北方向的轴线为 X,东西方向的轴线为 Y,这样的坐标称为测量坐标。坐标网常采用 100 m × 100 m 或 50 m × 50 m 的方格网。一般建筑物的定位标记有两个墙角的坐标。

b.施工坐标　施工坐标一般在新开发区房屋朝向与测量坐标方向不一致时采用。施工坐标是将建筑区域内某一点定为"0"点,采用 100 m × 100 m 或 50 m × 50 m 的方格网,沿建筑物主墙方向用细实线画成方格网通线,横墙方向（竖向）轴线标为 A,纵墙方向的轴线标为 B。施工坐标与测量坐标的区别如图 1.5.26 所示。

图 1.5.25　建筑物坐标示意

通常,在总平面图上应标注出新建建筑物的总长和总宽,按规定该尺寸以米为单位。

图1.5.26   坐标网格

注:X 为南北方向轴线,X 的增量在 X 的轴线上;Y 为东西方向轴线,Y 的增量在 Y 轴线上。A 轴相当于测量坐标网中的 X 轴,B 轴相当于测量坐标网中的 Y 轴。

实习实作:建施-02 中使用什么坐标来定位?

（3）标高

在总平面图中,用绝对标高表示高度数值,其单位为米。

4.总平面图的图线

在总平面图中每个图样的线型,应根据其所表示的不同重点,采用不同粗细的线型。主要部分选用粗线,其他部分选用中粗线和细线,见表1.5.7。

表1.5.7   **图线线型**

名称		线型	线宽	用途
实线	粗		b	1. 新建建筑物 ±0.000 高度的可见轮廓线 2. 新建的铁路、管线
	中		0.7b 0.5b	1. 新建构筑物、道路、桥涵、边坡、围墙、露天堆场、运输设施的可见轮廓线 2. 原有标准轨距铁路
	细		0.25b	1. 新建建筑物 ±0.000 高度以上可见建筑物、构筑物轮廓线 2. 原有建筑物、构筑物、铁路、道路、桥涵、围墙的可见轮廓线 3. 新建人行道、排水沟、坐标线、尺寸线、等高线

名称		线型	线宽	用途
虚线	粗	▬ ▬ ▬ ▬ ▬ ▬	b	新建建筑物、构筑物的地下轮廓线
	中	▬ ▬ ▬ ▬ ▬ ▬ ▬	$0.5b$	计划预留扩建的建筑物、构筑物、预留地、铁路、道路、桥涵、围墙、运输设施、管线、建筑红线及预留用地各线
	细	- - - - - - - -	$0.25b$	原有建筑物、构筑物、管线的地下轮廓线
单点长画线	粗	▬ · ▬ · ▬ · ▬	b	露天矿开采界线
	中	▬ · ▬ · ▬ · ▬	$0.5b$	土方填挖区的零点线
	细	—·—·—·—·—	$0.25b$	分水线、中心线、对称线、定位轴线
双点长画线	粗	▬ ·· ▬ ·· ▬	b	用地红线
	中	▬ ·· ▬ ·· ▬	$0.7b$	地下开采区塌落界线
	细	—··—··—··	$0.5b$	建筑红线
折断线		⎯⎯/⎯⎯	$0.5b$	断线
不规则曲线		∿∿∿	$0.5b$	新建人工水体轮廓线

注:根据各类图纸所表示的不同重点确定使用不同粗细线型

实习实作:在建施-02 中寻找,使用了表1.5.7 中的哪些图线?

5.3.3　总平面图的主要内容

1.建筑红线

各地方国土管理局提供给建设单位的地形图为蓝图,在蓝图上用红色笔划定土地使用范围的线称为建筑红线。任何建筑物在设计和施工中均不能超过此线。如附图建施-01 总平面图所示,第一幢房屋西北方向边线处已标出的红线即为建筑红线。

2.区分新旧建筑物

从表1.5.6 可知,在总平面图上将建筑物分为 5 种情况,即新建建筑物、原有建筑物、计划扩建的预留地或建筑物、拆除的建筑物和新建的地下建筑物或构筑物。当我们阅读总平面图时,要区分哪些是新建的建筑物,哪些是原有的建筑物。在设计中,为了清楚表示建筑物的总体情况,一般还在图形中右上角以点数或数字表示房屋层数。当总图比例小于1:500 时,可不画建筑物的出入口。

3.标高

标注标高要用标高符号,标高符号的画法如图 1.5.17 和1.5.18 所示。

4.等高线

地面上高低起伏的形状称为地形,用等高线表示。等高线是用学习情境 1 中任务 4 标高投影方式画出的单面正投影。从地形图上的等高线可以分析出地形的高低起伏状况。等高线的间距越大,说明地面越平缓;相反,等高线的间距越小,说明地面越陡峭。从等高线上标注的数值可以判断出地形是上凸还是下凹;数值由外圈向内圈逐渐增大,说明此处地形是往上凸;相反,数值由外圈向内圈减小,则此处地形为下凹。

5. 道路

由于比例较小,总平面图上只能表示出道路与建筑物的关系,不能作为道路施工的依据。一般是标注出道路中心控制点,表明道路的标高及平面位置即可。

6. 其他

总平面图除了表示以上的内容外,一般还有挡土墙、围墙、绿化等与工程有关的内容,读图时可结合表 1.5.3 阅读。

5.3.4 总平面图的识读方法

微课:总平面图

1. 看图名、比例、图例及有关文字说明

这是阅读总平面图应具备的基本知识。

2. 了解新建工程的总体情况

它是指了解新建工程的性质与总体情况。工程性质是指建筑物的用途,商店、教学楼、办公楼、住宅、厂房等。了解总体情况主要是了解建筑物所在区域的大小和边界、建筑物和构筑物的位置及层数、周围环境,弄清周围环境对该建筑的不利影响,道路、场地和绿化等布置情况。

3. 明确工程具体位置

它是指明确新建工程或扩建工程的具体位置。新建房屋的定位方法有两种:一种是参照物法,即根据已有房屋或道路定位;另一种是坐标定位法,即在地形图上绘制测量坐标网。标注房屋墙角坐标的方法,如图 1.5.25 所示。确定新建筑物的位置是总平面图的主要作用。

4. 看新建房屋的标高

看新建房屋底层室内标高和室外整平地面的绝对标高,可知室内外地面的高差以及正负零与绝对标高的关系。

5. 查看室内外地面标高

从标高和地形图可知道建造房屋前建筑区域的原始地貌。

6. 明确新建房屋的朝向和主要风向

看总平面图中指北针和风向频率玫瑰图,可明确新建房屋朝向和该地区常年风向频率。有些图纸上只画出单独的指北针。

7. 道路交通及管线布置情况

看总平面图中道路交通的组织情况,能否形成小循环,小区道路设计能否满足消防要求,消防车与救护车能否顺利到达每户住户门前,道路端头要满足回转用的空间和场地。

看总平面图中给排水管道的布置情况,能否顺利与市政给排水管网相连接。

8.道路与绿化

道路与绿化是主体工程的配套工程。从道路可了解建成后的人流方向和交通情况,从绿化可以看出建成后的环境绿化情况。

5.3.5 总平面图识读实例

附图中的建施-01是某生态小区的总平面图,比例为1:500。图中粗实线表示新建住宅楼,其中 E 幢楼为插图所表示的新建住宅楼。它的平面形状是 。角注的8个小圆点代表楼的层数为8层。它的定位采用参照物法:E 幢楼南距花园5 m,西距 D 幢楼8.8 m,北距 A 幢楼30 m。首层室内地面相对标高正负零相当于绝对标高305.5 m,室外整平地面绝对标高为305.2 m,室内外高差为0.3 m。建筑物周围有通道,还有草坪、树木等绿化要求。

从指北针可以看出,新建建筑物坐南朝北。小区还设有停车场、各种活动设施、喷水池等。与该小区相邻的东边是中源中路,南边是＊＊镇工业总公司,西边是农田,北边是一条小路,小区入口紧临华华装饰工程公司。

实习实作:识读附图中建筑设计总说明,熟悉建筑设计总说明的内容;识读附图中建筑总平面图,熟悉建筑总平面图的图示内容和深度。

5.4 建筑平面图

5.4.1 建筑平面图认知

1.建筑平面图的形成

建筑平面图实际上是水平剖视图。假想用一水平剖切平面,沿着房屋门窗洞口位置将房屋剖切开,如图 1.5.27(a)所示,移去上面部分,如图 1.5.27(b)所示,对剖切面以下部分所作出的水平投影图,即是建筑平面图,如图 1.5.27(c)所示。这样就可以看清房间的相对位置,以及门窗洞口、楼梯、走道的布置和墙体厚度等。

微课:建筑平面图的基础知识

PPT:建筑平面图的基础知识

视频:房屋投影图

视频:建筑平面图的形成

图 1.5.27 建筑平面图的形成

(a)假定沿水平方向剖切 (b)切开后移去上面部分 (c)相应的平面图

2.建筑平面图的作用

建筑平面图简称平面图,是建筑施工图中重要的基本图。在施工过程中,可作为放线、砌筑墙体、安装门窗、室内装修、施工备料及编制预算的依据。

3.建筑平面图的分类

根据剖切平面位置的不同,建筑平面图可分为以下几类。

(1)底层平面图

底层平面图又称为首层平面图或一层平面图。它是所有建筑平面图中首先绘制的一张图。绘制此图时,应将剖切平面选放在房屋的一层地面与从一楼通向二楼的休息平台之间,且尽量通过该层上所有的门窗洞口,见附图中的建施-04。

(2)标准层平面图

由于房屋内部平面布置的不同,所以对于多层或高层建筑而言,应该每一层均有一张平面图。其名称就用本身的层数来命名,例如"二层平面图",见附图中的建施-05。但在实际的建筑设计中,多层或高层建筑往往存在许多相同或相近平面布置形式的楼层,因此在实际绘图时,可将这些相同或相近的楼层合用一张平面图来表示。这张合用的图,就叫做"标准层平面图",有时也可用其相对应的楼层数命名,例如"三~七层平面图"等,见附图中的建施-06。

(3)顶层平面图

顶层平面图也可用相应的楼层数命名。

(4)屋顶平面图和局部平面图

除了上述平面图外,建筑平面图还应包括屋顶平面图和局部平面图。其中,屋顶平面图是将房屋的顶部单独向下所作的俯视图,主要用来描述屋顶的平面布置及排水情况,见附图中的建施-07。而对于平面布置基本相同的中间楼层,其局部的差异无法用标准层平面图来描述,此时则可用局部平面图表示。

（5）其他平面图

在多层和高层建筑中，若有地下室或地下车库，则还应有地下负一层、负二层……见附图中的建施-03。

4. 建筑平面图的数量

一般房屋每层有一张平面图，3 层的建筑物就有 3 张，并在图的下面注明相应的图名，如首层（底层）平面图、二层平面图等。如果其中有几层的房间布置、大小等条件完全相同，也可用一张图来表示，称为标准层平面图；如果建筑平面图左右对称，也可将两层平面图画在同一个平面图上，左边为一层平面图，右边为另一层平面图，中间用一个对称符号分界。

5.4.2　建筑平面图的有关图例及符号

由于建筑平面图的绘图比例较小，所以其上的一些细部构造和配件只能用图例表示。有关图例画法应按照《建筑制图统一标准》（GB/T 50104—2010）中的规定执行。一些常用的构造及配件图例见表 1.5.3。

微课：建筑平面图的识读

PPT：建筑平面图的识读

5.4.3　建筑平面图的内容、图示方法和示例

1. 一（底）层平面图

底层平面图是房屋建筑施工图中最重要的图纸之一。下面以附图中建施-04 所示一层平面图为例，介绍底层平面图的主要内容。

（1）图名、比例、图例及文字说明

图名：一层平面图

比例：1∶100

图例：本图中所使用的图例有卷帘门、柱、楼梯、门窗等

文字说明：本层建筑面积为 762 m²

视频：底层平面图的识读

（2）纵横定位轴线、编号及开间、进深

建筑工程施工图中用轴线来确定房间的大小、走廊的宽窄和墙的位置，主要墙、柱、梁的位置都要用轴线来定位，如图 1.5.12 所示。除标注主要轴线之外，还可以标注附加轴线。附加

轴线编号用分数表示,如图 1.5.14 所示。如建施-04 底层平面图,其横向定位轴线有 ①~㉙ 根主要轴线,纵向定位轴线有 Ⓐ~Ⓗ 等 8 根轴线。建筑物横向定位轴线之间的距离称为开间,如①~④之间为 4 500 mm,④~⑦之间为 4 200 mm;纵向定位轴线之间的距离称为进深,如 Ⓐ~Ⓓ 之间为 5 700 mm,Ⓔ~Ⓖ 之间为 4 500 mm。

(3)房间的布置、用途及交通联系

平面布置是平面图的主要内容,着重表达各种用途房间与过道、楼梯、卫生间的关系。房间用墙体分隔,如建施-04 一层平面图。从该图可以看出,该层平面主要是商业门面、消防控制室的布置。

(4)门窗的布置、数量、开启方向及型号

在平面图中,只能反映出门、窗的平面位置、洞口宽度及与轴线的关系。门窗应按表 1.5.3 所示常用建筑配件图例进行绘制。在施工图中,门用代号"M"表示,窗用代号"C"表示,如"M1"表示编号为 1 的门,而"C2724"则表示窗洞口宽 2 700 mm,窗洞口高 2 400 mm。门窗的高度尺寸在立面图、剖面图或门窗表中查找,本例中门窗数量及规格见建施-01 中门窗统计表。门窗的制作安装需查找相应的详图。

如:

M0920——门宽 900 mm,高 2 000 mm;　　GM1824——钢门宽 1 800 mm,高 2 400 mm;

JM ——卷门;　　　　　　　　　　　　　MC——门带窗;

C1518——窗宽 1 500 mm,高 1 800 mm;　LC1518——铝合金窗宽 1 500 mm,高 1 800 mm。

(5)房屋的平面形状和尺寸标注

平面图中标注的尺寸分内部尺寸和外部尺寸两种,主要反映建筑物中门窗的平面位置及墙厚、房间的开间进深大小、建筑的总长和总宽等。

内部尺寸一般用一道尺寸线表示墙与轴线的关系、房间的净长、净宽以及内墙门窗与轴线的关系。

外部尺寸一般标注 3 道尺寸。最里面一道尺寸表示外墙门窗大小及与轴线的平面关系,也称门窗洞口尺寸(属定位尺寸)。中间一道尺寸表示轴线尺寸,即房间的开间与进深尺寸(属定形尺寸)。最外面一道尺寸表示建筑物的总长、总宽,即从一端外墙皮到另一端外墙皮的尺寸(属总尺寸)。

从建施-04 底层平面图中可以看出:商业门面、消防控制室的平面形状均为长方形,其开间×进深的尺寸有:4 500 mm×12 300 mm,4 500 mm×5 700 mm,3 600 mm×6 600 mm 等。其内部尺寸有:柱尺寸 400 mm×280 mm。其外部尺寸有:①~④轴线间商业门面尺寸有 280 mm,4 020 mm,200 mm 等 3 个细部尺寸;①~④轴线间商业门面的开间×进深的尺寸为 4 500 mm×5 700 mm;①~㉙轴线墙外皮间的总长度为 40 440 mm;Ⓐ~Ⓗ 轴线墙外皮间的总宽度为 14 050 mm。

④~⑦和㉓~㉖之间各有一单跑楼梯。⑦~⑨和㉑~㉓之间各有一双跑楼梯,楼梯间的开间×进深的尺寸为 2 700 mm×5 700 mm,1 350 mm×4 200 mm。建筑平面图比例较小,楼梯在平面图中只能示意楼梯的投影情况,楼梯的制作、安装详图详见楼梯详图或标准图集。在

平面图中,表示的是楼梯设在建筑中的平面位置、开间和进深大小、楼梯的上下方向及上一层楼的步数。

在房屋建筑工程中,各部位的高度都用标高来表示。除总平面图外,施工图中所标注的标高均为相对标高。在平面图中,因为各房间的用途不同,房间的高度不都在同一个水平面上,如建施-04 一层平面图中,±0.000 表示消防控制室和楼梯间的地面标高,0.300 表示商业门面的地面标高。

视频:开间和进深

(6)房屋的朝向及剖面图的剖切位置、索引符号

建筑物的朝向在底层平面图中用指北针表示。建筑物主要入口在哪面墙上,就称建筑物朝哪个方向。如建施-04 一层平面图所示,指北针朝上,建筑物的主要入口在ⓒ轴线上,说明该建筑朝北,也就是人们常说的"坐南朝北"。

本商住楼的 1-1 剖切位置在⑧~⑨轴线间、2-2 剖切平面在④~⑦轴线间。

Ⓐ、Ⓗ轴线处的室外踏步做法用详图索引符号标出:详西南 J812。

(7)墙厚(柱的断面)

建筑物中墙、柱是承受建筑物垂直荷载的重要结构,墙体又起着分隔房间的作用,因此它们的平面位置、尺寸大小都非常重要。从建施-04 一层平面图中我们可以看到,外横墙和外纵墙墙厚均为 240 mm,柱尺寸为 400 mm×400 mm。

2. 其他各层平面图和屋顶平面图

除底层平面图外,在多层或高层建筑中,一般还有地下室平面图、标准层平面图、顶层平面图、屋顶平面图和局部平面图。标准层平面图和顶层平面图所表示的内容与底层平面图相比大同小异,屋顶平面图主要表示屋顶面上的情况和排水情况。下面以标准层平面图和屋顶平面图为例进行介绍。

(1)负一层平面图

负一层平面图与底层平面图的区别主要表现在以下几个方面。

①房间布置。建施-03 负一层平面图主要表示了车库的布置,有 18 个车位;车库入口位置在①轴线处;车库上楼梯间位置在ⓒ轴线处;室外有盲沟,排水坡度为 1%。

②标高。车库地面标高为 -3.900 m,室外盲沟标高为 -4.000 m 和 -4.300 m。

③文字说明。本层建筑面积 768 m²,排水沟水引入小区车库集水坑。

(2)标准层平面图

本住宅楼为商住楼,即一层为商业门面,二层以上为住宅。

①房间布置。标准层平面图的房间布置与二层平面图房间布置不同的必须表示清楚。建施-05、06 等平面图中的所有房间布置均相同。

②墙体的厚度(柱的断面)。由于建筑材料强度或建筑物的使用功能不同,建筑物墙体厚度或柱截面尺寸往往不一样(顶层小、底层大),墙厚或柱变化的高度位置一般在楼板的下皮。建施-05 与建施-06 的内外墙厚均相同,其外横墙和外纵墙墙厚均为 240 mm。

③建筑材料。建筑材料的强度要求、材料的质量好坏在图中表示不出来,但是在相应的说

明中必须叙述清楚,该说明详见学习情境2。

④门与窗。标准层平面图中门窗设置与底层平面图往往不完全一样,在底层建筑物的入口处一般为门洞或大门,而在标准层平面图中相同的平面位置处,一般情况下都改成了窗。如建施-04中第一、二单元的入口处均为门带窗(MC2227),而建施-05、06图中相同的平面位置处均变为C1527的窗。

⑤表达内容。标准层平面图不再表示室外地面的情况,但要表示下一层可见的阳台或雨篷。楼梯表示为有上有下的方向。如建施-04其楼梯间处就表示了入口处的雨篷。建施-05、06中的楼梯方向有上有下。

(3)屋顶平面图

屋顶平面图主要表示3个方面的内容,如建施-07所示屋顶平面图。

①屋面排水情况。如排水分区、分水线、檐沟、天沟、屋面坡度、雨水口的位置等。如建施-07中的排水坡度有2%、1%两种。

②突出屋面的物体。如电梯机房、楼梯间、水箱、天窗、烟囱、检查孔、管道、屋面变形缝等的位置。如建施-07中突出屋面的楼梯间和烟道。

③细部做法。屋面的细部做法包括高出屋面墙体的泛水及压顶、雨水口、砖踏步、烟道等,其施工做法均参见西南J212-1。

视频:标准层平面图识读

视频:屋顶平面图识读

 实习实作:识读附图建施-03~建施-08的各建筑平面图,熟悉建筑平面图的图示内容和深度。

微课:建筑工程图的绘制

PPT:建筑工程图的绘制

5.4.4 绘制建筑平面图的步骤

以附图建施-05二层平面图为例,说明手工绘制平面图的步骤。

1.准备阶段

准备绘图工具及用品。

2.选定比例和图幅

根据建筑物的复杂程度和大小,按表1.5.2选定比例,由建筑物的大小以及选定的比例,估计注写尺寸、符号和有关说明所需的位置,选用标准图幅。

建施-05的比例为1:100,建筑物总长为40 440 mm,总宽为12 540 mm,考虑四周标注尺寸、注写轴线编号和文字说明需留用各400 mm的位置,这样绘制本图所需位置为41 240 mm×

13 340 mm。而 A2 图幅的大小为 42 000 mm×29 700 mm，扣减图框所占位置后，A2 图幅的长边不能满足该平面图绘制需要，所以建施-05 选用 A2⁺ 图幅绘制。

3. 绘图稿

①按选定的比例和图幅，绘制图框和标题栏。图框线按装订边留 25 mm，非装订边留 10 mm 进行绘制，标题栏选用标准标题栏的样式进行绘制。

②进行图面布置。根据房屋的复杂程度及大小，确定图样的位置。注意留出注写尺寸、符号和有关文字说明的空间。一般情况下，图形的中心点在图纸中心点的左方和上方各 10 ～ 20 mm 处。

③画铅笔线图。用铅笔在绘图纸上画成的图称为一底图，简称"一底"。具体操作如下。

a. 画出定位轴线　定位轴线是建筑物的控制线，故在平面图中，可按从左向右，自上而下的顺序绘制承重墙、柱、大梁、屋架等构件的轴线，如图 1.5.28（a）所示。

b. 画出全部墙厚、柱断面和门窗位置　此时应特别注意构件的中心是否与定位轴线重合。画墙身轮廓线时，应从轴线处分别向两边量取。由定位轴线定出门窗的位置，然后按表 1.5.3 的规定画出门窗图例，如图 1.5.28（b）所示。若表示的是高窗、通气孔、槽等不可见的部分，则应以虚线绘制。

c. 画其他构配件的轮廓　所谓其他构配件，是指台阶、坡道、楼梯、平台、卫生设备、散水和雨水管等，如图 1.5.28（c）所示。

以上三步用较硬的铅笔（H 或 2H）轻画。

④检查后描粗加深有关图线。在完成上述步骤后，应仔细检查，及时发现错误。然后按照《建筑制图统一标准》（GB/T 50104—2010）的有关规定，描粗加深图线（用较软的铅笔 B 或 2B 绘制）。

⑤标注尺寸和符号。轴线按从左向右用阿拉伯数字，至下而上用大写的拉丁字母顺序进行编号，其中 I、O、Z 这 3 个字母不能使用。外墙一般应标注 3 道尺寸，内墙应注出墙、柱与定位轴线的相对位置和其定形尺寸，门窗洞口注出宽度尺寸和定位尺寸，外墙之间应注出总尺寸，根据需要再适当标注其他尺寸。另外，还应标注不同标高房间的楼面标高。绘制有关的符号，如底层平面图中的指北针、剖切符号、详图索引符号、定位轴线编号以及表示楼梯和踏步上下方向的箭头等。一般用 HB 的铅笔，如图 1.5.28（c）所示。

⑥复核。图完成后需仔细校核，及时更正，尽量做到准确无误。

⑦上墨（描图）。用描图纸盖在"一底"图上，用黑色的墨水（绘图墨水、碳素墨水）按"一底"图描出的图形称为底图，又叫"二底"。

以上只是绘制建筑平面图的大致步骤，在实际操作时，可按房屋的具体情况和绘图者的习惯加以改变。

提示：平面图的线型要求如下：剖到的墙轮廓线，画粗实线；看到的台阶、楼梯、窗台、雨篷、门扇等画中粗实线；楼梯扶手、楼梯上下引导线、窗扇等，画细实线；定位轴线画细单点长画线。

图 1.5.28　绘制建筑平面图的步骤

(a)画定位轴线　(b)画墙、柱断面和门窗洞　(c)画构配件和细部,标注尺寸、编号、符号和说明实习实作:绘制建施-04 一层平面图,熟悉各种制图工具、图线、比例等的应用。

5.5 建筑立面图

5.5.1 建筑立面图的形成、作用、数量及命名

1.建筑立面图的形成

建筑立面图是在与建筑物立面相平行的投影面上所作的正投影,相当于正投影图中的正立和侧立投影图。建筑立面图应包括投影方向可见的建筑外轮廓线和墙面线脚、构配件、墙面做法及必要的尺寸和标高等。它主要用来表示房屋的外形外貌,反映房屋的高度、层数、屋顶形式,墙面的做法,门窗的形式、大小和位置,以及窗台、阳台、雨篷、檐口、勒脚、台阶等构造和配件各部位的标高。

2.建筑立面图的作用

建筑立面图在施工过程中主要用于指导室外装修。

3.建筑立面图的数量

立面图的数量根据建筑物各立面形状和墙面装修要求决定。当建筑物各立面造型不一样、墙面装修各异时,就需要画出所有立面图。当建筑物各立面造型简单,可以通过主要立面图和墙身剖面图表明次要立面形状和装修要求时,可省略该立面图不画。

4.建筑立面图的命名

立面图的命名方式有3 种。

①按轴线编号命名。对于有定位轴线的建筑物,可以根据两端的定位轴线编号编注建筑立面图的名称,如建施-09 中的①-㉙轴立面图,建施-11 中的Ⓐ-Ⓒ轴立面图。

②按建筑物的朝向命名。对于无定位轴线的建筑物,可根据建筑物立面的朝向分别称为东立面图、南立面图、西立面图、北立面图。

③按立面的主次命名。把建筑物的主要出入口或反映建筑物外貌主要特征的立面图称为正立面图,而把其他立面图分别称为背立面图、左侧立面图和右侧立面图。

5.5.2 建筑立面图的内容、图示方法和示例

现以附图中建施-09 所示立面图为例,说明建筑立面图的图示内容和读图要点。

1.图名、比例

图名:①-㉙轴立面图,就是将这幢商住楼由南向北投影所得。

比例:1:100。立面图比例应与建筑平面图所用比例一致,便于对照阅读。

视频:建筑立面图的识读　　　　PPT:建筑立面图的识读　　　　微课:建筑立面图的内容、
　　　　　　　　　　　　　　　　　　　　　　　　　　　　　　　图示方法和示例

2.建筑物在室外地坪线以上的全貌

立面图反映建筑物在室外地坪线以上的全貌,门窗和其他构配件的形状、位置。从建施-09中可以看出,外轮廓线所包围的范围显示出该商住楼的总长和总高,总长为40 200 mm,总高为23 100 mm。屋顶为平屋顶,高出屋顶的为钢筋混凝土构架。

3.表明装饰做法和色彩

立面图表明外墙面、屋面、阳台、门窗、雨篷等的色彩和装饰做法。外墙面以及一些构配件和设施的做法,在建筑立面图中常用引出线作文字说明。建施-09 中,其外墙面的装饰做法和色彩有:石材面、浅灰色铝合金百叶、墨绿色钢栏杆、米黄色外墙砖饰面、白色外墙砖饰面、30宽灰色凹缝、墨绿色铝合金框白玻璃。

4.尺寸标注

沿立面图高度方向标注3 道尺寸:细部尺寸、层高及总高度。

①细部尺寸。最里面一道是细部尺寸,表示室内外地面高差、防潮层位置、窗下墙高度、门窗洞口高度、洞口顶面到上一层楼面的高度、女儿墙或挑檐板高度。建施-09 中左侧标注的细部尺寸从下往上有 3 400 mm、1 100 mm、700 mm、2 100 mm、500 mm、400 mm 等。

②层高。中间一道表示层高尺寸,即上下相邻两层楼地面之间的距离。建施-09 中的层高尺寸有 4 800 mm(商业门面层高)和 3 000 mm(住宅楼层高)两种。

③总高度。最外面一道表示建筑物总高,即从建筑物室外地坪至女儿墙压顶(或至檐口)的距离。建施-09 中商住楼的总高度为 24 600 mm。

5.立面图的标高及文字说明

①标高。标注房屋主要部位的相对标高,如室外地坪、室内地面、各层楼面、檐口、女儿墙压顶、雨罩等。如建施-09 中的 ± 0.000、0.300、4.800、5.100、8.100、11.100、14.100、17.100、20.100、23.100、26.100、27.600。

②说明。索引符号及必要的文字说明。如建施-09 中的"注:外立面设计参见立面渲染图及二次设计"、详图索引符号。

实习实作:识读附图建施-10(㉙-①轴立面图)、建施-11(Ⓐ-Ⓖ轴立面图),熟悉建筑立面图的图示内容和深度。

5.5.3　手工绘制建筑立面图的方法和步骤

绘制建筑立面图与绘制建筑平面图一样,也是先选定比例和图幅、绘图稿、上墨或用铅笔加深 3 个步骤。以附图建施-09(①-㉙轴立面图)为例,着重说明绘制的步骤和在上墨或用铅笔加深建筑立面图图稿时对图线的要求。

①准备绘图工具及用品。

②选取和平面图相同的绘图比例及图幅,绘制图框和图标(用 H 或 2H 铅笔)。

③绘出室外地坪线、两端外墙的定位轴线,确定图面布置(用 H 或 2H 铅笔)。

④用轻淡的细线绘出室内地坪线、各层楼面线、屋顶线和中间的各条定位轴线、两端外墙的墙面线(用 H 或 2H 铅笔)。

⑤从楼面线、地面线开始,量取高度方向的尺寸,从各条定位轴线开始,量取长度方向的尺寸,绘出凹凸墙面、门窗洞口以及其他较大的建筑构配件的轮廓(用 H 或 2H 铅笔)。

⑥绘出细部底稿线,并标出尺寸、绘出符号、编号、书写说明等。在注写标高时,标高符号应尽量排在一条铅垂线上,标高数字的小数点也都按垂直方向对齐,这样做不但便于看图,而且图面也清晰美观(用 HB 铅笔)。

在上墨或用铅笔加深建筑立面图图稿时,如附图建施-09 所示,图线按表 1.5.1 的规定进行绘制(用 B 或 2B 铅笔)。如图 1.5.29 所示。

提示:立面图的线型要求是地坪线画加粗实线(1.4b);外轮廓线(天际线)画粗实线(b);凹进或凸出墙面的轮廓线、门窗洞轮廓线,画中粗线(0.5 b);门窗分格线、墙面分格线、勒脚、雨水管、图例线等,画细实线(0.25 b)。

手工绘图时,对于立面图上相同的构件,只画出其中的一至两个,其余的只画外形轮廓,如图中的门窗等;计算机绘图时,需全部绘出。

实习实作:绘制建施-11 中Ⓐ-Ⓖ轴立面图,熟悉各种制图工具、图线、比例等的应用。

5.6　建筑剖面图

三视图虽然能清楚地表达出物体的外部形状,但内部形状却需用虚线来表示,对于内部形状比较复杂的物体,就会在图上出现较多的虚线,虚实重叠,层次不清,看图和标注尺寸都比较困难。为此,国标规定用剖面图表达物体的内部形状。

图 1.5.29　绘制建筑立面图的步骤

（a）绘制轴线、地坪线和楼层线　（b）绘制外轮廓线和门窗等细部

（c）检查加深，注写标高、尺寸及材料

5.6.1　剖面图的形成与基本规则

1. 剖面图的形成

假想用一个剖切平面将物体切开,移去观察者与剖切平面之间的部分,将剩下的那部分物体向投影面投影,所得到的投影图就叫做剖面图,简称为剖面。

图 1.5.30 所示为一杯形基础,图 1.5.30(a)、(b)为剖切前的立体图和两个基本视图,其杯

微课:剖面图的形成与基本规则

PPT:剖面图的形成与基本规则

形孔在正立面图中为虚线。图 1.5.30(c)为剖切过程,假想的剖切平面 P 平行于投影面 V,且处于形体的对称面上。这样,剖切平面剖切处的断面轮廓和其投影轮廓完全一致,仅仅发生实线与虚线的变化,为了区分断面与非断面,在断面上画出了断面符号(又称材料图例)。

(a)　　　　　　　　　　(c)

1-1剖面图

(b)　　　　　　　(d)　　　　　　(e)

图 1.5.30　剖面图的形成

(a)立体图　(b)剖切前　(c)剖切过程　(d)剖切后　(e)视频

2. 画剖面图的基本规则

根据剖面图的形成过程和读图需要,可概括出画剖面图的基本规则如下。

①假想的剖切平面应平行于被剖视图的投影面,且通过形体的相应投影轮廓线,而不致产生新的截交线,剖切面最好选在形体的对称面上。

②剖切处的断面用粗实线绘制,其他可见轮廓线用细实线或中粗线。不可见的虚线只在影响形体表达时才保留。

③为了区分断面实体和空腔,并表现材料和构造层次,在断面中画上材料图例(也称剖面符号)。其表示方法有 3 种:不需明确具体材料时,一律画 45°方向间隔均匀的细实线,且全图方向间隔一致;按指定材料图例(如表 1.5.8 所示)绘制,若有两种以上材料则应用中实线画出分层线;在断面很狭小时,用涂黑(如金属薄板,混凝土板)或涂红(如小比例的墙体断面)表示。

④标注剖切代号。在一组视图中,为了标明剖面图与其他视图的关系,一般应标注剖切代号,它包含 4 项内容:在对应的视图上用粗短线标记剖切平面的位置,一般将粗短线画在图形两边,长 6～10 mm;对剖切平面编号,用粗阿拉伯数字按剖切顺序由左至右、由下至上连续编排,并应注写在剖视方向线的端部,标记剖面图的投影方向,在粗短线的外端顺投影方向画粗短线,长 4～6 mm,如 1 └ ┘ 1;在剖面图下方图名处注写剖面编号,如 1-1 剖面图。需要转折的剖切位置线,应在转角的外侧加注与该符号相同的编号。

视频:形体的剖面图

⑤在一组视图中,无论采用几个剖面图,都不影响其他视图的完整性。

表 1.5.8　常用建筑材料图例

序号	名称	图例	说明	序号	名称	图例	说明
1	自然土壤		细斜线为45°(以下均相同)	13	多孔材料		包括珍珠岩,泡沫混凝土、泡沫塑料
2	夯实土壤			14	纤维材料		各种麻丝、石棉、纤维板
3	砂、灰土粉刷		粉刷的点较稀	15	松散材料		包括木屑、稻壳
4	砂砾石三合土			16	木材		木材横断面、左图为简化画法
5	普通砖		砌体断面较窄时可涂红	17	胶合板		层次另注明
6	耐火砖		包括耐酸砖	18	石膏板		
7	空心砖		包括多孔砖	19	玻璃		包括各种玻璃

续表

序号	名称	图例	说明	序号	名称	图例	说明
8	饰面砖		包括地砖、瓷砖、马赛克、人造大理石	20	橡胶		
9	毛石			21	塑料		包括各种塑料及有机玻璃
10	天然石材		包括砌体、贴面	22	金属		断面狭小时可涂黑
11	混凝土		断面狭窄时可涂黑	23	防水材料		上图用于多层或比例较大时
12	钢筋混凝土			24	网状材料		包括金属、塑料网

5.6.2 剖面图的类型与应用

为了适应建筑形体的多样性,在遵守基本规则的基础上,由于剖切平面数量和剖切方式不同而形成下列常用类型:全剖面图、半剖面图、局部剖面图、阶梯剖面图和旋转剖面图。

微课:剖面图的类型与应用

PPT:剖面图的类型与应用

1. 全剖面图

全剖面图是用一个剖切平面把物体全部剖开后所画出的剖面图。它常应用在外形比较简单,而内部形状比较复杂的物体上。图1.5.31 就是全剖面图。

(a)　　　　　　　　　　　　(b)

图 1.5.31　全剖面图

(a)三面投影图　(b)剖面图

图 1.5.31(a)为一双杯基础的三面投影图。若需将其正立面图改画成全剖面,并画出左侧立面的剖面图,材料为钢筋混凝土。可先画出左侧立面图的外轮廓后,再分别改画成剖面图,并标注剖切代号,如图 1.5.31(b)所示。

从图中可以看出,为了突出视图的不同效果,平面图的可见轮廓线改用中实线;剖面图的断面轮廓用粗实线,而杯口顶用细实线,材料图例中的 45°细线方向一致;剖面取在前后的对称面上,而 B-B 剖面取在右边杯口的局部对称线上。

2. 半剖面图

在对称物体中,以对称中心线为界,一半画成外形视图,一半画成剖面图后组合形成的图形称为半剖面图,如图 1.5.32 所示,半剖面图经常运用在对称或基本对称,内外形状均比较复杂的物体上,同时表达物体的内部结构和外部形状。

在画半剖面图时,一般多是把半个剖面图画在垂直对称线的右侧或画在水平对称线的下方。必须注意:半个剖面图与半个外形视图间的分界线必须画成单点长画线。此外,由于内部对称,其内形的一半已在半个剖面图中表示清楚,所以在半个外形视图中,表示内部形状的虚线就不必再画出。

图 1.5.32 半剖面图

半剖面的标注方法与全剖面相同,在图 1.5.32 中由于正立面图及左侧立面图中的半剖面都是通过物体左右和前后的对称面进行剖切的,故可省略标注;如果剖切平面的位置不在物体的对称面上,则必须用带数字的剖切符号把剖切平面的位置表示清楚,并在剖面图下方标明相应的剖面图名称:×-×(省去剖面图 3 个字)。

3. 局部剖面图

用剖切平面局部地剖开不对称的物体,以显示物体该局部的内部形状所画出的剖面图称为局部剖面图。如图 1.5.33 所示的柱下基础,为了表现底板上的钢筋布置,对正立面和平面图都采用了局部剖面的方法。

当物体只有局部内形需要表达,而仍需保留外形时,用局部剖面就比较适合,能达到内外兼顾、一举两得的表达目的。

局部剖面只是物体整个外形投影图

图 1.5.33 局部剖面图
(a)立体图 (b)平面图 (c)视频

中的一个部分,一般不标注剖切位置。局部剖面与外形之间用波浪线分界。波浪线不得与轮廓线重合,不得超出轮廓线,在开口处不能有波浪线。

在建筑工程图中,常用分层局部剖面图来表达屋面、楼面和地面的多层构造,如图1.5.34(b)所示。

图 1.5.34　分层局部剖面图

(a)立体图　(b)平面图

视频:楼地面构造层次图

4.阶梯剖面图

用一组投影平行面剖开物体,将各个剖切平面截得的形状画在同一个剖面图中所得到的图形称为阶梯剖面图,如图1.5.35所示。阶梯剖面图运用在内部有多个孔槽需剖切,而这些孔槽又分布在几个互相平行层面上的物体,可同时表达多处内部形状结构,其整体感较强。

在阶梯剖面图中不可画出两剖切平面的分界线,还应避免剖切平面在视图中的轮廓线位置处转折。在转折处的断面形状应完全相同。

阶梯剖面一定要完整地标注剖切面起始和转折位置、投影方向和剖面名称。

图 1.5.35　阶梯剖面图

5.旋转剖面图

用两个或两个以上相交平面作为剖切面剖开物体,将倾斜于基本投影面的部分旋转到平行于基本投影面后得到的剖面图,称为旋转剖面图,如图1.5.36中1-1剖面所示。

旋转剖面应用在物体内部有多处孔槽需剖切,每两剖切平面的交线又垂直于某一投影面时,以该交线为旋转轴。

画旋转剖面图时一定要假想着把倾斜部分旋转到某投影面的平行面上,否则不能得到实长。

旋转剖面图同样要完整地标注剖切面的起始和转折位置、投影方向和剖面名称。

图 1.5.36   旋转剖面图

5.6.3   断面图的形成类型与应用

对于某些单一杆件或需要表示构件某一部位的截面形状时,可以只画出形体与剖切平面相交的那部分图形。即假想用剖切平面将形体剖切后,仅画出剖切平面与形体接触部分的正投影称为断面图,简称断面,如图 1.5.37 所示。

微课:断面图的形成类型与应用

PPT:断面图的形成类型与应用

1.断面图与剖面图的区别

当某些建筑形体只需表现某个部位的截断面实形时,在进行假想剖切后只画出截断面的投影,而对形体的其他投影轮廓不予画出,称此截断面的投影为断面图(又称截面图)。

①断面图只画形体被剖切后剖切平面与形体接触到的那部分，而剖面图则要画出被剖切后剩余部分的投影，即剖面图不仅要画剖切平面与形体接触的部分，而且还要画出剖切平面后面没有被切到但可以看得见的部分，如图1.5.38所示(即：断面是剖面的一部分，剖面中包含断面)。

②断面图和剖面图的剖切符号不同，断面图的剖切符号只画剖切位置线，长度为6~10 mm的粗实线，不画剖视方向线。而标注断面方向的一侧即为投影方向一侧。如图1.5.38中所示的编号"1"写在剖切位置线的右侧，表示剖开后自左向右投影。

视频：断面图与剖面图的区别

图1.5.37　断面图　　　　　图1.5.38　剖面图与断面图的区别

③剖面图用来表达形体内部形状和结构；而断面图则用来表达形体中某断面的形状和结构。

2. 断面图的类型与应用

根据形体的特征不同和断面图的配置形式不同，可分为移出断面、重合断面和中断断面3种。

(1)移出断面

将形体某一部分剖切后所形成的断面移画于主投影图的一侧，称为移出断面。如图1.5.37中1-1,2-2所示为钢筋混凝土牛腿柱的正立面图和移出断面图。

移出断面图的轮廓要画成粗实线，轮廓线内画图例符号，如图1.5.37所示的1-1、2-2断面图中，画出了钢筋混凝土材料的图例。

移出断面可画在剖切平面的延长线上或其他任何位置。当断面图形对称，则只需用细单点长画线表示剖切位置，不需进行

视频：牛腿柱的断面图及
重合断面图

其他标注。如断面图画在剖切平面的延长线上时,可标注断面名称。

(2)重合断面

将断面图直接画于投影图中,两者重合在一起,称为重合断面图。如图1.5.39所示为一槽钢的重合断面图。它是假想用一个垂直于槽钢轴线的剖切平面剖切槽钢,然后将断面向右旋转90°,使它与正立面图重合后画出来的。

由于剖切平面剖切到哪里,重合断面就画在哪里,因而重合断面不需标注剖切符号和编号。为了避免重合断面与投影图轮廓线相混淆,当断面图的轮廓线是封闭的线框时,重合断面的轮廓线用细实线绘制,并画出相应的材料图例;当重合断面的轮廓线与投影图的轮廓线重合时,投影图的轮廓线仍完整画出,不应断开,如图1.5.39所示。

(3)中断断面

对于单一的长向杆件,也可以在杆件投影图的某一处用折断线断开,然后将断面图画于其中,不画剖切符号,如图1.5.40所示的槽钢杆件中断断面图。

图1.5.39　重合断面图

图1.5.40　中断断面图

图1.5.41　钢屋架大样图

同样,钢屋架的大样图也常采用中断断面的形式表达其各杆件的形状,如图1.5.41所示。中断断面的轮廓线用粗实线,断开位置线可为波浪线、折断线等,但必须为细线,图名沿用原投影图的名称。

实习实作:绘制各种剖面图和断面图,特别注意粗实线、中实线、细实线的应用。

前面是针对形体而言讲述剖面图和断面图,那么什么是建筑剖面图呢?

从建筑平面图和立面图中,可以了解建筑物各层的平面布置以及立面形状,但是无法得知层与层之间的联系。建筑剖面图就是用来表示建筑物内部垂直方向的结构形式、分层情况、内部构造以及各部位高度的图样。

5.6.4　建筑剖面图的形成、数量与作用

1.建筑剖面图的形成

建筑剖面图实际上是垂直剖面图。假想用一个平行于正立投影面或侧立投影面的垂直剖

切面,将建筑物剖开,移去剖切平面与观察者之间的部分,作出剩余部分的正投影图,称为剖面图,如图1.5.42所示。

绘制建筑剖面图时,常用一个剖切平面剖切,需要时也可转折一次,用两个平行的剖切平面剖切。剖切符号按规范规定,绘注在底层平面图中。

微课:建筑剖面图的形成   PPT:建筑剖面图的形成

垂直剖切   剖面图

图1.5.42　建筑剖面图的形成

2.建筑剖面图的数量

剖切部位应选择在能反映建筑物全貌、构造特征,以及有代表性的部位,如层高不同、层数不同、内外空间分隔或构造比较复杂之处,一般应把门窗洞口、楼梯间及主要出入口等位置作为剖切部位。

一幢建筑物应绘制几个剖面图,应按建筑物的复杂程度和施工中的实际需要而定。剖切符号可选用粗阿拉伯数字表示,如1-1等。

视频:建筑剖面图的形成

建筑剖面图以剖切符号的编号命名,如剖切符号的编号为1,则得到的剖面图称为1-1剖面图或1-1剖面。

建筑剖面图应包括剖切面和投影方向可见的建筑构造、构配件以及必要的尺寸和标高等。它主要用来表示建筑内部的分层、结构形式、构造方式、材料、做法、各部位间的联系以及高度等情况。

3.建筑剖面图的作用

在施工中,建筑剖面图是进行分层、砌筑内墙、铺设楼板、屋面板和楼梯等工作的依据。

5.6.5　建筑剖面图的有关图例和规定

1. 比例

剖面图所采用的比例一般应与平面图和立面图的比例相同,以便和它们对照阅读。

2. 定位轴线

在剖面图中应画出两端墙或柱的定位轴线及其编号,以明确剖切位置及剖视方向。

3. 图线

剖面图中的室内外地坪线用特粗实线(1.4b)表示。剖到的部位如墙、柱、板、楼梯等用粗实线(b)表示,未剖到的用中粗线(0.5b)表示,其他如引出线等用细实线(0.25b)表示。基础用折断线省略不画,另由结构施工图表示。

4. 多层构造引出线

多层构造引出线及文字说明要求如图 1.5.11 所示。

实习实作:绘制竖向排列和横向排列的构造引出线并注写文字说明。

5. 建筑标高与结构标高

建筑标高是指各部位竣工后的上(或下)表面的标高;结构标高是指各结构构件不包括粉刷层时的下(或上)皮的标高,如图 1.5.21 所示。

6. 斜度与坡度

斜度是指直线或平面对另一直线或平面的倾斜度。坡度是一直线或平面对水平面的倾斜度。建筑物倾斜的地方,如屋面、散水、天沟、檐沟、地沟等,需用坡度来表示倾斜的程度。图 1.5.43(a)是坡度较小时的表示方法,箭头指向下坡方向,2% 表示坡度的高宽比;图 1.5.43(b)、图 1.5.43(c)是坡度较大时的表示方法,分别读作 1:2 和 1:2.5。图 1.5.43(c)中直角三角形的斜边应与坡度平行,直角边上的数字表示坡度的高宽比。

（a）　　　　　（b）　　　　　（c）

图 1.5.43　坡度的表示方法

（a）坡度为 2%　（b）坡度为 1:2　（c）坡度为 1:2.5

实习实作:对点 A 作坡度为 1:6 的直线 AB。

5.6.6 建筑剖面图的内容和图示方法

以附图中建施-11(1-1 剖面图)为例,阐述建筑剖面图的图示内容和读图要点。

1. 图名、比例和定位轴线

图名为 1-1 剖面图,由图名可在该商住楼的一层平面图(建施-04)上查找编号为 1 的剖切符号,明确剖切位置和投射方向。由位置线可知:1-1 剖面是用一个侧平面剖切所得到的,该剖切面剖切了楼梯间、商业门面(一层)和玄观、厨房、生活阳台(二层以上),剖视方向向左,即向西。对照各层平面图和屋顶平面图识读 1-1 剖面图。

比例为 1:100,与建筑平面图和立面图的比例一致。

在建筑剖面图中,宜绘出被剖切到的墙或柱的定位轴线及其间距。

2. 剖切到的建筑构配件

在建筑剖面图中,应绘出建筑室内外地面以上各部位被剖切到的建筑构配件,包括室内外地面、楼板、屋顶、外墙及其门窗、梁、楼梯、阳台、雨篷等。

室内外地面(包括台阶)用粗实线表示,通常不画出室内地面以下的部分,因为基础部分将由结构施工图中的基础图来表达,所以地面以下的基础墙不画折断线。

在 1:100 的剖面图中示意性地涂黑表示楼板和屋顶层的结构厚度。

墙身的门窗洞顶面和屋面板地面的涂黑矩形断面,是钢筋混凝土门窗过梁或圈梁。

3. 未剖切到的可见部分

当剖切平面通过玄观、厨房、生活阳台并向左投射时,剖面图中画出了可见的阳台等。若有未剖切到突出的建筑形体还要画出可见的房屋外形轮廓。

4. 尺寸标注

剖面图上应标注剖切部分的重要部位和细部必要的尺寸,如建施-11 剖面图左右两边高度方向的尺寸。其尺寸标注一般有外部尺寸和内部尺寸之分。外部尺寸沿剖面图高度方向标注 3 道尺寸,所表示的内容同立面图。内部尺寸应标注内门窗高度、内部设备等的高度。

5. 标高

施工时,若仅依据高度方向尺寸建造容易产生累积误差,而标高是以 ±0.000 为基准用仪器测定的,能保证房屋各层楼面保持水平。所以,在剖面图上除了标注必要的尺寸外,还要标注各重要部位的标高,并与立面图上所标注标高保持一致。通常应标注室外地坪、室内地面、各层楼面、楼梯平台等处的建筑标高,屋顶的结构标高等。

视频:层高

6. 表示各层楼地面、屋面、内墙面、顶棚、踢脚、散水、台阶等的构造做法

表示方法可以采用多层构造引出线标注,若为标准构造做法,则标注做法的编号。

视频:窗洞剖面图　　视频:过梁的类型及识读　　视频:基础各部位名称　　视频:散水构造剖面图

7.表示檐口的形式和排水坡度

檐口的形式有两种,一种是女儿墙,另一种是挑檐,如图 1.5.44 所示。

图 1.5.44　檐口的形式
(a)女儿墙　(b)挑檐　(c)视频

8.表示详图部位标注索引符号

在建筑剖面图上另画详图的部位标注索引符号,表明详图的编号及所在位置,具体如附图建施-11 中 $\frac{1}{14}$、$\frac{5}{14}$。

5.6.7　建筑剖面图的识读实例

视频:建筑剖面图的识读

图1.5.45为1-1剖面图,图号是建施-11,绘制比例为1:100。

从建施-04(一层平面图)中的剖切位置,了解到1-1剖切平面从⑦~⑨轴线之间经Ⓗ、Ⓐ轴线,剖开了楼梯、玄观、厨房、生活阳台等,向左投影。

1-1剖面图表明该建筑物为7+1(地下)层楼房,平屋顶,屋顶四周有女儿墙,屋顶中央有钢筋混凝土构架。该建筑物为砖混结构,水平承重构件为钢筋混凝土楼板,竖向承重构件为页岩砖墙。室内外高差为0.3 m,各层楼地面标高分别为:-3.900 m,±0.000 m,4.800 m,7.800 m……

Ⓒ轴外墙门洞高2 700 mm,洞口上方涂黑矩形为钢筋混凝土过梁。即Ⓐ轴附加轴线窗洞高1 650 mm,洞口上皮至上一层楼面高400 mm(280+120)。女儿墙高1 500 mm。Ⓒ轴内侧为剖到的楼梯间1,可以看到楼梯平台、栏杆、扶手等,其楼梯间顶面是平屋顶。

Ⓒ轴外侧为剖到的楼梯间2的侧立面(一层)和二~七层未剖到的阳台侧立面,但可看见室外空调机位(浅灰色的铁栅),还可看见未剖到的弧形阳台部分。

Ⓐ轴内侧是剖到的厨房和生活阳台。即A轴外侧是未剖到但可见的卧室阳光窗的侧立面,其中二层窗台下有装饰腰线,屋顶为平屋顶,其上做有钢筋混凝土构架。地下负一层Ⓐ、Ⓒ轴涂黑处为钢筋混凝土墙体,Ⓒ轴处为承重梁;一层的Ⓐ、Ⓒ轴处亦为承重梁;二层以上的涂黑处为门窗洞口的过梁或圈梁、楼板等。

实习实作:阅读建施-12(2-2剖面图),熟悉建筑剖面图的图示内容。

5.6.8　绘制建筑剖面图的步骤与方法

一般做法是在绘制好平面图、立面图的基础上绘制剖面图,并采用相同的图幅和比例。其步骤如下。

①确定定位轴线和高程控制线的位置。其中,高程控制线主要指室内外地坪线、楼层分格线、檐口顶线、楼梯休息平台线、墙体轴线等。

②画出内外墙身厚度、楼板、屋顶构造厚度,再画出门窗洞高度、过梁、圈梁、防潮层、挑出檐口宽度、梯段及踏步、休息平台、台阶等的轮廓。

③画未剖切到但可见的构配件轮廓线及相应的图例,如墙垛、梁(柱)、阳台、雨篷、门窗、楼梯栏杆、扶手。

④检查后按线型标准的规定加深各类图线。

⑤按规定标注高度尺寸、标高、屋面坡度、散水坡度、定位轴线编号、索引符号等;注写图名、比例及从地面到屋顶各部分的构造说明。

⑥复核。

钢筋砼构架，外罩铜黄色涂料

住宅

住宅

住宅

住宅

住宅

住宅

浅灰色铁栅

阳台栏杆

商业门面

车库

1-1剖面图 1:100

图1.5.45　1-1剖面图

以上各节介绍的图纸内容都是建筑施工图中的基本图纸,表示全局性的内容,比例较小。

提示:剖面图的线型规定:室外地面线画成加粗实线(1.4b);被剖切到的主要构配件轮廓线,画成粗实线(b);被剖切到的次要构配件轮廓线、构配件可见轮廓线,都画成中实线(0.5b);楼面、屋面的面层线、墙上的装饰线以及一些固定设备、构配件的轮廓线等画成细实线(0.25b)。

实习实作:绘制建施-12(2-2 剖面图),熟悉各种制图工具、图线、比例等的应用。

5.7　平、立、剖面图联合识读

建筑平、立、剖面图表示的是同一个建筑物,建筑平面图表示了建筑物的长度和宽度,立面图和剖面图表示了建筑物的长度(或宽度)和高度。因此,要了解建筑物的长、宽、高这 3 个尺寸,必须同时看平面图、立面(或剖面)图。

5.7.1　联合读图的步骤

①以建筑平面图的轴线网为准,对照检查立面图和剖面图的轴线编号是否互相对应。

②根据建筑平、立、剖面图,了解建筑物的外形及内部的大致形状。例如建筑物的长、宽、高 3 个尺寸,房间的形状是长的还是方的。

③根据建筑平面图、剖面图,可以看出墙体的厚度及所使用的材料(如砖、混凝土等)。

④根据建筑平面图、立面图,可全面了解外墙门窗的尺寸、种类、数量和式样。

⑤根据建筑平面图,了解每层房间的分布情况,了解内部隔墙、承重墙、门窗洞口分布的位置。

⑥根据建筑平面图、剖面图,了解各房间的尺寸(长度、宽度、高度)和门窗洞口的尺寸(宽度和高度)。

⑦根据建筑剖面图,了解楼地面和屋面的构造做法以及基础的位置。

⑧根据建筑立面图、剖面图,了解建筑物的内外装修。

⑨阅读索引符号,了解详图索引的位置,以便与有关详图对照阅读。

⑩最后要把建筑平面图、立面图、剖面图上的内容一一对照阅读。例如,立面图上的窗是平面图上的哪一部分,剖面图上的窗又相当于平面图、立面图上的哪一部分,立面图上的标高又是剖面图的哪一部分,剖面图上的楼梯是平面图上的哪一座楼梯等。

5.7.2　联合读图实例

通过对前面平、立、剖面图的识读,了解到图 1.5.45 所示住宅楼为一近似矩形,总长为40.44 m,总宽为 12.54 m,总高为 24.6 m。

楼层为 7 + 1 层。对照屋顶平面图和立面图可知 4 个立面均竖直到顶。

对照Ⓐ-Ⓖ轴立面图和建筑平面图,可知一层和二层之间有装饰腰线(Ⓐ-Ⓓ),二层以上每层窗的形式相同,为 C0916。

对照①-㉙轴立面图和建筑平面图,可知在标高 5.1 m 处有一拉通的装饰腰线;一层安有卷帘门;二层以上每层窗的形式相同,为 C1821 的墨绿色铝合金框白玻窗。一层墙面为石材面,二~六层的外墙面为米黄色墙饰面砖,七层的外墙面为白色外墙砖,标高 4.4 m 和 19.8 m 处用 30 mm 宽的灰色凹缝分隔。

对照㉙-①轴立面图和建筑平面图,可知在标高 5.1 m 处有一装饰腰线;一层消防控制室的门带窗为 MC2437,楼梯间门为 M2227(电子防盗门),商业门面窗为 C2724 和 C2424 两种;二层以上有弧形阳台和 C2421 的窗(墨绿色铝合金框白玻窗)、LM2725 的铝合金门;墙面装修材料有白色和灰色外墙砖两种材料。

对照建筑平面图、立面图、剖面图和门窗统计表,可知建筑物的各个门窗洞口尺寸及材料。

总之,阅读建筑平、立、剖面图以后要对整个建筑物建立起一个完整的概念。

实习实作:阅读建施-01 至建施-12 的平、立、剖面图,熟悉建筑施工图的图示内容。

5.8　建筑详图

5.8.1　概述

1. 基本概念

对一个建筑物来说,有了建筑平、立、剖面图是否就能施工了呢? 不行。因为平、立、剖面

微课:建筑详图

PPT:建筑详图

图的图样比例较小,建筑物的某些细部及构配件的详细构造和尺寸无法表示清楚,不能满足施工需求。所以,在一套施工图中,除了有全局性的基本图样外,还必须有许多比例较大的图样,对建筑物的形状、大小、材料和做法加以补充说明,这就是建筑详图。它是建筑细部施工图,也是建筑平、立、剖面图的补充,还是施工的重要依据之一。

2. 建筑详图主要图示特点

①比例较大,常用比例为 1:1,1:2,1:5,1:10,1:20 等。

②尺寸标注齐全、准确。

③文字说明详细、清楚。

④详图与其他图的联系主要采用索引符号和详图符号,有时也用轴线编号、剖切符号等。

⑤对于采用标准图或通用详图的建筑构配件和剖面节点,只注明所用图集名称、编号或页次,而不画出详图。

3. 基本内容

建筑详图包括的主要图样有墙身剖面图、楼梯详图、门窗详图及厨房、浴室、卫生间详图等。

建筑详图主要表示建筑构配件(如门、窗、楼梯、阳台、各种装饰等)的详细构造及连接关系;表示建筑细部及剖面节点(如檐口、窗台、明沟、楼梯扶手、踏步、楼地面、屋面等)的形式、层次、做法、用料、规格及详细尺寸;表示施工要求及制作方法。

4. 识读详图注意事项

①首先要明确该详图与有关图的关系。根据所采用的索引符号、轴线编号、剖切符号等明确该详图所示部分的位置,将局部构造与建筑物整体联系起来,形成完整的概念。

②读详图要细心研究,掌握有代表性部位的构造特点,灵活应用。

一个建筑物由许多构配件组成,而它们多数都是相同类型,因此只要了解一两个的构造及尺寸,可以类推其他构配件。

下面以外墙详图、楼梯详图、门窗详图为例,说明其图示内容和阅读方法。

5.8.2 外墙详图

1. 外墙详图的形成与用途

(1)外墙详图的形成

假想用一个垂直墙体轴线的铅垂剖切平面,将墙体某处从防潮层剖切到屋顶,所得到的局部剖面图称为外墙详图,如图1.5.46所示。

绘制外墙详图时,一般在门窗洞口中间用折断线断开。实际上外墙详图是几个节点详图的组合。

视频:外墙详图形成

在多层或高层建筑中,如果中间各层墙体构造完全相同,则外墙详图只画出底层、中间层及顶层3个部位的节点组合图,基础部分不用画,用折断线表示。

(2)外墙详图的用途

外墙详图与建筑平面图配合使用,为砌墙、室内外装修、立门窗、安装预制构配件提出具体要求,并为编制施工预算提供依据。

图 1.5.46 外墙详图的形成

2. 外墙详图的主要内容

①注明图名和比例,多用1:20。

②外墙详图要与基本图标识一致。外墙详图要与平面图中的剖切符号或立面图上的索引符号所在位置、剖切方向及轴线一致。

③表明外墙的厚度及与轴线的关系。轴线在墙中央还是偏心布置,墙上哪儿有突出变化,均应标注清楚。

④表明室内外地面处的节点构造。该节点包括基础墙厚度、室内外地面标高以及室内地面、踢脚或墙裙、勒脚、散水或明沟、台阶或坡道,墙身防潮层、首层内外窗台的做法等。

⑤表明楼层处的节点构造。该节点是指从下一层门或窗过梁到本层窗台部分,包括窗过梁、雨罩、遮阳板、楼板及楼面标高、圈梁、阳台板及阳台栏杆或栏板,楼面、室内踢脚或墙裙、楼层内外窗台、窗帘盒或窗帘杆,顶棚或吊顶、内外墙面做法等。当几个楼层节点完全相同时,可用一个图样表示,同时标有几个楼面标高。

⑥表明屋顶檐口处的节点构造。该节点是指从顶层窗过梁到檐口或女儿墙上皮部分,包括窗过梁、窗帘盒或窗帘杆、遮阳板、顶层楼板或屋架、圈梁、屋面、顶棚或吊顶、檐口或女儿墙、屋面排水天沟、下水口、雨水斗和雨水管等。

⑦尺寸与标高标注。外墙详图上的尺寸和标高方法与立面图和剖面图的注法相同。此外,还应标注挑出构件(如雨罩、挑檐板等)挑出长度和细部尺寸及挑出构件的下皮标高。

⑧文字说明和索引符号。对于不易表示的更为详细的细部做法,注有文字说明或索引符号,表示另有详图表示。

3. 外墙详图的识读示例

①如图1.5.47所示为墙身详图,比例为1:20。

②该墙身详图是用1-1剖面位置剖切Ⓐ轴后所得的剖面图。

③负一层和一层的墙厚为240 mm,轴线居中;二层以上由于剖到的是生活阳台栏板,墙厚120 mm,位于Ⓐ轴左侧。

④由于生活阳台标高比楼面标高低120 mm,所

墙身详图   1:20

图1.5.47   外墙详图

视频:外墙详图的识读

以二楼以上标高数值比楼面标高数值少120 mm。

⑤用分层构造示意图,具体标出了砼压顶、女儿墙、屋顶、生活阳台楼面、地面等的构造做法。

5.8.3 楼梯详图

1. 概述

(1)楼梯的组成

图 1.5.48 楼梯的组成

视频:楼梯的组成

楼梯一般由楼梯段、平台、栏杆(栏板)和扶手3部分组成,如图1.5.48所示。

①楼梯段。它是指两平台之间的倾斜构件。它由斜梁或板及若干踏步组成,踏步分踏面和踢面。

②平台。它是指两楼梯段之间的水平构件。根据位置不同又有楼层平台和中间平台之分,中间平台又称为休息平台。

③栏杆(栏板)和扶手。栏杆和扶手设在楼梯段及平台悬空的一侧,起安全防护作用。栏杆一般用金属材料做成,扶手一般用金属材料、硬杂木或塑料等做成。

(2)楼梯详图的主要内容

要将楼梯在施工图中表示清楚,一般要有3部分内容,即楼梯平面图、楼梯剖面图和踏步、栏杆、扶手详图。

2. 楼梯平面图

楼梯平面图的形成同建筑平面图一样,假设用一水平剖切平面在该层往上行的第一个楼梯段中剖切开,移去剖切平面及以上部分,将余下的部分按正投影的原理投射在水平投影面上所得到的图,称为楼梯平面图。因此,楼梯平面图是房屋平面图

视频:楼梯平面图的识读

视频:楼梯平面图的形成

中楼梯间部分的局部放大。如图1.5.49中楼梯平面图是采用1:50的比例绘制。

楼梯平面图一般分层绘制,底层平面图是剖在上行的第一跑上。因此,除表示第一跑的平

楼梯间1的七层平面图　1:50　　楼梯间1的二至六层平面图　1:50　　楼梯间1的一层平面图　1:50

图 1.5.49　楼梯平面图

面外,还能表明楼梯间一层休息平台下面小房间以及进入楼层单元处的平面形状或负一层的楼梯情况。中间相同的几层楼梯同建筑平面图一样,可用一个图来表示,这个图称为标准层平面图。最上面一层平面图称为顶层平面图。因此,楼梯平面图一般有底层平面图、标准层平面图和顶层平面图 3 个。该商住楼的主楼梯由于二层与三至七层的平面图不一致,故有 3 个楼梯平面图图样。

需要说明的是按假设的剖切面将楼梯剖切开,折断线本应该为平行于踏步的折断线,为了与踏步的投影区别开,《建筑制图统一标准》(GB/T 50104—2010)规定画为 45°斜折断线。

楼梯平面图用轴线编号表明楼梯间在建筑平面图中的位置,注明楼梯间的长宽尺寸、楼梯跑(段)数、每跑的宽度、踏步步数、每一步的宽度、休息平台的平面尺寸及标高等。

图 1.5.49 的识读:楼梯平面图有 3 个,即楼梯间 1 的一层平面图(底层平面图)、楼梯间 1 的二至六层平面图(标准层平面图)、七层平面图(顶层平面图);该楼梯间平面适用于⑦~⑨轴、㉑~㉓轴;楼梯间的开间×进深尺寸为 2 700 mm×5 100 mm;楼梯平台宽 1 670 mm,休息平台宽 1 350 mm;260×9=2 340 mm,表示楼梯有 9 个踏面,每个踏面宽 260 mm;楼梯间的门窗编号(MC2227、C1527、M1121)、位置、尺寸、室外台阶的做法(西南 J812);楼梯间 1 的平台标高和休息平台标高;楼梯间 1 的墙厚为 240 mm,轴线居中。

3. 楼梯剖面图

(1)楼梯剖面图的形成

假想用一铅垂剖切平面,通过各层的一个楼梯段将楼梯剖开,向另一未剖切到的楼梯段方向进行投射,所绘制的剖面图称

视频:楼梯剖面图的形成

227

图 1.5.50 楼梯剖面图的形成

为楼梯剖面图,如图 1.5.50 所示。剖切面所在位置表示在楼梯首层平面图上。

（2）楼梯剖面图的内容与读图示例

楼梯剖面图重点表明楼梯间竖向关系。该商住楼楼梯间1的剖面图如图 1.5.51 所示。

视频:楼梯剖面图的识读

楼梯剖面图的作用是完整、清楚地表明各层梯段及休息平台的标高,楼梯的踏步步数、踏面的宽度及踢面的高度,各种构件的搭接方法,楼梯栏杆(板)的形式及高度,楼梯间各层门窗洞口的标高及尺寸。

①图名与比例。楼梯剖面图的图名与楼梯平面图中的剖切编号相同,比例也与楼梯平面图的比例相一致。图 1.5.51 为 1-1 楼梯剖面图,比例为 1:50。

②轴线编号与进深尺寸。楼梯剖面图的轴线编号和进深尺寸与楼梯平面图的编号相同、尺寸相等。图 1.5.51 中的轴线编号为 ⑦～⑨ 和 ㉑～㉓,表明两部楼梯的布置是相同的。楼梯开间×进深为 2 700 mm × 5 100 mm。

③楼梯的结构类型和形式。钢筋混凝土楼梯有现浇和预制装配两种;从楼梯段的受力形式又可分为板式和梁板式。图 1.5.51 中的楼梯为预制装配式楼梯。

④建筑物的层数、楼梯段数及每段楼梯踏步个数和踏步高度(又称踢面高度)。图 1.5.51 中的建筑物在地面以上有七层,双跑楼梯,每段楼梯有 9 个踏步,其踢面高度约为 167 mm。

⑤室内地面、各层楼面、休息平台的位置、标高及细部尺寸。图 1.5.51 中的地面标高为 ±0.000 m,各层楼面标高分别为:4.800 m、7.800 m、10.800 m……,各休息平台的标高分别为:3.300 m、6.300 m、9.300 m……

⑥楼梯间门窗、窗下墙、过梁、圈梁等位置及细部尺寸。

⑦楼梯段、休息平台及平台梁之间的相互关系。若为预制装配式楼梯,则应写出预制构件代号。

⑧栏杆或栏板的位置及高度。

⑨投影后所看到的构件轮廓线,如门窗、垃圾道等。

图 1.5.51　1-1 楼梯剖面图

4.楼梯踏步、栏杆(板)及扶手详图

踏步、栏杆、扶手这部分内容与楼梯平面图、剖面图相比,采用的比例要大一些,其目的是表明楼梯各部位的细部做法。

①踏步。图1.5.51中楼梯详图的踏步采用防滑地砖,具体做法见西南 J412-18-3183。

②栏杆。图1.5.51中采用金属空花楼梯栏杆,栏杆高度大于等于1 000 mm,灰色静电喷塑,具体做法详见西南 J412-43-1。

③扶手。图1.5.51中楼梯采用黑色塑料扶手,具体做法详见西南 J412-58-2。

除以上内容外,楼梯详图一般还包括顶层栏杆立面图、平台栏杆立面图和顶层栏杆楼层平台段与墙体的连接。

视频:楼梯栏杆详图

5.8.4 门窗详图

门窗详图是建筑详图之一,一般采用标准图或通用图。如果采用标准图或通用图,在施工中,只注明门窗代号并说明该详图所在标准图集的编号,并不画出详图;如果没有标准图,则一定要画出门窗详图。

一般门窗详图由立面图、节点详图、五金表和文字说明4部分组成。

视频:门窗详图

实习实作:识读建施-13(厨厕大样图)、建施-14(节点大样图)。

5.9 工业厂房

5.9.1 概述

工业厂房施工图的用途、内容和图示方法与前面叙述的民用房屋施工图类似。但是由于生产工艺条件不同,使用要求方面各有各的特点,因此施工图所反映的某些内容或图例符号有所不同。现以某厂装配车间为例,介绍单层工业厂房的组成部分及单层工业厂房建筑施工图的内容和特征。

单层工业厂房大多数采用装配式钢筋混凝土结构,如图1.5.52所示,主要构件有如下几部分。

①屋盖结构。屋盖结构起承重和围护作用。其主要构件有屋面板、屋架,屋面板安装在天窗架和屋架上,天窗架安装在屋架上,屋架安装在柱子上。

②柱子。用以支承屋架和吊车梁,是厂房的主要承重构件。

③吊车梁。设有吊车的厂房,为了吊车的运行要设置吊车梁。吊车梁两端搁置在柱子的

图 1.5.52　单层工业厂房的组成及其名称

牛腿上。

　　④基础。用以支承柱子和基础梁,并将荷载传给地基。单层厂房的基础多采用杯形基础,柱子安装在基础的杯口内。

　　⑤支撑。包括屋盖结构的垂直和水平支撑以及柱子间支撑。其作用是加强厂房的整体稳定性和抗震性。

　　⑥围护结构。主要指厂房外墙及与外墙连在一起的圈梁、抗风柱。

　　装配式钢筋混凝土结构的柱、基础、连系梁或系杆、吊车梁及屋顶承重结构等都是采用预制构件,并且采用标准构件较多,各有关单位编制了一些标准构件图集,包括节点做法,供设计施工选用。

5.9.2　单层工业厂房建筑施工图

1.建筑平面图

　　该装配车间是单层单跨厂房。其建筑平面图(如图 1.5.53 所示,比例为 1∶200)显示了以下内容。

　　(1)柱网布置

　　厂房中为了支承屋顶和吊车,需设置柱子,为了确定柱子的位置,在平面图上要布置定位轴线,横向定位轴线①~⑧和纵向定位轴线Ⓐ~Ⓑ即构成柱网,表示厂房的柱距与跨度。本车间柱距是 6 m,即横向定位轴线间距离(如①~②轴线距离);该车间跨度为 18 m,即纵向定位轴线Ⓐ~Ⓑ之间距离。厂房的柱距决定屋架的间距和屋面板、吊车梁等构件的长度;厂房

图1.5.53 单层工业厂房平面图1:200

跨度决定屋架的跨度和起重机的轨距。我国单层厂房的柱距与跨度的尺寸都已系列化、标准化。

定位轴线一般是柱或承重墙中心线,而在工业建筑中的端墙和边柱处的定位轴线,常常设在端墙的内墙面或边柱的外侧处,如横向定位轴线①和②,纵向定位轴线Ⓐ和Ⓑ。在两个定位轴线间,必要时可增设附加定位轴线,如Ⓐ轴线后附加的第1、2、3、4根轴线;⑦轴线后附加的第1根轴线。

（2）吊车设置

车间内设有梁式悬挂起重机(吊车)一台,吊车画法及图例另见其他。图中选用的吊车起质量为5 kN,即$Q = 5$ kN;吊车轨距为16.5 m,即$L_k = 16.5$ m,用虚线所画的图例表示;用粗单点长画线表示起重机轨道的位置,即吊车梁的位置,上下起重机用的钢梯置于⑥～⑦轴线间的Ⓐ轴线纵墙内缘。

（3）墙体、门窗布置

在平面图中需表明墙体和门窗的位置、型号及数量。图1.5.53中四周的围护墙厚为240 mm;两端山墙内缘各有两根抗风柱,柱的中心线分别与附加轴线1/A、3/A相重合,外缘分别与①、⑧轴线相重合。

门窗表示方法与民用建筑门窗相同,在表示门窗的图例旁边注写代号,门的代号是M,窗的代号是C,在代号后面要注写序号如M1、C1……同一序号表示同一类型门窗,它们的构造和尺寸相同(本图所示GC——钢窗、GM——钢门)。本图中开设的两个外门分别标注了GM1钢折叠门、GM2钢推拉门,门的入口设有坡道,室内外高差200 mm;内门有工具间和更衣室的门为M3,男、女厕所的门为M4。纵墙方向开设的钢窗,由于图形较小和需要标注的尺寸较多,其型号就标注在立面图上。厂房室外四周设有散水,散水宽800 mm。距Ⓑ轴线1 200 mm的西侧山墙外缘还设有消防梯。

（4）辅助生活间的布置

车间的东侧一个柱距为辅助建筑,有更衣室、工具间及男、女厕所等,它们的墙身定位均用附加轴线来标明。

（5）尺寸布置

平面图上通常沿长、宽两个方向分别标注3道尺寸:第1道尺寸是门窗洞的宽度和窗间墙宽度及其定位尺寸;第2道尺寸是定位轴线间尺寸;第3道尺寸是厂房的总长和总宽。此外,还包括厂房内部各部分的尺寸、其他细部尺寸和标高尺寸。

（6）有关符号(如指北针、剖切符号、索引符号)

在工业建筑平面图中同民用建筑一样需设置指北针,表明建筑物朝向;设置剖切符号,反映剖面图的剖切位置及剖视方向;在需要另画详图的局部或构件处画出索引符号。如图1.5.53中右上角的指北针,③～④轴线间的1-1剖切符号。

2.建筑立面图

厂房建筑立面图和民用建筑立面图基本相同,反映厂房的整个外貌形状以及屋顶、门、窗、天窗、雨篷、台阶、雨水管等细部的形状和位置,室外装修及材料做法等。

在立面图上，通常要注写室内外地面、窗台、门窗顶、雨篷底面以及屋顶等处的标高。从图1.5.54可以看到①-⑧轴立面图，1.5.55可以看到⑧-Ⓐ轴立面图，比例均为1:200。读图时应配合平面图，主要了解以下内容。

①了解厂房立面形状。从①-⑧轴立面图看，该厂房为一矩形立面。从⑧-Ⓐ轴立面图看，该厂房为双坡顶单跨工业厂房。

②了解门、窗立面形式、开启方式和立面布置。从①-⑧轴立面图看，Ⓐ轴线上有对开折叠大门，并有较大的门套。窗的立面形式从下至上有4段组合窗，下起第1段为单层外开平开窗，第2段为单层固定窗，第3段为单层中悬窗，第4段为固定窗。

③了解有关部位的标高。图1.5.54中标注了室内外地面标高、窗台顶面、窗眉底面、檐口、大门上口、大门门套和边门雨篷顶面的标高。

④了解墙面装修。墙面的装修一般是在立面图中标注简单的文字说明，本例中南墙的外墙面有间隔成上、中、下3段1:1:4水泥石灰砂浆粉刷的混水墙，每两段混水墙之间为清水墙；勒脚高300 mm，用1:2水泥石灰砂浆粉刷；窗台、窗眉、檐口采用1:2水泥砂浆粉面。

⑤了解突出墙面的附加设施。从①-⑧轴立面图中可以看出在Ⓐ轴线处设有消防梯、⑧轴线处设有边门雨篷。

从平面图可以看出，⑧-①轴立面图与①-⑧轴立面图基本相同，只是①~⑧轴线的左右位置互调，但没有大门和大门口的坡道。因此，⑧-①轴立面图可以省略不画。东山墙立面图和西山墙立面图也基本相同，只是东山墙上有边门，没有爬梯，故省略不画。

3. 建筑剖面图

建筑剖面图有横剖面图和纵剖面图。在单层厂房建筑设计中，纵剖面一般不画，但在工艺设计中有特殊要求时，也需画出。现介绍该厂房1-1剖面图，如图1.5.56所示，此图为横剖面图，主要表明以下内容。

①表明厂房内部的柱、吊车梁断面及屋架、天窗架、屋面板以及墙、门窗等构配件的相互关系。

②各部位竖向尺寸和主要部位标高尺寸。

③屋架下弦底面(或柱顶)标高10.000 m，以及吊车轨顶标高8.200 m，是单层厂房的重要尺寸，它们是根据生产设备的外形尺寸、操作和检修所需的空间、起重机的类型及被吊物件尺寸等要求来确定的。

④详图索引符号。由于剖面图比例较小，形状、构造做法、尺寸等表达不够清楚，和民用建筑一样需另画详图，需标出索引符号。

4. 建筑详图

与民用建筑一样，为了将厂房细部或构配件的形状、尺寸、材料、做法等表示清楚，需要用较大比例绘制详图。单层厂房一般都要绘制墙身剖面详图，用来表示墙体各部分，如门、窗、勒脚、窗套、过梁、圈梁、女儿墙等详细构造、尺寸标高以及室内外装修等。单层工业厂房的外墙剖面还应表明柱、吊车梁、屋架、屋面板等构件的构造关系和联结。其他节点详图如屋面节点、

图 1.5.5 4　单层工业 ①-⑧ 轴立面图 1:200

图 1.5.55 单层工业厂房 Ⓑ-Ⓐ 轴立面图 1:200

图 1.5.56 1-1 剖面图 1:200

柱节点详图从略。

5.10　计算机绘制建筑工程图

　　学习计算机绘图软件(AutoCAD)的最终目的是学会准确绘制工程图样。在实际工作中用 AutoCAD 绘制工程图,是将常用的绘图环境设成样图,使用时只需单击即可调用。在绘图中只有合理充分地应用 AutoCAD 的相关功能,才能快速地绘制一张工程图样。

5.10.1　概述

　　绘制建筑工程图时,必须先对建筑工程图进行总体布局,然后再根据各种设计图的要求进行组织。绘制建筑工程图的要点主要包括图幅大小、比例、线条粗细、文字高度的选择和尺寸标注等。

　　1.比例

　　绘制建筑工程图时,比例大小随图形类型而定,一般情况下,总平面图常用比例为 1∶500 或 1∶1 000;建筑施工图和结构施工图常用比例为 1∶100,详图比例多为 1∶20。

　　2.图线粗细

　　如果按照给定的比例绘制图形,且采用1∶1的比例打印出图,那么图线的粗细可以通过控制多段线的线宽或在图形输出时指定各图层中各颜色的线宽来控制。从实用角度和打印效果出发,采用第一种方法较好。

　　3.文字高度与格式的确定

　　在绘制建筑工程图的过程中,尺寸标注和文字注解都会涉及文字高度的设置问题。文字高度最好是在图形已经按比例完成后确定,文字高度的定义要科学,不能忽大忽小,也不能喧宾夺主——不能把文字和标注的高度定得太大,更不能把文字高度定得太小,以至于打印出的图看不清注解。

　　在绘图前,要定义好尺寸标注、注解文字等的文字格式,这样在录入文字或进行标注时才可以保持文字格式的一致,避免大量的格式修改,保持图样上的文字格式前后一致,整齐划一。

5.10.2　图框的绘制与标题栏的填写

　　1.图框的绘制

　　按照《房屋建筑制图统一标准》(GB 50001—2010)的规定,建筑工程制图一般采用 A0~A4 图幅,下面以 A3 图幅为例说明图框的绘制方法。

　　(1)设置图形尺寸界限

　　在命令行键入"LIMITS"命令并按回车键,设置 A3 图纸的尺寸界限为 420 mm×297 mm。

　　◇命令:LIMITS ↙

　　◇重新设置模型空间界限:

　　◇指定左下角点或[开(ON)/关(OFF)] <0.0000,0.0000>:↙

　　◇指定右下角点 <420.0000,297.0000>:↙

（2）设置绘图窗口为 A3 图纸大小

在命令窗中键入"ZOOM"命令后,再键入"ALL",则画面显示为 A3 图纸大小。

◇命令:Z(或 ZOOM)↙

◇指定窗口角点,输入比例因子(nX 或 nXP),或［全部(A)/中心点(C)/动态(D)/范围(E)/上一个(P)/比例(S)/窗口(W)］＜实时＞:A↙

（3）用矩形命令,绘制 A3 图纸边界线

◇命令:RECTANG↙

◇指定第一个角点或［倒角(C)/标高(E)/圆角(F)/厚度(T)/宽度(W)］:0,0↙

◇指定另一个角点或［尺寸(D)］:420,297↙

至此就绘制好 A3 图纸的边界线,下面就可以进行图框线的绘制。根据规定,带装订线的图纸幅面样式,图框距图纸边界线左边的距离为 25 mm,距其他 3 条边的距离均为 10 mm,图框线为粗实线。

（4）用多段线命令绘制图框

◇命令:PLINE↙

◇指定起点:25,10↙

◇当前线宽为 0.0000

◇指定下一个点或［圆弧(A)/半宽(H)/长度(L)/放弃(U)/宽度(W)］:W↙

◇指定起点宽度＜0.0000＞:0.8↙

◇指定端点宽度＜0.8000＞:↙

◇指定下一个点或［圆弧(A)/半宽(H)/长度(L)/放弃(U)/宽度(W)］:410,10↙

◇指定下一个点或［圆弧(A)/半宽(H)/长度(L)/放弃(U)/宽度(W)］:410,287↙

◇指定下一个点或［圆弧(A)/半宽(H)/长度(L)/放弃(U)/宽度(W)］:25,287↙

◇指定下一个点或［圆弧(A)/半宽(H)/长度(L)/放弃(U)/宽度(W)］:C↙

2. 标题栏的填写

绘制好 A3 图纸的边界线和图框后,就可以进行标题栏的绘制了。标题栏采用多段线命令根据 GB 50001—2010 的规定进行绘制。

①绘制标题栏的横向分格线。

②绘制标题栏的竖向分格线。根据标题栏格式大小,从右至左逐一绘制各竖向分格线。

③在标题栏内填写适当大小的文字,完成标题栏的填写。如果没有定义文字样式,必须先定义,否则不能正常显示输入的汉字。在建筑工程图中,字体样式一般选用仿宋。

5.10.3 创建样图

AutoCAD 重要的功能之一就是可让用户创建自己所需要的样图,并能在"启动"对话框和执行"NEW"命令出现的【创建新图形】对话框中方便调用它。用户可根据需要,创建系列样图,这将大大提高绘图效率,也使图样标准化。

1. 样图的内容

创建样图的内容应根据需要而定,其基本内容包括以下几个方面。

①绘图环境 9 项初步设置。用【选项】对话框修改系统配置；用【单位控制】对话框确定绘图单位；用"LIMITS"命令选图幅；用"ZOOM"命令使整张图全屏显示；用【辅助绘图工具】对话框设置辅助绘图工具模式（包括固定捕捉设置和极轴设置）；用"LTSCALE"命令设线型比例；用"LAYER"命令建图层，设线型、颜色、线宽；用"STYLE"命令设置所需的文字样式；用"PLINE"命令画图框、标题栏（不注写具体内容）。

②设置所需的标注样式。

③创建所需的图块即建立图形库（样图中图块可用"BMAKE"命令来创建）。

2. 创建样图的方法

创建样图的方法有多种，下面介绍两种常用的方法。

（1）从"创建新图形"（或"启动"）对话框中的"缺省设置"创建样图

①输入"NEW" 命令，弹出【创建新图形】对话框，如图 1.5.57 所示，显示有 3 个选项："从草图开始"、"使用样板"、"使用向导"。用户可以根据需要来选择一个选项，新建一个新图形。

②设置样图的所有基本内容及其他所需内容。

③用"QSAVE"命令，弹出【图形另存为】对话框，在该对话框"文件类型"下拉列表中选择"AutoCAD 图形样板（＊.dwt）"，选项，在"保存于"下拉列表中选择"样板"（SYS）文件夹。在"文件名"文字编辑框中输入样图名，如"A1 样图"，如图 1.5.58 所示。

图 1.5.57　【创建新图形】对话框　　　　图 1.5.58　【图形另存为】对话框

④单击【图形另存为】对话框中的"保存"按钮，弹出【样板选项】对话框，如图 1.5.59 所示。

⑤在【样板选项】对话框的说明框中输入一些说明性的文字，单击"确定"按钮，AutoCAD即将当前图形存储为 AutoCAD 中的样板文件。关闭该图形，完成样图的创建。

（2）用已有的图创建样图

如果已有某张图中的绘图环境与所要创建的样图基本相同时，可以该图为基础来快速创建样图，方法如下。

①输入"OPEN"命令，打开一张已有的图。

②从下拉菜单中选择"文件"→"另存为"命令，弹出【图形另存为】对话框，在"保存类型"下

图1.5.59 【样板选项】对话框

拉列表中选择"AutoCAD 图形样板文件(＊.dwt)"选项,在"保存在"下拉列表中选择"样板"(SYS)文件夹。在"文件名"文字编辑框中输入样图名。

③单击【图形另存为】对话框中的"保存"按钮,弹出【样板说明】对话框,在其编辑框中输入说明文字后,单击"确定"按钮,退出【图形另存为】对话框。此时 AutoCAD 将打开的已有图又存储一份为样板的图形文件,并且将此样板图设为当前图(可从最上边标题行中看出,当前图形文件名由刚打开的图名改为样板图的文件名)。

④按样图所需内容修改当前图。

⑤单击"QSAVE" 命令,保存修改。关闭该图形,完成创建。

提示:用此方法来创建图幅大小不同,但其他内容相同的系列样图非常方便。创建了样图之后,再新建一张图时,就可从弹出的【启动】对话框或【创建新图形】对话框中选择"使用样板"选项,此时在对话框中部的列表框中将显示所创建的样图的名称。单击该列表框中的"A1.dwt",即可新建一张包括所设绘图环境的新图。

提示:在实际工作中,为方便绘图,可将不同的样板图框绘制好,将这些样板图框复制到"Program\AutoCAD2010\Template"文件夹内,即可在后面使用时直接调用这些样板图。

5.10.4 使用鸟瞰视图

要在不大的一块绘图区内绘制出一张较大的专业图,使用"ZOOM"(显示缩放)和"PAN"(平移)命令是必不可少的。而且图越大,这两个命令的使用率就越高;图越大,也会越感到在操作这两个命令时可视性越差(所谓可视性差就是不能快速地找到需要观察或缩放的部位)。绘制较大的专业图时,使用鸟瞰视图这个辅助工具,将可使"PAN"(平移)和"ZOOM"(显示缩放)两个命令实现可视化操作。

1. 输入命令

从下拉菜单选取:"视图"→"鸟瞰视图",或从键盘键入"DSVIEWER"命令。

2. 命令的操作

输入命令后,立刻弹出"鸟瞰视图"视窗,AutoCAD 将该视窗定位在屏幕的右下角,如图1.5.60 所示。在"鸟瞰视图"视窗中光标呈窗口状,进行显示缩放操作的光标窗口内有一个指明窗口扩展方向的图框;进行平移操作的光标窗口内是一个"×"记号,操作时可单击左键在两种窗口之间切换。

进行平移显示或缩放时,在"鸟瞰视图"视窗内移动鼠标,绘图区域内的图形将随之移动;

图 1.5.60　"鸟瞰视图"视窗

用窗口套住需要放大的部分,单击鼠标左键,随着鼠标的移动,将在绘图区找到需要显示和缩放的部分;再次单击鼠标左键,又回到平移状态。这样利用"鸟瞰视图"可方便、快速地找到需要显示和缩放的部位。

提示:"鸟瞰视图"视窗可以移动至任何位置。

"鸟瞰视图"视窗中下拉菜单各项含义如下。

(1)"视图"菜单

该菜单提供了 3 个选项。

①"放大"(Zoom In):该选项拉近视图,放大图形的细节,但只能看到较小区域。

②"缩小"(Zoom Out):该选项拉远视图,可看到更大的区域。

③"全局"(Global):该选项使"鸟瞰视图"视窗中显示整张图纸。

提示:以上 3 项也可通过"鸟瞰视图"视窗中工具栏上的 3 个图标按钮来激活。当显示全图时,缩小菜单项和图标都变暗,不可用。当图形充满整个"鸟瞰视图"窗口时,放大菜单项和图标都变暗不可用。有时,两个菜单项都变暗。

(2)"选项"菜单

该菜单提供了 3 个可用的选项。

①"自动视口":打开该选项,"鸟瞰视图"视窗中将自动地显示当前的有效视口,且不随有效视口的变化而变化。

②"动态更新":该选项控制"鸟瞰视图"的内容是否随图形的改变而改变。

③"实时缩放":该选项控制在"鸟瞰视图"视窗中缩放时,AutoCAD 绘图区内图形显示是否实时变化。

5.10.5 用 PURGE 命令清理图形文件

该命令可对图形文件进行处理,去掉多余的图层、线型、标注样式、文字样式和图块等,以缩小图形文件占用磁盘的空间。

1. 输入命令

从下拉菜单选取:"文件"→"绘图实用程序"→"清理"→"全部"(或其他选项),或从键盘输入"PURGE"。

2. 命令的操作

输入命令后,将出现如图 1.5.61 所示的对话框。单击"全部清理"按钮,将显示如图 1.5.62 所示的【确认清理】对话框,此时若单击"是"按钮,将有选择性的逐个清理多余的图块或标注样式等;若单击"全部是"按钮,将清理掉所有多余的图层、线型、标注样式、文字样式和图块等。

图 1.5.61 【清理】对话框

图 1.5.62 【确认清理】对话框

5.10.6 使用剪切板功能

AutoCAD 与 Windows 下的其他应用程序一样,具有利用剪切板将图形文件内容"剪下"和"贴上"的功能,并可同时打开多个图形文件,这些一起打开的图形文件可通过"Ctrl + Tab"组合键来切换,也可用下拉菜单中的"窗口"菜单选项进行当前图形文件的切换。利用剪切板功能可以实现 AutoCAD 图形文件间及与其他应用程序(如 Word)文件之间的数据交流。

在 AutoCAD 中,可操作"CUTCLIP" （剪切)命令和"COPYCLIP" （复制)命令将图形的某部分"剪下","剪下"的图形将以原有的形式放入剪贴板。其插入点不能自定,AutoCAD将插入基点定在选择窗口的左下角点。

在 AutoCAD 中,操作"PASTECLIP" （粘贴)命令可将剪贴板上的内容粘贴到当前图中;

在"编辑"下拉菜单中选择"粘贴为块"命令,或将剪贴板上的内容按图块粘贴到当前图中;在"编辑"下拉菜单中选择"指定粘贴"命令,可将剪贴板上的内容按指定格式粘贴到当前图中。

在绘制一张专业图时,如需引用其他图形文件中的内容,而且只需引用一次时,不必将其制成图块,使用剪切板功能更为合理、快捷。具体操作如下。

①打开一张要进行粘贴的图和一张要被复制剪切的图。

②从下拉菜单"窗口"项中选择"水平平铺"或"垂直平铺"选项,使两图同时显示。用鼠标单击要被复制剪切的图,设为当前图。

③单击工具栏上"COPYCLIP"□(复制到剪切板)命令图标,输入命令后,命令区出现提示行:

◇选择对象:(用窗口选择需剪切的内容)

◇选择对象:↙(所选内容复制到剪切板,结束命令)。

④再用鼠标单击要进行粘贴的图(或用"窗口"菜单),把要进行粘贴的图设置为当前图。

⑤单击"PASTECLIP"□(粘贴)命令图标,输入命令后,命令区出现提示行:

◇指定插入点:(用鼠标及捕捉指定插入点,剪切板中的内容粘贴到当前图中指定的位置,结束命令)。

说明:①在 AutoCAD 中,可采用从资源管理器拖放的方式打开多个图形文件,以节约文件打开的时间;②在 AutoCAD 中,允许在图形文件之间直接拖曳复制实体,通过格式刷可在图形文件之间复制颜色、线型、线宽、剖面线、线型比例;③在 AutoCAD 中,可在不同的图形文件之间执行多任务、无间断的操作,使绘图更加方便快捷。

5.10.7　按形体的真实大小绘图

大多数专业图的绘图比例都不是 1∶1,在计算机上如果像手工绘图一样按比例来绘图有时相当麻烦。如果直接按以上所设绘图环境 1∶1 绘制出工程图的全部内容,然后再用 SCALE 命令进行比例缩放或在输出图时调整比例,其输出图中的线型、尺寸、剖面线间距、文字大小等将不能满足标准要求。如何按形体的真实大小绘图,而且使输出图中的线型、字体、尺寸、剖面线等都符合制图标准,这是一个值得重视的问题。

以绘制一张 A1 图幅比例为 1∶50 的专业图为例,介绍一种较易掌握且比较实用的方法。

具体操作方法如下。

①选 A1 样图新建一张图。

②用"SCALE"命令,基点定在坐标原点"0,0"处,输入比例系数"50",将整张图(包括图框标题栏)放大 50 倍。

③用"ZOOM"命令,选择"A"选项使放大后的图形全屏显示(此时栅格不可用)。

④按形体真实大小(即按尺寸数值)绘出各图形状,但不画剖面线、不注尺寸、不写文字。

⑤再用"SCALE"命令,基点仍定在坐标原点"0,0"处,输入比例系数"0.02",将整张图缩小 50 倍。

⑥绘制工程图中的剖面线、注写文字、标注尺寸(该尺寸样式中"比例因子"输入"50")。

说明:若在1:1的绘图状态下绘出图样的全部内容,再用"SCALE"命令缩回图形,或输出图时再选定比例来缩小输出,这样就要求在1:1绘图时,要调整线型比例、尺寸样式中某些值、剖面线间距等,在处理这些问题时稍有疏落,将会输出一张废图。而用以上方法绘制图形,将可避免这些问题,同时也实现了不用计算大小按尺寸1:1绘图的目的。

5.10.8 绘制专业图实例

1.房屋平面图绘制

绘制如图1.5.63所示的底层平面图。

图1.5.63 平面图绘图实例

操作步骤如下。

①打开AutoCAD,从图形样板中打开A3样图(A3.dwt)。

②找到合适的保存路径,另存为"底层平面图.dwg"。

③用"SCALE"命令,基点定在坐标原点"0,0"处,输入比例系数"50",将整张图(包括图框标题栏)放大50倍。

④用"ZOOM"命令,选择"A"选项使放大后的图形全屏显示。

⑤调出轴线图层,绘制①、Ⓐ轴线,然后使用"OFFSET"(偏移)命令,绘出其余的轴线。

⑥输入Mline命令或选择"绘图"菜单下的"多线"命令绘制墙体。

◇命令:ML↙

◇指定起点或[对正(J)/比例(S)/样式(SJ)]:S↙

◇输入多线比例 < 20.00 > :240 ✓

◇指定起点或[对正(J)/比例(S)/样式(SJ)]:J ✓

◇输入对正类型[上(T)/无(Z)/下(B)]:Z ✓

◇指定起点或[对正(J)/比例(S)/样式(SJ)]:(可利用对象捕捉方式选择两轴线的交点作为起点位置,开始绘制墙体线,重复使用 Mline 命令绘出所有的墙体线)

⑦使用"Explode"命令,分解所有墙体线,进行修剪。

⑧根据设计要求,在适当的位置绘出门、窗图例。

⑨再用"SCALE"命令,基点仍定在坐标原点"0,0"处,输入比例系数"0.02",将整张图缩小 50 倍。

⑩绘制工程图中的轴线编号、注写文字、标注尺寸。

经过以上步骤就可得到图 1.5.63 所示的实例图形。

2. 立面图绘制

根据 1.5.63 图,绘制⑤-①轴立面图。具体操作步骤如下。

①前 4 步基本同平面图的绘制。

②调用轴线图层,绘制⑤、①两根轴线。

③使用"直线"命令绘制地坪线、外墙线、檐口线、屋脊线以及入口处的雨篷等。

④使用"直线"命令绘制窗的位置和开启方式。

⑤再用"SCALE"命令,基点仍定在坐标原点"0,0"处,输入比例系数"0.02",将整张图缩小 50 倍。

⑥绘制立面图中的轴线编号、注写文字、标注尺寸等。

经过以上步骤就可得到图 1.5.64 所示的实例图形。

图 1.5.64　立面图绘图实例

上机实训与指导

实训 1：按教材所述创建样图的内容和方法，根据施工图需要创建一张"A3 样图（.dwt）"。

实训 2：用"OPEN"命令同时打开前面所保存的 2 ~ 3 个图形文件，练习用"Ctrl + Tab"组合键来切换当前的图形文件；练习用"窗口"下拉菜单指定所打开的某一图形文件为当前图形文件；练习用"窗口"下拉菜单中的"水平平铺"、"垂直平铺"、"层叠"选项来显示所打开的一组图形文件。

实训 3：绘制教材附图中的专业图。

5.10.9　图形打印

同所有工程设计一样，土木工程设计的图样仍然是设计思想的最终载体，它将在房屋建筑设计、交流和施工中发挥重要作用。因此，和文字、表格处理系统一样，图形编辑系统也提供了图形输出功能，以实现图形信息从数字形式向模拟形式的转换，从数字设计媒体向传统设计媒体的转换。

其实，显示在屏幕上的图像也是计算机的输出结果。将图形在打印机或绘图仪上描绘出来和把图形在屏幕上显示出来，其原理和过程是完全相同的，都是把图形数据从图形数据库传送到输出设备上。只是为了区别起见，习惯上把绘制在传统介质（绘图纸、胶片等）上的图形称为图形的硬拷贝。

1. 正确地设置绘图仪或打印机

把图形数据从数字形式转换成模拟形式、驱动绘图仪或打印机在图纸上绘制出图形，这一过程是通过绘图仪和打印机的驱动程序实现的。不同类型的绘图仪和打印机，需要使用不同的驱动程序，因此要在 AutoCAD 系统中输出图形，必须告诉 AutoCAD 所使用的绘图仪或打印机的型号，以便装入相应的驱动程序。这也是在绘图前必须配置绘图仪或打印机的原因。

一个绘图设备配置中应包含设备相关信息。例如，设备驱动程序名、设备型号、连接该设备的输出端口以及与设备有关的各种设置；同时，也应包含与设备无关的信息，例如图纸的尺寸、放置方向、绘图比例以及绘图笔的参数、优化、原点和旋转角度等。

需要注意的是，AutoCAD 并没有把绘图设备的相关配置信息存储在图形文件中。在准备输出图形时，可以在 AutoCAD 中进行图面的布置，在【打印】对话框中选择一个现有配置作为基础，对其中的某些参数进行必要的修改。用户也可以把当前配置储存为新的绘图设备默认配置。

（1）使用系统默认打印机

在 Windows 98 至 Windows 10 系统中，如果不加任何说明，直接打印图形时，AutoCAD 2010 将使用默认的系统打印机，一般激光打印机和喷墨打印机不用进行特殊设置，可以直接输出图形。对于针式打印机，由于打印图形的效果不佳，在此不作介绍。对于各种绘图机的设置见下面的介绍。

（2）在 AutoCAD 2010 中设置绘图仪或打印机

在 Windows XP 及以上系统,对于常见的激光打印机本地连接时,使用系统打印机(默认设备)就可以完成打印任务,不用作特殊设置。在 AutoCAD 2010 所提供的预设绘图仪或打印机的驱动程序都是比较常用或是现在已有的机型,对于比较新的机型,Windows 的驱动程序就不一定适用了。

大多数可以用于 AutoCAD 的绘图仪或打印机多附有它们自己的驱动程序,只要在购买时确认该绘图仪或打印机的驱动程序可以支持 AutoCAD 2010,然后再按安装软件的说明将该驱动安装到 AutoCAD 2010 中。安装完绘图仪或打印机的驱动程序后,将使 AutoCAD 2010 里的绘图仪或打印机的列表里多一项该驱动程序的名称,选取此驱动程序来设置就可以利用此绘图仪或打印机来出图。

在 AutoCAD 2010 里,要配置绘图仪和打印机可参照下列步骤。

①进入 AutoCAD 2010 的主操作画面中。

②选择下拉菜单的"文件"→"绘图仪管理器"命令,将出现【打印机】对话框,如图 1.5.65 所示。

③在图 1.5.65 对话框中用鼠标左键双击"添加绘图仪向导"标签,并在图 1.5.66 中单击"下一步"按钮,将出现如图 1.5.67 所示的对话框("我的电脑"单选按钮用于选择系统打印机以外的本地设备;"网络绘图仪服务器"单选按钮则用于选择网络打印机;"系统打印机"单选按钮用于选择系统默认打印机——一般直接与本地连接的激光打印机选择此项),为了选择本地的非默认设备(如滚筒绘图仪),选择"我的电脑"单选按钮,从图 1.5.68 所示对话框中选择需要的设备(如图中选择了惠普的 7550A 绘图仪)。所有 AutoCAD 2010 的打印机或绘图仪驱动程序都会出现在此框中。新购买的打印机或绘图仪连接到计算机后,在此窗口中如果有对应的驱动程序,只要单击选取该驱动程序,然后再依提示安装即可。

图 1.5.65　【打印机】对话框

④当选取某绘图仪或打印机的驱动程序后,系统就会针对该绘图仪或打印机的连接与其他设置询问相关的信息。可以说,只要连接设置正确,其他有关绘图输出的设置就可以按提示完成;如果连接设置不适当,出图时可重新根据需要修改。

5.10.10　图形的输出操作

在输出图形之前,应检查一下所使用的绘图仪或打印机是否准备好;检查绘图设备的电源

图 1.5.66　【添加打印机 – 简介】对话框

图 1.5.67　【添加绘图仪 – 开始】对话框

图 1.5.68　【添加绘图仪 – 绘图仪型号】对话框

开关是否打开,是否与计算机正确连接;运行自检程序,检查绘图笔是否堵塞跳线;检查是否装上图纸,尺寸是否正确,位置是否对齐。

1.绘图命令 PLOT 的功能

绘图命令(PLOT)将主要解决绘图过程中的以下问题:打印设备的选择;设置打印样式表参数;确定图形中要输出的图形范围;选择图形输出单位和图纸幅面;指定图形输出的比例、图纸方向和绘图原点;图形输出的预览;输出图形。

2.命令的启动方法

启动 PLOT 命令,可选择下列方式之一。

①单击标准工具栏上的打印按钮 🖶。

②选择下拉菜单的"文件"→"打印"命令。

③在命令行输入"PLOT"命令。

3.图形输出参数设置

启动"PLOT"命令后,弹出【打印-模型】对话框,如图1.5.69所示。在图1.5.69中,共有6个选项:"页面设置"、"打印机/绘图仪"、"图纸尺寸"、"打印区域"、"打印偏移"、"打印比例"。下部有5个按钮,"预览"、"应用到布局"、"确定"、"取消"、"帮助"。

图1.5.69 【打印-模型】对话框

在各个选项中,可以根据出图的需要,选择相应的页面名称、打印机或绘图仪的名称、出图尺寸、打印范围、是否需要居中打印、打印比例调节等。

(1)页面设置

页面设置用于选择一个已经设置好的图纸页面。出图时,需打印的图就会放在该页面内。

(2)打印机/绘图仪

在"名称"栏中,显示系统当前默认打印机/绘图仪的型号,单击下拉按钮可以选择其他绘图设备。图中选择的是 HP Laser Jet M1522 打印机。

如果在"打印到文件"方框中打上"√",表示当前没有连接合适的绘图设备,可先把图形输出为一个绘图文件,以后再打印出来。图形输出的其他设置都完成后,单击"确定"按钮,将弹出图 1.5.70 所示的【浏览打印文件】对话框,在选定的路径输入绘图文件名。绘图文件名的默认文件名为"Drawing1-Model. plt",默认扩展名为 PLT。对于在网络环境下工作的用户,可利用这一功能实现脱机打印。

图 1.5.70 【浏览打印文件】对话框

（3）选择图纸幅面

单击图 1.5.69 中的"图纸尺寸"下拉列表,显示该绘图仪支持的标准图纸幅面的代号及其尺寸,单击选择需要的图纸大小(如在图 1.5.69 中选择了 A4 图幅)。

（4）打印区域

在打印范围下拉列表中,确定图形输出范围有 4 种方法,即窗口、范围、图形界限和显示。

①选择"窗口"选项后,单击"窗口"按钮,可以打印欲输出图形中的任一矩形区域内的图形。

提示:一般采用在当前的视窗内,使用光标从任意一点开始选择一矩形窗口,将打印所选定矩形窗口内的所有内容。

②选择"范围"单选按钮,则输出实际绘制的全部图形。

③选择"图形界限"单选按钮,则输出图形界限范围内的全部图形。

④选择"显示"单选按钮,则输出当前视窗内显示的全部图形。

（5）打印偏移

打印偏移用于控制输出图形在图纸中的位置。如选择在 X、Y 窗口中输入坐标点,则该坐标点代表拟打印图形的左下角点在图纸中的坐标位置。如选择"居中"打印,则拟打印的图形将会打印在图纸的正中位置。

提示:坐标输出和居中打印两者只能选其一。

（6）打印比例

选择布满图纸选项时,则拟打印的图形将充满整张图纸。如果去掉"布满图纸"选项方框中的"√",则可选择拟打印图形在图纸中的显示比例。选择布满图纸选项和出图比例选项两者之间的区别如图 1.5.71 所示（出图的其余条件完全相同）。

（a）　　　　　　　　　　　　（b）

图 1.5.71　打印比例对出图的影响

（a）布满图纸　（b）比例 1:5

（7）图形输出前的预览

完成打印设置后,可利用图 1.5.69 左下角的"预览"按钮预先浏览图形的输出效果。要退出预览时,可在该预览画面单击鼠标右键,在弹出的右键快捷菜单中选取"退出"（Exit）选项,即可返回【打印－模型】对话框,也可按"Esc"键退回。如果预览效果不理想,可返回【打印－模型】对话框重新调整绘图参数,直至满意为止。

4.图形输出实例

完成全部图形输出选择后,按【打印】对话框的"确定"按钮即可从绘图设备绘出图形。

在模型空间内,使用"PLOT"命令即可将图形绘制到图样上。它适合于输出图形各部分的绘图比例相同、图形方向也一致的情况。

例如,输出图 1.5.72 图形界面中的图形。其操作步骤如下。

①启动"PLOT"命令。选择下拉菜单中的"文件"→"打印"命令,弹出如图 1.5.69 所示的对话框。选择打印机为 HP Laser Jet M1522。

②选择 A3 图幅、窗口选择、居中打印、布满图纸、打印份数 1 份等选项,单击"预览"按钮,出现如图 1.5.73 的【图形输出预览】预览框。

③按【打印－模型】对话框的"确定"按钮或在预览界面中单击右键选择"打印"命令,即可输出图形。

提示:打印线条颜色、线型、线宽应在图层中完成设置。

图 1.5.72　图形输出示例

图 1.5.73　【图形输出预览】预览框

5.10.11　利用布局打印

AutoCAD 的工作空间分为模型空间和图纸空间,人们一般习惯在模型空间绘制图形,在图纸空间打印图形。一般情况下两者是独立的,即在图纸空间看不到模型空间中创建的实体,同时在模型空间看不到图纸空间的图形。作为设计者最关心的问题是模型空间图形能否完整、动态和实时地显示于图纸空间,模型空间的图形变化每次改动能否自动同步地显示于图纸空间。通过布局工具就可以完成这一任务。

1.布局的概念与作用

要理解布局,首先要理解布局与模型空间、图纸空间的关系。

模型空间是用户建立对象模型所在的环境。模型即用户所画的图形,可以是二维的,也可以是三维的,模型空间以现实世界的通用单位来绘制图形对象。

图纸空间是专门为规划打印布局而设置的一个绘图环境。作为一种工具,图纸空间用于安排在绘图输出之前设计模型的布局,在 AutoCAD 中,用户可以用许多不同的图纸空间来表现自己的图形。

广义概念上的布局包括两种:一种是模型空间布局("模型"选项卡),用户不能改变模型空间布局的名字,也不能删除或新创建一个模型空间布局对象,每个图形文件中只能有一个模型空间布局;另外一种是图纸空间布局("布局"选项卡),用于表现不同的页面设置和打印选项,用户可以改变图纸空间布局的名字,添加或删除(但至少保留 1 个)图纸空间布局。

狭义概念上的布局,单指图纸空间布局(除非特殊说明,否则下文中的"布局"均单指图纸空间布局)。

在模型空间绘制的图形对象属于模型空间布局(虽然这些对象可以在图纸空间的浮动视图区内显示出来);在图纸空间绘制的图形对象仅属于其所在的布局,而不属于其他布局。例如,在布局 1 的布局内绘制了一个线段,它仅显示在布局 1 的布局内,在布局 2 的布局内并不显示。

2.建立新布局

可以利用菜单栏、工具栏、命令行和屏幕"布局 x(x 一般取 1、2)"选项卡 4 种方式之一使用布局功能。

(1)用 LAYOUT 命令创建布局

"LAYOUT"命令可以创建、删除、保存布局,也可以更改布局的名称。

1)新建布局

◇命令:LAYOUT↙

◇输入布局选项[复制(C)/删除(D)/新建(N)/样板(T)/重命名(R)/另存为(SA)/设置(S)/?]<设置>:N↙

◇输入新布局名<布局 3>:创建布局举例↙

2)复制布局

用复制已有布局的方式建立新的布局。经过键入要复制的源布局和新建布局的名称(默认条件下,新布局名称为原布局名称后加括号,括号内为一个递增的索引数字号)即可完成该操作。

3)删除布局

选择该选项后,AutoCAD 提示输入要删除的布局名称,然后删除该布局。当删除所有的布局以后,系统会自动生成一个名为"布局 1"的布局,以保证图纸空间的存在。

4)以原型文件创建新布局

以样板文件(.dwt)、图形文件(.dwg)或 DXF 文件(.dxf)中的布局为原型创建新的布局时,新布局中将包含源布局内的所有图形对象和浮动视口(浮动视口本身就是图纸空间的一个图形对象),但不包含浮动视口内的图形对象。选择"样板(T)"选项后,如果系统变量FIELDIA=1,则显示"从文件选择样板"对话框,在对话框中选择相应的文件(.dwt、.dwg、.dxf)后,单击"打开"按钮,AutoCAD 将用"插入布局"对话框显示该文件中包含的布局。用户可以从中选择一个布局作为新布局的模板。

5)重命名布局

重命名布局就是更改布局的名称。选择"重命名(R)"选项后,系统首先提示输入布局的原名称,然后提示输入布局的新名称。

6)另存布局

使用"另存为(SA)"选项可以将布局(包括布局内的图形对象和浮动视口)保存到一个模板文件(.dwt)、图形文件(.dwg)或 DXF 文件(.dxf)中,以备其他用户使用。

7)设置为当前布局

使用"设置(S)"选项可以将某一布局设置为当前布局。

8)显示布局

使用"?"选项可以显示图形中存在的所有布局。

(2)用 LAYOUTWIZARD 命令创建布局

激活"LAYOUTWIZARD"命令后,AutoCAD 显示【创建布局—开始】对话框,该对话框的左面显示了向导的运行步骤和当前步骤,依次点击下一步,选择相应选项后,即可完成布局的创建。

提示:如果在打印出图时,不能正常地打印出所需要的图线,可从以下几个方面进行检查。①查看需要打印的图层是否被关闭(OFF)、冻结(FREEZE)和锁住(LOCK)。②查看需要打印的图层上其打印机是否关闭,见符号 。③查看需要打印的图线是否绘制在"0"图层上。因为绘制在"0"图层上的所有图线将不被打印。④检查完以上3步后,若仍然不能正常出图,还可以新建一张 CAD 图,把不能被正常打印视图上的所有图线及内容拷贝到新建图上,再进行打印,应该可以解决此问题。

5.10.12 高级应用技巧(拓展知识)

1. 高级图形查询

打开下拉菜单"工具"→"查询"→"……",如图 1.5.74 所示,可以进行距离、面积、面域/质量特性、列表显示、点坐标、时间、状态、设置变量的查询。

示例:查询图 1.5.75 所示长方体的图形信息。

(1)坐标查询

查询图 1.5.75 所示长方体的 A 点坐标。单击下拉菜单"工具"→"查询"→"点坐标"选项,交互区命令执行过程如下。

图 1.5.74　图形高级查询

图 1.5.75　长方体信息查询

◇命令：ID↙

◇指定点：(鼠标左键单击图 1.5.75 中的 A 点)

◇X = －427.105 6　　　Y = 2 261.284 8　　　Z = 0.000 0(显示三维坐标值)

（2）长度查询

查询图 1.5.75 所示长方体的 AB 边长度。单击下拉菜单"工具"→"查询"→"距离"选项，交互区命令执行过程如下。

◇命令：DIST↙

◇指定第一点：(鼠标左键单击图 1.5.75 中的 A 点)

◇指定第二点：(鼠标左键单击图 1.5.75 中的 B 点)

◇距离 = 200.000 0，XY 平面中的倾角 = 0，与 XY 平面的夹角 = 0

◇X 增量 = 200.000 0，Y 增量 = 0.000 0，Z 增量 = 0.000 0

（3）面积查询

查询图 1.5.75 所示长方体 EFGH 面的面积。首先设置对象捕捉为捕捉"端点"，并打开对象捕捉状态，然后单击下拉菜单"工具"→"查询"→"面积"选项，交互区命令执行过程如下。

◇命令：AREA ↙

◇指定第一个角点或［对象(O)/加(A)/减(S)］:（鼠标左键单击图 1.5.75 中的 E 点）

◇指定下一个角点或按 ENTER 键全选:（鼠标左键单击图 1.5.75 中的 F 点）

◇指定下一个角点或按 ENTER 键全选:（鼠标左键单击图 1.5.75 中的 G 点）

◇指定下一个角点或按 ENTER 键全选:（鼠标左键单击图 1.5.75 中的 H 点）

◇指定下一个角点或按 ENTER 键全选:↙

◇面积 = 20 000.000 0,周长 = 600.000 0

（4）体积等信息查询

查询图 1.5.75 所示长方体的体积等信息,单击下拉菜单"工具"→"查询"→"面域"→"质量特性"选项,交互区命令执行过程如下。

◇命令：MASSPROP ↙

◇选择对象:（鼠标左键单击）

◇选择对象:↙

出现如图 1.5.76 对话框,即得各种查询信息。

图 1.5.76　【查询信息】对话框

提示:①"MASSPROP"查询命令对求非规则圆形的体积和质心等信息非常有用。

②以上查询除可以用输入命令的方式完成外,也可把光标置于任一工具条上,单击右键,选取查询工具条,即图 1.5.77。

在查询距离、面积、面域/质量特性时,直接点取相应的图标即可。

图 1.5.77　查询工具条

2. Excel、Word 与 AutoCAD 在建筑工程中的结合应用

（1）工程数量的统计与表格绘制

AutoCAD 尽管有强大的图形绘制功能,但表格处理功能相对较弱,而在实际工作中,往往需要在 AutoCAD 中制作各种表格(工程数量表等)。如建筑结构施工图中的钢筋统计表,不仅要对单个构件进行统计,还要对整个工程所用钢筋量进行汇总统计。所以,在绘制图样中插入

表格是工程绘图中不可缺少的。如何高效制作表格,是一个很实用的问题。

在 AutoCAD 环境下用手工画线方法绘制表格,然后再在表格中填写文字,不仅效率低下,而且很难精确控制文字的书写位置,文字的排版也很成问题。相对来说,Excel 的表格制作功能是十分强大的,因此我们可以在 Excel 中制表及统计,然后将表格放入 AutoCAD 中。

示例:绘制如图 1.5.78 所示的钢筋统计表。

	A	B	C	D	E	F	G	H	I
1	钢筋统计表								
2	构件名称	构件数	钢筋编号	钢筋规格	长度/mm	每件根数	总根数	单件重量/kg	总重量/kg
3	L-1	5	1	Φ14	3630	2	10	8.78	43.9
4			2	Φ14	4340	1	5	5.25	26.25
5			3	Φ10	3580	2	10	4.42	22.1
6			4	Φ6	920	25	125	5.11	25.55
7	钢筋总重							23.56	117.8

图 1.5.78　钢筋统计表原始数据

其具体绘制步骤如下。

①在 Excel 中输入并计算完成如图 1.5.79 所示的表格。

	A	B	C	D	E	F	G	H	I
1	钢筋统计表								
2	构件名称	构件数	钢筋编号	钢筋规格	长度/mm	每件根数	总根数	单件重量/kg	总重量/kg
3	L-1	5	1	Φ14	3630	2	10	8.78	43.9
4			2	Φ14	4340	1	5	5.25	26.25
5			3	Φ10	3580	2	10	4.42	22.1
6			4	Φ6	920	25	125	5.11	25.55
7	钢筋总重							23.56	117.8

图 1.5.79　在 Excel 中计算完成的统计表

②在 AutoCAD 中的菜单条中选择"编辑"→"选择性粘贴"选项,选择工作表(如图 1.5.79 所示),剪贴板上的表格即转化为 AutoCAD 实体,如图 1.5.80 所示,粘贴完 Excel 表格后的图形如图 1.5.81 所示。

图 1.5.80　选择工作表粘贴

工程中或其他行业有许多符号在 Excel 中很难输入,在表格转化成 AutoCAD 实体后应进

钢筋统计表							
构件名称	构件数	钢筋编号	钢筋规格	长度/mm	每件根数	总根数	单件重量/kg	总重量/kg
L1	5	1	Φ14	3630	2	10	8.78	43.9
		2	Φ14	4340	1	5	5.25	26.25
		3	Φ10	3580	2	10	4.42	22.1
		4	Φ6	920	25	125	5.11	25.55
		钢筋总重					23.56	117.8

图 1.5.81　粘贴完 Excel 表格的 CAD 图

行检查核对,可以在 AutoCAD 中输入相应的符号。

提示:对需要修改的数据可双击它,回到 Excel 中修改,修改完成后,关闭更新即可。

(2)在 Word 文档中插入 AutoCAD 图形

Word 软件有出色的图文并排方式,可以把各种图形插入到所编辑的文档中,这样不但能使文档的版面丰富,而且能使所传递的信息更准确。但是,Word 本身绘制图形的能力有限,难以绘制正式的工程图,特别是绘制复杂的图形。AutoCAD 是专业的绘图软件,功能强大,很适合绘制比较复杂的图形。用 AutoCAD 绘制好图形后,然后插入到 Word 制作复合文档是解决问题的好办法。

如图 1.5.82 所示,在 AutoCAD 中先单击标准工具条上的 按钮,然后框选图形;或先选取图形后用"Ctrl + C"将图复制到剪贴板中;也可使用计算机键盘上的"PrScrn"键(抓图键)将 AutoCAD 的图形界面复制到剪贴板中(该种方法复制的图形是一个图片,图形内容不能在 Word 中进行修改);进入 Word 中,用"Ctrl + V"或选择"编辑"下的"粘贴"、"选择性粘贴"选项,图形则粘贴在 Word 文档中,如图 1.5.82 所示。

显然,图 1.5.82 中插入 Word 文档中的图空边过大,效果不理想。可利用 Word"图片"工具栏上的裁剪功能进行修整:单击图形,在图形上下左右出现 8 个四方形黑点。单击鼠标右键在出现快捷菜单条的同时,屏幕上弹出如图 1.5.83 所示的"图片"工具栏。

单击"图片"工具条上的 按钮。将鼠标移至黑点处,按住鼠标左键,出现拖动符号"T"后即可拖动鼠标对图形中的空边区域进行修整。修整后如图 1.5.84 所示。

(3)在 AutoCAD 中插入 Word 文档

在设计中有时需将大面积的文档调入图形中,如设计图样总说明等,文字多而图形相对较少的情况。我们可以先在 Word 中输入文字,然后用"Ctrl + C"将文字拷贝到剪贴板上;在 AutoCAD 中,启动多行文字"MTEXT"命令,再用"Ctrl + V"复制到文字输入框中。

以上仅介绍了作者认为比较简捷的一种操作方法,还有许多其他的方法,读者可以去自行练习。如果用户需要将所绘图形以"图片"格式运用,可以用 AutoCAD 提供的"输出"菜单选项,

图 1.5.82　在 Word 中的图

图 1.5.83　"图片"工具条

图 1.5.84　修整空边后的图

先将 AutoCAD 图形以 BMP 或 WMF 等格式输出,然后以来自文件的方式插入 Word 文档即可。

3.图块的应用

(1)块的概念

在一个图形中,所有的图形实体均可用绘图命令逐一绘制出来。如果需要绘制许多重复或相似的单个实体或一组实体,一个基本的方法是重复绘制这些实体,这样做不仅乏味、费时,而且不一定能保证这些实体完全相同。利用计算机绘图的一个基本原则是,同样的图形不应该绘制两次。因此,AutoCAD 提供了各种各样的复制命令,如"COPY"、"MIRROR"和"AR-RAY"。但是,如果拷贝的实体同时需要进行旋转和缩放,还必须借助于"ROTATE"和"SCALE"命令。即使如此,简单实体复制所占用的存储空间也是相当可观的。那么,如何实现一组实体既能以不同比例和旋转角进行复制,又占用较少的存储空间呢?块是解决上述矛盾的一个途径。

所谓块,就是存储在图形文件中仅供本图形使用的由一个或一组实体构成的独立实体。块一经定义,用户即可在定义块的图形中任何位置,以任何比例和旋转角度插入任意次。图1.5.85 表示以不同的比例因子和旋转角度插入图形中的八字翼墙断面图块。左上角为块定义的原始图形。

图 1.5.85　块的应用示例

(2)块定义的组成

1)块名

块为用户自行定义的有名实体,块是以块名唯一识别的。块名最长不超过 31 个字符,可由字符、数字和专用字符" $ "、边字符" – "和下画线"_"构成。最好根据块的内容或用途对块命名,以便顾名思义。

2）组成块的实体

块是一种复杂实体,组成它的实体常称之为子实体。定义块时,系统要求用户指定块中包含哪些子实体,这些实体在定义块时需要先行绘制。

3）块的插入基点

把一组子实体定义成块,目的是为了在本图中使用。插入一个块时,需要在图形中指定一点,作为块的定位点(兼作缩放中心和旋转中心),该点称块的插入点。那么,定义块上的哪一点作为插入点呢? 这就是在定义块时需要指定的块上的一点,即所谓的插入基点。

提示:插入基点只是块定义的组成部分,而不是点实体。

（3）块定义的命令

对现有块重新进行定义是对图形进行编辑的强有力方法。如果用户定义了一个块,并在当前图形中进行了多次插入,后来发现所有插入块中的实体绘制错误或位置不正确,则用户可以使用分解命令把其中一个插入块炸开,修改块属实体或重新指定插入基点,然后使用原块名对该块重新定义。块定义的修改会引起当前图形的再生,使得当前图形中该块的所有插入块都会根据新的块定义自动进行更新。

块定义的命令可以采用"BMAKE"命令或"BLOCK"命令,两者均采用对话框的形式定义块。现就"BLOCK"命令定义块的过程予以介绍(需要定义的块如图 1.5.86 所示,插入后如图 1.5.87 所示)。

命令:BLOCK(显示图 1.5.88 所示的对话框后,输入名称"YQ-1")

◇选择对象:(用鼠标左键拾取图 1.5.86 中的梯形和矩形)

◇指定插入基点:MID(指定插入基点为图 1.5.86 中矩形下边中点,对话框如图 1.5.88 所示,选择"确定"按钮完成块的定义)。

图 1.5.86　块的定义

图 1.5.87　插入块

提示:尽管块定义本身存储在图形中,但并不是图形中的实体。必须使用 INSERT 命令将块插入到图形中才能产生块实体。

（4）块的插入

使用"INSERT"或"DDINSERT"命令,可以把已定义的块或外部图形文件插入到当前图形中。当把一个外部图形插入到当前图形中时,AutoCAD 先从磁盘上将外部图形装入当前图形,

图 1.5.88 【块定义】对话框

再把它定义成当前图形的一个块,然后再把该块插入到图形中,即同时完成外部图形文件的块定义和块插入。

在插入块或图形时,用户需要指明插入块的块名、块插入的位置——插入点、块插入的比例因子和块插入的旋转角度。

现以"INSERT"命令为例介绍块的插入操作。在命令行输入 INSERT 命令。按下面提示完成块的插入操作。

◇命令:INSERT(出现如图 1.5.89 所示的对话框,输入旋转角度 30,比例因子不变)执行得到图 1.5.87。

(5)块的修改

当插入的图块不能完全符合要求而需要修改时,应该使用 EXPLODE 命令炸开使其成为下一级图元文件才可以修改,如果图块有嵌套,即图块中有图块,有时一次炸开不行,还需要在局部进行二次炸开操作。

(6)利用块绘制围墙图例

示例:绘制图 1.5.90 所示总平面图中的围墙图例。

图 1.5.89 【插入】对话框

图 1.5.90 绘制围墙图例

①利用 LINE 或 PLINE 绘制围墙的边界线;若使用 LINE 绘制,则要转换为多段线。

②绘制一定长度的竖直线。

③定义图 1.5.90 中部的竖直线为图块,图块名为"Y1",基点为其下端。

④命令:DIVIDE(定数等分)或 MEASURE(定距等分)↙

◇选择要定数等分的对象:(用鼠标左键拾取图 1.5.90 中的围墙边界线)

◇输入要插入数目或[块(B)]:B ↙(选择图块模式)

◇输入要插入的块名:Y1 ↙(输入图块名"Y1")

◇是否对齐块和对象? [是(Y)/否(N)] <Y>:↙(保持图块与插入的位置相垂直)

◇输入线段数目:50 ↙(围墙边界线的分段个数,分为 50 段,结果见图 1.5.90)

任务 5 小结

房屋建筑工程施工图是建造房屋的技术依据。介绍了房屋建筑的组成与作用,房屋建筑建造程序、施工图分类;图样和建筑总平面图、建筑详图组成,应充分理解建筑施工图各图样的成图原理。以建筑平面图、立面图、剖面图 3 种基本图样为重点,详细介绍了其形成、内容、绘制步骤,既有手工绘制要求,也有计算机绘制要求等内容。施工图的图示内容十分繁杂,在实际工作中应当因工程而异、灵活运用、注重理解。识读房屋建筑施工图,必须具备一定的专业知识,按照正确的方法、步骤进行识读。这是将来的工作任务,结合施工现场进行教学,达到所学即所用的目的。

习　题

选择题　　　　判断题

一、选择题

二、判断题

三、综合实训

同学们在课内实训和集中实训中,完成附图中的建筑平、立、剖面图的抄绘或测绘任务。(A3 图幅,手工和上机各 3~5 张)。

教学评估表

学习情境名称：＿＿＿＿＿＿＿＿班级：＿＿＿＿＿＿＿＿姓名：＿＿＿＿＿＿＿＿日期：＿＿＿＿＿＿＿＿

1.本表主要用于对课程授课情况的调查,可以自愿选择署名或匿名方式填写问卷。

根据自己的情况在相应的栏目打"√"。

评估等级 评估项目	非常赞成	赞成	不赞成	非常不赞成	无可奉告
(1)我对本学习情境学习很感兴趣					
(2)教师教学设计好,有准备并阐述清楚					
(3)教师因材施教,运用了各种教学方法来帮助我的学习					
(4)学习内容能提升我的读图和绘图技能					
(5)有实物、图片、音像等材料,能帮助我更好地理解学习内容					
(6)对于教学内容教师知识丰富、能结合施工现场进行讲解					
(7)教师善于活跃课堂气氛,设计各种学习活动,利于学习					
(8)教师批阅、讲评作业认真、仔细,有利于我的学习					
(9)我理解并能应用所学知识和技能					
(10)授课方式适合我的学习风格					
(11)我喜欢这门课中的各种学习活动					
(12)学习活动有利于我学习该课程					
(13)我有机会参与学习活动					
(14)每项活动结束都有归纳与总结					
(15)教材编排版式新颖,有利于我学习					
(16)教材使用的文字、语言通俗易懂,有对专业词汇的解释、提示和注意事项,利于我自学					
(17)教材为我完成学习任务提供了足够信息和查找资料的渠道					
(18)教材通过讲练结合使我技能增强了					
(19)教学内容难易程度合适,紧密结合施工现场,符合我的需求					
(20)我对完成今后的工作任务更有信心					

2.您认为教学活动使用的视听教学设备:

合适 □ 太多 □ 太少 □

3.教师安排边学、边做、边互动的比例:

讲太多 □ 练习太多 □ 活动太多 □ 恰到好处 □

4.教学进度：

　　太快　　□　　　　　　　　正合适　　□　　　　　　　太慢　　□

5.活动安排的时间长短：

　　太长　　□　　　　　　　　正合适　　□　　　　　　　太短　　□

6.我最喜欢本学习情境中的教学活动是：

7.我最不喜欢本学习情境中的教学活动是：

8.本学习情境我最需要的帮助是：

9.我对本学习情境改进教学活动的建议是：

学习情境2　结构施工图

【学习目标】

知识目标	能力目标	权重
正确表述结构制图标准中有关图幅、图线、字体、比例的相关要求	贯彻结构制图标准相应规定	0.10
正确表述常用结构制图工具和仪器的使用方法及注意事项	正确使用结构制图工具,会规范选用线型、书写字体及尺寸标注等	0.15
正确表述点、线、面、体的投影特性在结构制图中的应用	利用点、线、面、几何体的投影规律分析结构施工图的构成	0.30
熟练表述剖面图、断面图和轴测图的形成原理及绘制线型要求	正确绘制建筑结构构件的剖面图、断面图和轴测图	0.10
正确表述建筑结构的类型及相应的图示方法和图示内容	正确识读和绘制结构施工图	0.30
正确表述软件绘图与手工绘图的区别、软件绘图的注意事项及要求	利用绘图软件绘制结构施工图并打印出图	0.05
合　计		1.00

【教学准备】

建筑工程结构施工图图纸、制图标准、绘图工具、结构模型及模型的投影图、三维动画、任务单等。

【教学方法建议】

在建筑技能实训基地或施工现场,采用图纸展示、对照学习、分组学习、动态示教、角色扮演、课堂讨论、多媒体教学、讲授等方法教学。

【建议学时】

22(14)学时

PPT:结构平面图基础知识

微课:结构平面图基础知识

任务 1　国家制图标准基本规定及应用

结构施工图图线宽度 b 应按现行国家标准《房屋建筑制图统一标准》(GB 50001—2010)中的有关规定选用。每个图样应根据复杂程度与比例大小,先选用适当基本线宽度 b,再选用相应的线宽。建筑结构专业制图,应选用表 2.1.1 所示的图线。

表 2.1.1　线型

名称		线型	线宽	一般用途
实线	粗		b	螺栓、钢筋线、结构平面图中的单线结构构件、钢木支撑及系杆线,图名下横线、剖切线
	中粗		$0.7b$	结构平面图及详图中剖到或可见的墙身轮廓线、基础轮廓线、钢、木结构轮廓线、钢筋线
	中		$0.5b$	结构平面图及详图中剖到或可见的墙身轮廓线、基础轮廓线、可见的钢筋混凝土轮廓线、钢筋线
	细		$0.25b$	标注引出线、标高符号线、索引符号线、尺寸线
虚线	粗		b	不可见的钢筋、螺栓线,结构平面图中不可见的单线结构构件线及钢、木支撑线
	中粗		$0.7b$	结构平面图中的不可见构件、墙身轮廓线及不可见钢、木结构构件线、不可见的钢筋线
	中		$0.5b$	结构平面图中不可见构件、墙身轮廓线及不可见钢、木结构构件线、不可见的钢筋线
	细		$0.25b$	基础平面图中的管沟轮廓线、不可见的钢筋混凝土构件轮廓线
单点长画线	粗		b	柱间支撑、垂直支撑、设备基础轴线图中的中心线
	细		$0.25b$	定位轴线、中心线、对称线、重心线

名称		线型	线宽	一般用途
双点长画线	粗		b	预应力钢筋线
	细		$0.25b$	原有结构轮廓线
波浪线			$0.25b$	断开界线
折断线			$0.25b$	断开界线

注:在同一张图纸中,相同比例的各样图样,应选用相同的线宽组。

绘图时根据图样的用途,被绘物体的复杂程度,应选用表2.1.2中的常用比例,特殊情况下也可选用可用比例。

表2.1.2　比例

图名	常用比例	可用比例
结构施工图、基础平面图	1:50,1:100,1:150	1:60,1:200
圈梁平面图、总图中管沟、地下设施等	1:200,1:500	1:300
详图	1:10,1:20,1:50	1:25,1:5,1:30

当构件的纵、横向断面尺寸相差悬殊时,可在同一详图中的纵、横向选用不同的比例绘制。轴线尺寸与构件尺寸也可选用不同的比例绘制。

其他内容参照学习情境1任务1的内容并完成任务单。

任 务 单

系:　　　　　　　　班级:　　　　　　　　　年　　月　　日

学习领域	建筑工程图识读与绘制
学习情境	2　结构施工图
子情境	2.1　国家制图标准基本规定及应用
任务名称	手工抄绘基础大样图
目的	在限定的时间内,手工抄绘基础大样图;学生应在识图的基础上,利用所学知识、工具、参考资料,手工抄绘基础大样图
完成时间	20 min

续表

工作步骤	资讯	识图、查阅资料	小组讨论	2 min
	决策	确定抄绘步骤	小组讨论	1 min
	计划	制订具体实施计划	小组讨论	1 min
	实施	手工抄绘基础大样图	独立完成	10 min
	检查	填检查单	分组完成	3 min
	评价	填评价单	分组完成	3 min
参考资料	1.实施单、检查单、评价单 2.《房屋建筑制图统一标准》 3.《建筑结构制图标准》 4.教材 5.标准图集			
图形				

实施单

检查单

评价单

任务 2 仪器绘图

手工绘制结构施工图时,所使用的绘图仪器、绘图工具和用品与手工绘制建筑施工图的种类及使用方法相同。具体内容参照学习情境 1 任务 2 的内容。请完成任务单。

任 务 单

系:　　　　　　　　　班级:　　　　　　　　　年　　月　　日

学习领域	建筑工程图识读与绘制			
学习情境	2　结构施工图			
子情境	2.2　仪器绘图			
任务名称	手工抄绘平面图形			
目的	在限定的时间内,手工抄绘平面图形。学生应在识图的基础上,利用所学知识、工具、参考资料,手工抄绘平面图形			
完成时间	50 min			
工作步骤	资讯	识图、查阅资料	小组讨论	2 min
	决策	确定抄绘步骤	小组讨论	1 min
	计划	制订具体实施计划	小组讨论	1 min
	实施	抄绘平面图形	独立完成	40 min
	检查	填检查单	分组完成	3 min
	评价	填评价单	分组完成	3 min
参考资料	1.实施单、检查单、评价单 2.《房屋建筑制图统一标准》 3.《建筑结构制图标准》 4.教材 5.标准图集			

续表

| 图形 | |

实施单

检查单

评价单

任务 3　计算机软件绘图

计算机软件(AutoCAD 2010)绘制结构施工图与绘制建筑施工图所用绘图命令及编辑命令相同,其内容可参照学习情境 1 任务 3 的内容并完成任务单。

任　务　单

系:　　　　　　　　班级:　　　　　　　　年　月　日

学习领域	建筑工程图识读与绘制
学习情境	2　结构施工图

子情境	2.3 计算机软件绘图		
任务名称	计算机软件绘制平面图形		
目的	在限定的时间内,计算机软件绘制平面图形。学生应在识图的基础上,利用所学知识、工具、参考资料,用计算机软件绘制平面图形		
完成时间	40 min		
工作步骤	资讯	识图、查阅资料	小组讨论	2 min
	决策	确定抄绘步骤	小组讨论	1 min
	计划	制订具体实施计划	小组讨论	1 min
	实施	抄绘平面图形	独立完成	30 min
	检查	填检查单	分组完成	3 min
	评价	填评价单	分组完成	3 min
参考资料	1.实施单、检查单、评价单 2.《房屋建筑制图统一标准》 3.《建筑结构制图标准》 4.教材 5.标准图集		
图形			

实施单 检查单 评价单

任务4 形体投影图的识读与绘制

结构施工图的识读与绘制仍然使用正投影法,其内容可参照学习情境1任务4的内容并完成任务单。

任 务 单

系: 班级: 年 月 日

学习领域	建筑工程图识读与绘制		
学习情境	2 结构施工图		
子情境	2.4 形体投影图的识读与绘制		
任务名称	形体的表达方法实训		
目的	在限定的时间内,完成形体的表达方法实训;学生应在识图的基础上,利用所学知识、工具、参考资料,完成形体的表达方法实训		
完成时间	60 min		
工作步骤	资讯	识图、复习教材	小组讨论	2 min
	决策	确定作图步骤	小组讨论	1 min
	计划	制订具体实施计划	小组讨论	1 min
	实施	形体的表达方法实训	独立完成	50 min
	检查	填检查单	分组完成	3 min
	评价	填评价单	分组完成	3 min
参考资料	1.实施单、检查单、评价单 2.《房屋建筑制图统一标准》 3.《建筑结构制图标准》 4.教材 5.标准图集		

实训题目	1.画出三棱锥的 *W* 面投影,并补全三棱锥表面上的折线 *FED* 的 *W* 面投影和 *H* 面投影
实训题目	2.完成被切圆柱的三面投影 3.作两个三棱柱的相贯线,并补全相贯体的 *V* 面投影

续表

4.根据给出的投影图,作出第三投影图和轴测图(尺寸直接在投影图中量取)

实施单

检查单

评价单

任务5 结构施工图的识读与绘制

5.1 结构施工图的作用与内容

施工图是工程师的"语言",是设计者设计意图的体现,也是施工、监理、经济核算的重要依据。而结构施工图在整个设计中占有举足轻重的作用,切不可草率从事。

微课:结构施工图的作用与内容

PPT:结构施工图的作用与内容

5.1.1 结构施工图的作用

房屋的结构施工图是根据房屋建筑中的承重构件进行结构设计后画出的图样。结构设计时要根据建筑要求选择结构类型，并进行合理布置，再通过力学计算确定构件的断面形状、大小、材料及构造等。结构施工图须与建筑施工图密切配合，这两个施工图之间不能有矛盾。

结构施工图与建筑施工图一样，是施工的依据，主要用于放线、挖基槽、支承模板、配钢筋、浇筑混凝土等施工过程，也是计算工程量、编制预算和施工进度计划的重要依据。

5.1.2 结构施工图的内容

根据建筑各方面的要求，进行结构选型和构件布置，再通过力学计算，决定房屋各承重构件（如图 2.5.1 所示）材料、形状、大小及内部构造等，并将设计结果绘成图样，以指导施工，这种图样称为结构施工图，简称"结施"。

结构施工图通常包括结构设计总说明（对于较小的房屋一般不必单独编写）、基础平面图及基础详图、楼层结构平面图、屋面结构平面图以及结构构件（例如梁、板、柱、楼梯、屋架等）详图。

图 2.5.1　钢筋混凝土结构示意

1. 结构设计说明

结构设计说明是全局性的文字说明。它包括选用材料的类型、规格、强度等级，地基情况，施工注意事项，说明新建建筑的结构类型、耐久年限、地震设防烈度、地基状况、材料强度等级、选用的标准图集、新结构与新工艺及特殊部位的施工顺序、方法及质量验收标准。

2. 结构平面布置图

结构平面布置图是表示房屋中各承重构件总体平面布置的图样。它包括以下几项：

①基础平面图，工业建筑通常还有设备基础布置图；

②楼层结构平面布置图，工业建筑还包括柱网、吊车梁、柱间支撑、连系梁布置等；

③屋面结构平面图，包括屋面板、天沟板、屋架、天窗架及支撑布置等。

3. 构件详图

结构构件详图表达结构构件的形状、大小、材料和具体做法,包括梁、板、柱构件详图,基础详图,屋架详图,楼梯详图和其他详图。

5.2　结构施工图常用符号

5.2.1　常用结构构件代号

在结构施工图中,结构构件的名称可用代号表示,这些代号用汉语拼音的第一个大写字母

PPT:结构施工图常用符号　　　　微课:结构施工图常用符号

表示,代号后用阿拉伯数字标注该构件的型号或编号,也可为构件的顺序号。构件的顺序号采用不带角标的阿拉伯数字连续编排。《建筑结构制图标准》(GB/T 50105—2010)规定结构构件的代号如表 2.5.1 所示。

当采用标准、通用图集中的构件时,应用该图集中的规定代号或型号注写。

表 2.5.1　结构构件代号表

序号	名称	代号	序号	名称	代号	序号	名称	代号
1	板	B	19	圈梁	QL	37	承台	CT
2	屋面板	WB	20	过梁	GL	38	设备基础	SJ
3	空心板	KB	21	连系梁	LL	39	桩	ZH
4	槽形板	CB	22	基础梁	JL	40	挡土墙	DQ
5	折板	ZB	23	楼梯梁	TL	41	地沟	DG
6	密肋板	MB	24	框架梁	KL	42	柱间支撑	ZC
7	楼梯板	TB	25	框支梁	KZL	43	垂直支撑	CC
8	盖板或沟盖板	GB	26	屋面框架梁	WKL	44	水平支撑	SC
9	挡雨板或檐口板	YB	27	檩条	LT	45	梯	T
10	吊车安全走道板	DB	28	屋架	WJ	46	雨篷	YP
11	墙板	QB	29	托架	TJ	47	阳台	YT
12	天沟板	TGB	30	天窗架	CJ	48	梁垫	LD
13	梁	L	31	框架	KJ	49	预埋件	M
14	屋面梁	WL	32	刚架	GJ	50	天窗端壁	TD
15	吊车梁	DL	33	支架	ZJ	51	钢筋网	W

277

续表

序号	名称	代号	序号	名称	代号	序号	名称	代号
16	单轨吊车梁	DDL	34	柱	Z	52	钢筋骨架	G
17	轨道连接	DGL	35	框架柱	KZ	53	基础	J
18	车挡	CD	36	构造柱	GZ	54	暗柱	AZ

注：①预制钢筋混凝土构件、现浇钢筋混凝土构件、钢构件和木构件，一般可直接采用本表中的构件代号。在绘图中，当需要区别上述构件的材料种类时，可在构件代号前加注材料代号，并在图纸中加以说明。

②预应力钢筋混凝土构件的代号，应在构件代号前加注"Y—"，如 Y—DL 表示预应力钢筋混凝土吊车梁。

5.2.2 常用材料种类及符号

1.混凝土

混凝土是用水泥、砂子、石子、水和外加剂等多种材料按一定的配比拌合在一起，在模具中浇捣成型，并在适当的温度、湿度条件下，经过一定时间硬化而成的建筑材料。混凝土抗压强度高，其强度等级分为 C7.5，C10，C15，C20，C25，C30，C35，C40，C45，C50，C55，C60，C65，C70，C75，C80 等 16 个等级，数字越大，表示混凝土抗压强度越高。

2.钢筋

（1）钢筋的作用与分类

1）钢筋的作用

钢筋在混凝土构件中的位置不同，其作用也各不相同。受力筋（见图 2.5.2）在梁、板、柱中主要承担拉、压作用；架立筋与箍筋在梁中固定受力筋的位置；分布筋固定板中受力筋的位置。

图 2.5.2　梁、板内钢筋的作用

（a）梁内配筋　（b）板内配筋

2）钢筋的分类与代号

钢筋有光圆钢筋和带肋钢筋之分，热轧光圆钢筋的牌号为 HPB235；常用带肋钢筋的牌号有 HRB335、HRB400 和 RRB400 几种，如表 2.5.2 所示。

表2.5.2　常用钢筋的种类与代号

钢筋种类	代号	钢筋种类	代号
Ⅰ级钢筋（即 Q235 光圆钢筋）	ϕ	冷拉Ⅰ级钢筋	ϕ^l
Ⅱ级钢筋（即16 锰人字纹筋）	ϕ	冷拉Ⅱ级钢筋	ϕ^l
Ⅲ级钢筋（如25 锰硅人字纹筋）	ϕ	冷拉Ⅲ级钢筋	ϕ^l
Ⅳ级钢筋（光圆或螺纹筋）	ϕ	冷拉Ⅳ级钢筋	ϕ^l
Ⅴ级钢筋（热处理Ⅳ级钢筋）	ϕ^t	冷拔低碳钢丝	ϕ^b

说明：目前使用软件绘图时，A 表示Ⅰ级钢筋，B 表示Ⅱ级钢筋。

（2）钢筋在施工图中的图例和表示方法

1）钢筋的图例

在结构施工图中，为了突出钢筋的位置、形状和数量，钢筋一般用粗实线绘制，具体表示如表2.5.3所示。

视频：钢筋的表示方法

表2.5.3　钢筋的图例

序号	名称	图例	说明
1	钢筋横断面	●	
2	无弯钩的钢筋端部		下图表示长、短钢筋投影重叠时，短钢筋的端部用45°斜画线表示
3	带半圆形弯钩的钢筋端部		
4	带直钩的钢筋端部		
5	带丝扣的钢筋端部		
6	无弯钩的钢筋搭接		
7	带半圆弯钩的钢筋搭接		
8	带直钩的钢筋搭接		
9	花篮螺丝钢筋接头		
10	机械连接的钢筋接头		用文字说明机械连接的方式（如冷挤压或直螺纹等）

2）钢筋的标注方法

钢筋的直径、根数及相邻钢筋中心距在图样上一般采用引出线方式标注，其标注形式有下面两种。

①标注钢筋的根数和直径。

视频：钢筋的符号标注

②标注钢筋的直径和相邻钢筋中心距。

3）钢筋的表示方法及图例

为了增加钢筋与混凝土的黏结力，一般情况下对于光面钢筋（Ⅰ级钢）均应在端部作成弯钩形状。而对于螺纹或人字纹钢筋，因黏结力较好，一般端部可不作弯钩。常见的钢筋弯钩形式及画法见图2.5.3。位于板下部钢筋的画法如图2.5.4所示。位于板上部钢筋的画法如图2.5.5所示。

（3）钢筋的保护层

钢筋混凝土构件中钢筋应有一定厚度的保护层，以防止钢筋

视频：钢筋的弯钩

图2.5.3 钢筋和箍筋弯钩形式及画法

（a）钢筋的弯钩 （b）箍筋的弯钩

图2.5.4　位于板下部钢筋的画法　　　　　图2.5.5　位于板上部钢筋的画法

发生锈蚀,并使钢筋与混凝土进行可靠的黏接。钢筋保护层的厚度取决于构件种类及所处的使用环境等,现行规范对此有较为详细的规定。一般情况下钢筋净保护层的最小厚度为:板15 mm,梁、柱主筋为25 mm,且保护层厚度均不应小于受力钢筋的直径。构件保护层的厚度在施工图说明中给出。

5.3　基础平面图和基础详图

5.3.1　基础的分类

基础是建筑物地面以下承受房屋全部荷载的承重构件。基础的形式取决于上部承重结构的形式和地基情况。在民用建筑中,常见的形式有条形基础、独立基础和桩基础,如图2.5.6所示。

5.3.2　基础平面图

基础图主要表示建筑物在±0.000以下基础部分的平面布置和详细构造的图样,一般包括基础平面布置图与基础详图。它们是施工放线、开挖基坑、砌筑或浇注基础的依据。基础平面图的比例一般与建筑平面图的比例相同。

微课:基础平面图

PPT:基础平面图

视频:基础平面图的形成

1.基础平面图的形成

基础平面图是假想用一个水平面沿建筑物室内地面以下将整幢建筑物剖切后,移去建筑

图 2.5.6　基础的类型

(a)条形基础　(b)独立基础　(c)桩基础

物上部和基坑回填土后所作的水平剖面图。

2.基础平面图的表示方法

①在基础平面图中,只画出基础墙、柱及基础底面的轮廓线,基础的细部轮廓(如大放脚)可省略不画。

②凡被剖切到的基础墙、柱轮廓线,应画成粗实线,基础底面的轮廓线应画成中粗或中实线。

③基础平面图中采用的比例及材料图例与建筑平面图相同。

④基础平面图应注出与建筑平面图相一致的定位轴线编号和轴线尺寸。

⑤当基础墙上留有管洞时,应用虚线表示其位置,具体做法及尺寸另用详图表示。

3.基础平面图的尺寸标注

①基础平面图的尺寸分内部尺寸和外部尺寸两部分。

②外部尺寸只标注定位轴线的间距和总尺寸。

③内部尺寸应标注各道墙的厚度、柱的断面尺寸和基础底面的宽度等。

④平面图中的轴线编号、轴线尺寸均应与建筑平面图相吻合。

4.基础平面图的内容

基础平面图主要表示基础墙、柱、预留洞及构件布置等平面位置关系,包括以下内容。

①图名和比例。基础平面图的比例应与建筑平面图相同,常用比例为1:100,1:200。

②基础平面图应标出与建筑平面图相一致的定位轴线及其编号和轴线之间的尺寸。

③基础的平面布置。基础平面图应反映基础墙、柱、基础底面的形状、大小及基础与轴线的尺寸关系。

5.基础平面图的识读

以某商住楼基础平面图为例,如图2.5.7所示,具体识读如下。

①图名:某商住楼基础平面图(部分),比例为1:50。

②与建筑平面图对照了解基础平面图的定位轴线。经比对,其基础定位轴线与建筑平面图定位轴线一致。

③基础的平面布置,结构构件的种类、位置、代号。基础①轴线有挡土墙,其余轴线有挖孔桩 ZJ1、ZJ2 等,有承台梁 JK-1、JKZ-1 等,其位置由定位轴线确定。

视频:基础平面图的识读

图 2.5.7　某商住楼基础平面图(部分)　1:50

④了解剖切编号,通过剖切编号了解基础的种类,各类基础的平面尺寸。此基础平面图不是条形基础,所以没有剖切符号,但有各挖孔桩基础的大样图。

⑤阅读基础设计说明,了解基础的施工要求、用料。在附图结施-02中有相应的基础设计说明。

⑥联合阅读基础平面图与设备施工图,了解设备管线穿越基础的准确位置,洞口的形状、大小以及洞口上方的过梁要求。

提示:在条形基础平面图中,由于基础详图使用剖面图和断面图进行表示,所以对剖面图和断面图的编号顺序规定如下:①外墙按顺时针方向从左下角开始编号;②内横墙按从左至右,从上而下编号;③内纵墙从上而下,从左至右编号。

6.基础平面图的绘制方法

①首先画出与建筑平面图中定位轴线完全一致的轴线和编号。

②被剖切到的基础墙、柱轮廓线应画成粗实线,基础底面的轮廓线应画成细实线,大放脚的水平投影省略不画。

③基础平面上不可见的构件采用虚线绘制。例如既表示基础底板又表示板下桩基布置时,桩基应采用虚线。

④基础平面图一般采用1:100的比例绘制,与建筑施工图采用相同的比例。

⑤在基础上的承重墙、柱子(包括构造柱)应用中粗或粗实线表示并填充或涂黑,而在承重墙上留有管洞时,可用虚线表示。

⑥基础底板的配筋应用粗实线画出。

⑦基础平面上的构件和钢筋等应用构件代号和钢筋符号标出。

⑧基础平面中的构件定位尺寸必须清楚,尤其注意分尺寸必须注全。

⑨在基础平面图中,当为平面对称时,可画出对称符号,图中内容可按对称方法简化,但为了放线需要,基础平面一般要求全部画出。

5.3.3 基础详图

基础平面图只表明了基础的平面布置,而基础的形状、大小、材料、构造以及基础的埋置深度等均未表示,需要画出基础详图。基础详图主要表明基础各部分的构造和详细尺寸,常用垂直剖面图表示。

微课:基础详图

PPT:基础详图

1.基础详图的形成

①在基础的某一处用铅垂剖切平面切开基础所得到的断面图称为基础详图。

②常用1:10、1:20、1:50的比例绘制。

③基础详图表示了基础的断面形状、大小、材料、构造、埋深及主要部位的标高等,如图2.5.8和图2.5.9所示。

2.基础详图的主要内容

①图名和比例。

②轴线及其编号。

图 2.5.8 钢筋混凝土条形基础详图

图 2.5.9 钢筋混凝土桩基础详图

③基础断面形状、大小、材料以及配筋。

④基础断面的详细尺寸和室内外地面标高及基础底面的标高。

⑤防潮层的位置和做法。

⑥施工说明。

3. 基础详图的识读

①了解图名与比例,因基础的种类比较多,读图时,将基础详图的图名与基础平面图的剖切符号、定位轴线对照,了解该基础在建筑中的位置。

②了解基础的形状、大小与材料。

③了解基础各部位的标高,计算基础的埋置深度。

④了解基础的配筋情况。

⑤了解垫层的厚度尺寸与材料。

⑥了解基础梁的配筋情况。

⑦了解管线穿越洞口的详细做法。

图 2.5.10 为商住楼基础详图,该基础是十字交梁基础,基础梁用代号 DL 表示。图 2.5.11 所示为独立基础详图,该详图由平面图和剖面图组成。

图 2.5.10　商住楼基础详图

4. 基础详图的绘制方法

①轴线及编号要求同基础平面图。

②剖面轮廓线一般为中粗或中实线,钢筋为粗实线。对于钢结构,因其壁厚较小,可采用细实线绘制。

③在表示钢筋配置时,混凝土应按透明绘制,其余材料按图例要求进行必要的填充。

④对于剖面详图可仅画出剖到的部位。

⑤详图的比例一般为 1:10、1:20 和 1:50。

图2.5.11　独立基础详图

实习实作:阅读附图中的结施-02,熟悉基础平面图和基础详图的图示内容。

5.4　结构平面图

建筑物的结构平面图是表示建筑物各承重构件平面布置的图样,除基础结构平面图以外,还有楼层结构平面图、顶层结构平面图等。一般民用建筑的楼层、屋盖均采用钢筋混凝土结构,它们的结构布置和图示方法基本相同。

微课:楼梯结构配筋图识读　　　微课:楼梯结构平面布置图识读　　　微课:楼梯结构剖面图识读

5.4.1　楼层结构平面图

楼层结构平面图,也称楼层结构平面布置图,是表示建筑物室外地面以上各层平面承重构件(如梁、板、柱、墙、门窗过梁、圈梁等)布置的图样,一般包括楼层结构平面图和屋顶结构平面图。

微课:现浇板的图示方式

微课:预制空心板结构平面布置图识读

1.结构平面图的形成与用途

(1)结构平面图的形成

结构平面图是假想将建筑物沿楼板面水平剖开后所得的水平剖面图,用于表示楼板及其下面的墙、梁、柱等承重构件的平面布置,或现浇楼板的构造和配筋。若各楼层结构平面布置情况相同,则可只绘出一个楼层结构平面图即可,但应注明合用各层的层数。

(2)结构平面图的用途

结构平面图为施工中安装梁、板、柱等各种构件提供依据,同时为现浇构件支设模板、绑扎钢筋、浇筑混凝土提供依据。

2.结构平面图的内容

①图名和比例。

②与建筑平面图相一致的定位轴线及编号。

③墙、柱、梁、板等构件的位置及代号和编号。

④若用预制构件,则应表示预制板的跨度方向、数量、型号或编号和预留洞的大小及位置。

⑤若用现浇楼板,则应表示楼板的厚度、配筋情况。板中的钢筋用粗实线表示,板下的墙用细线表示,梁、圈梁、过梁等用粗单点长画线表示。柱、构造柱用断面(涂黑)表示。在楼层结构平面图中,未能完全表示清楚之处,需绘出结构剖面图。

⑥轴线尺寸及构件的定位尺寸。

⑦详图索引符号及剖切符号。

⑧文字说明。

5.4.2 结构平面图的绘制

①定位轴线应与所绘制的基础平面图及建筑平面图一致。当房屋沿某一轴线对称时,可只画一半,但必须说明对称关系,此时也可在对称轴左侧画楼层结构平面而右侧画屋顶结构平面。

②结构平面图的比例一般和建筑施工图一致,常为1:100,单元结构平面中一般采用1:50的比例画出。当房屋为多层或高层时,往往较多的结构平面完全相同,此时可只画出一个标准层结构平面,并注明各层的标高名称即可。一般的多层房屋常常只画首层结构平面、标准层结构平面和屋顶结构平面3个结构平面图。

③建筑物外轮廓线一般采用中粗实线画出,承重墙和梁一般采用虚线,为区别起见,可分别采用中粗虚线和细虚线,预制板一般采用细实线画出,钢筋应采用粗实线画出。

④定位轴线尺寸及总尺寸应注于结构平面之外。结构构件的平面尺寸及与轴线的位置关系必须注明。当梁中心线均和轴线重合时可不必一一标出,只在文字说明内注明即可。当构件为细长且沿中心线对称时,在平面上可用粗单点长画线画出(例如工业厂房中的钢屋架、檩条、支撑等)。门窗洞口一般可不画出,必须画时可用中粗虚线画出。

⑤所有构件均应在平面上注明名称代号。尤其对于需另画详图才能表达清楚的梁、柱、剪力墙、屋架等。建筑平面上的填充墙和隔墙不必画出。

⑥当平面上楼板开间和进深相同且边界条件一致,同时板的厚度和配筋完全一致时,可只画一个房间的楼板配筋,并标出楼板代号,在其他相同的房间注上同样的楼板代号,表示配筋相同。铺设预制板的房间也可采用相同方法处理。

⑦对于楼梯间和雨篷等,应画详图才能表达清楚,故在结构平面上可只画外轮廓线,并用细实线画出对角线,注上"LT—"另详和"YP—"另详字样。

⑧有时楼板配筋或楼板开洞较为复杂时,在1∶100的原结构平面上难以表达清楚(如卫生间、厨房、电梯机房等小房间结构平面)时,可只标出楼板代号,并采用局部放大的方法另外画图表示清楚。

⑨结构平面图中可用粗短实线注明剖切位置,并注明剖切符号,然后另画详图说明楼板与梁和竖向构件(墙、柱等)之间的关系。

⑩楼板的配筋位置应表达清楚。一般板下配筋均伸至支座中心线而不必标出,但板支座负筋必须注明和轴线的位置关系。当结构平面复杂时,可只标钢筋代号,而在钢筋表中另外注明,现浇楼板一般应画钢筋表。

⑪结构平面上所注的标高应为结构标高,即楼板上皮的标高(为建筑标高减去面层厚度,一般建筑标高为整尺寸,而结构标高为零尺寸)。标高数字以m为单位,且小数点后应有3位,以精确到mm。屋顶结构标高(板上皮标高)一般和建筑标高一致,所以顶层层高可能为零尺寸。

⑫结构平面上的文字说明一般包括楼板材料强度等级、预制楼板的标准图集代号、楼板钢筋保护层厚度等,还包括结构设计者需表达的其他问题。

5.4.3　结构平面图的识图方法及步骤

结构平面图的识图方法及识图步骤如下:
①弄清各种文字、字母和符号的含义;
②弄清各种构件的空间位置;
③弄清各构件的数量,采用图集及详图的位置;
④弄清各构件的相互连接关系和构造做法;
⑤阅读文字说明,弄清设计意图和施工要求。

实习实作:阅读附图中的结施-03、04、05,熟悉楼层结构平面图的图示内容。

微课：构件详图

PPT：构件详图

5.5 构件详图

5.5.1 钢筋混凝土构件详图的种类

钢筋混凝土构件详图一般包括模板图、配筋图和钢筋表3部分。

1. 模板图

模板图也称外形图，它主要表明钢筋混凝土构件的外形，预埋铁件、预留钢筋、预留孔洞的位置，各部位尺寸和标高、构件以及定位轴线的位置关系等。

2. 配筋图

配筋图包括立面图、断面图两部分，具体表达钢筋在混凝土构件中的形状、位置与数量。在立面图和断面图中，把混凝土构件看成透明体，构件的外轮廓线用细实线表示，而钢筋用粗实线表示。配筋图是钢筋下料、绑扎的主要依据，如图2.5.12所示。

微课：钢筋混凝土梁、板的配筋

微课：钢筋混凝土梁配筋图
和钢筋统计表

3. 钢筋表

①为便于编制预算，统计钢筋用料，对配筋较复杂的钢筋混凝土构件应列出钢筋表，以计算钢筋用量。

②钢筋表的内容包括钢筋名称，钢筋简图，钢筋规格、长度、数量和质量等。图2.5.12中梁配筋图的钢筋表见表2.5.4。

表2.5.4 钢筋表

构件名称	构件数	钢筋编号	钢筋简图	钢筋规格	长度（mm）	每件根数	总根数	质量（kg）
L-1	1	1		$\phi14$	3 630	2	2	8.78
		2		$\phi14$	4 340	1	1	5.25
		3		$\phi10$	3 580	2	2	4.42
		4		$\phi6$	920	25	25	5.11
			钢筋总重					23.6

图 2.5.12　梁、柱配筋图

5.5.2　钢筋混凝土构件详图的内容

①构件名称或代号、比例。

②构件的定位轴线及其编号。

③构件的形状、尺寸和预埋件代号及布置。

④构件内部钢筋的布置。

⑤构件的外形尺寸、钢筋规格、构造尺寸以及构件底面标高。

⑥施工说明。

实习实作:识读附图中的构件结构详图,熟悉其图示内容。

5.6　钢筋混凝土施工图平面表示方法

5.6.1　平法设计的意义

在前面几个任务中主要运用了"单构件正投影表示方法"来表示结构施工图中构件的各个尺寸和钢筋的位置。但是这种用于教学的方法往往在结构施工图的实际设计工作中,同类构件的相同构造做法与异类构件中的类似构造做法,将不可避免地出现大量重复,并且是简单或低级重复,造成结构施工图设计表达繁琐、图纸量巨大、设计效率低、设计成本高等现象,也给施工带来了较大的麻烦。

那么有没有一种更为通用的方法可以解决这样的问题呢?

万丈高楼平地起,楼房总是一层一层地建起来的,结构楼层的平面布置图必然是结构设计的"中心图",而柱、梁、板等构件详图则是"派生图"。一层"中心图"一般只有一张,但是其"派生图"则很多。如果我们能用一种方式把这些重复性很大的"派生图"用一种方法表示出来,则设计和施工都会简单许多。目前我国普遍采用的就是钢筋混凝土结构"平面整体设计方法",简称"平法"。

平法的表达形式,概括来讲,是把结构构件的尺寸和配筋等,按照平面整体表示方法制图规则,整体直接表达在各类构件的结构平面布置图上,再与标准构造详图相配合,即构成一套新型完整的结构设计。

5.6.2　平法设计制图规则的适用范围

平法设计制图规则的适用范围包括建筑结构的各种类型。具体包括各类基础结构与地下结构的平法施工图,混凝土结构、钢结构、砌体结构、混合结构的主体结构平法施工图等等。具体内容涉及基础结构与地下结构、框架结构、剪力墙结构、框剪结构、框支剪力墙结构中的柱、剪力墙、梁构件、楼板与楼梯等。

微课:梁配筋图平面表示方法

PPT:梁配筋图平面表示方法

5.6.3　梁平法施工图

1.梁平面注写方式

梁平面注写方式,是在分标准层绘制的梁平面布置图中,直接注写截面尺寸和配筋的具体数值,整体表达该标准层梁平面施工图的一种方式。

对标准层上的所有梁应按表2.5.5的规定进行编号,并在同编号的梁中各选一根梁,在其上注写,其他相同编号梁只需要标注编号。具体参见附图中结施-04(一层梁配筋图)。平面注写包括集中标注和原位标注。集中标注表达梁的通用数值,原位标注表达梁的特殊数值,如图2.5.13所示。集中标注形式如下:

$$
\left.
\begin{array}{l}
KL10(10) \\
350 \times 800 \\
\phi 8@100/200(4) \\
2 \, \underline{\Phi} \, 22 + (2 \, \underline{\Phi} \, 16) \\
G4 \, \underline{\Phi} \, 14
\end{array}
\right\}
\text{此为集中标注形式}
$$

图 2.5.13　梁平面整体配筋图平面注写方式

其中,KL10(10)表示框架梁 KL10,有 10 跨(即在图纸中从 2 轴线到 28 轴线间的 10 跨梁);350×800 表示该梁截面尺寸宽为 350 mm、高为 800 mm;ϕ8@100/200(4)表示该梁的箍筋为四肢箍,直径为 8 mm 的 I 级钢筋,间距为 200 mm,加密区间距为 100 mm。2 Φ22 +(2 Φ16)表示梁上部有 2 根直径 22 mm 和 2 根直径 16 mm 的 II 级通长钢筋,共 4 根,贯穿于整个 10 跨梁中。G4 Φ14 表示梁截面两侧各有两根直径 14 mm 的 II 级构造钢筋。

另外在梁的两端上部和梁中部还有标注,这个即为原位标注,表示此处另设有钢筋。

表 2.5.5　梁编号

梁类型	代号	序号	跨数及是否带有悬挑
楼层框架梁	KL	××	(××)、(××A)或(××B)
楼层框架扁梁	KBL	××	(××)、(××A)或(××B)
屋面框架梁	WKL	××	(××)、(××A)或(××B)
框支梁	KZL	××	(××)、(××A)或(××B)
托柱转换梁	TZL	××	(××)、(××A)或(××B)
非框架梁	L	××	(××)、(××A)或(××B)
悬挑梁	XL	××	(××)、(××A)或(××B)
井字梁	JZL	××	(××)、(××A)或(××B)

注:(××A)表示一端有悬挑,(××B)表示两端有县挑,悬挑不计入跨数。

(1)梁集中标注

梁集中标注的内容有4项必注值和一项选注值,它们标注顺序分别如下。

①梁编号。梁编号为必注值,编号方法如表 2.5.5 所示。

②梁截面尺寸。梁截面尺寸为必注值,用 $b \times h$ 表示。当有悬挑梁,且根部和端部的高度不相同时,用 $b \times h_1/h_2$ 表示。

③梁箍筋。梁箍筋为必注值,包括箍筋级别、直径、加密区与非加密区间距及肢数。加密区与非加密区用"/"分隔开来。肢数用括号加上数值表示,如(4)表示四肢箍。

④梁上部贯通筋和架立筋根数。为必注值,梁上部筋和下部钢筋用分号隔开,前面表示上部钢筋,分号后表示下部钢筋,如"2 Φ 14;2 Φ 18"。当梁中有架立钢筋时,标注时与梁上部

贯通筋用"＋"隔开,如"2 ⌀ 22 ＋（2 ⌀ 16）"。

⑤梁侧面纵向构造钢筋或受扭钢筋。如果有的话,为必注值,构造筋用"G"表示,受扭钢筋用"N"表示。如图 2.5.13 所示。

⑥梁顶面标高高差。它为选注值。梁顶面标高高差是指相对于结构层楼面标高的高差值。

（2）梁原位标注

1）梁支座上部纵筋

①当上部纵筋多于一排时,用斜线"/"将各排纵筋自上而下分开。

②当同排纵筋有两种直径时,用加号"＋"将两种直径相连,注写时将角部纵筋写在前面。

③当梁中间与支座两边的上部纵筋不同时,须在支座两边分别标注。

2）梁下部纵筋

①当下部纵筋多于一排时,用斜线"/"将各排纵筋自上而下分开。

②当同排纵筋有两种直径时,用加号"＋"将两种直径的纵筋相连,注写时角筋写在前面。

③当梁下部纵筋不全部伸入支座时,将梁支座下部纵筋减少的数量写在括号内。

④若已按规定注写梁上部和下部均为通长的纵筋值,则不需在梁下部重复做原位标注。

3）附加箍筋或吊筋

附加箍筋和吊筋可直接画在平面图中的主梁上,用线引注总配筋值（图 2.5.14）。当多数附加箍筋或吊筋相同时,可在梁平法施工图上统一注明,少数与统一注明值不同时,再原位引注。

图 2.5.14 附加箍筋和吊筋的画法示例

当在梁上集中标注的内容不适用于某跨或某悬挑部分时,则将其不同数值原位标注在该跨或该悬挑部位,施工时应按原位标注数值取用。梁的原位标注和集中标注的注写位置及内容见图 2.5.15。

梁平法施工图平面注写方式示例如图 2.5.16 所示。

2. 截面注写方式

截面注写方式是在分标准层绘制的梁平面布置图上分别在不同编号的梁中各选择一根梁用剖面号引出配筋图,并在其上注写截面尺寸和配筋具体数值的方式表达梁平法施工图。如图 2.5.17 所示。

在截面配筋图上注写截面尺寸 $b \times h$、上部筋、下部筋、侧面筋和箍筋的具体数值时,其表达方式与平面注写方式相同。

图 2.5.15　梁的标注注写位置及注写内容

5.6.4　柱平法施工图的表示方法

柱平法施工图系在柱平面布置图上采用列表方式或截面注写方式表达。

1.柱平法施工图列表注写方式

列表注写方式是在柱平面

微课:柱配筋图平面表示方法

PPT:柱配筋图平面表示方法

布置图上,分别在同一编号的柱中选择一个截面标注几何参数代号;在柱表中注写柱号、柱段起止标高、几何尺寸与配筋的具体数值,并配以各种柱截面形状及其箍筋类型图的方式表达柱平法施工图。柱表注写的内容如下。

①柱编号。柱编号由类型编号和序号组成,编号方法如表 2.5.6 所示。

图2.5.16　梁平法施工图平面注写方式

图 2.5.17　平法施工图截面注写方式

表 2.5.6　柱的编号

柱类型	代号	序号
框架柱	KZ	××
转换柱	ZHZ	××
芯柱	XZ	××
梁上柱	LZ	××
剪力墙上柱	QZ	××

注:编号时,当柱的总高、分段截面尺寸和配筋均对应相同,仅截面与轴线的关系不同时,仍可将其编为同一柱号,但应在图中注明截面与轴线的关系。

　　②各段柱的起止标高。自柱根部往上以变截面位置或截面未变但配筋改变处为界分段注写。

　　③截面尺寸 $b×h$ 及轴线关系的几何参数代号 b_1、b_2 和 h_1、h_2 的具体数值必须对应于各段柱分别注写。

　　④柱纵筋。包括钢筋级别、直径和间距,分角筋、截面 b 边中部筋和 h 边中部筋 3 项。

　　柱平法施工图列表注写方式示例如图 2.5.18 所示。

　　2. 柱平法施工图截面注写方式

　　在分标准层绘制的柱平面布置图的柱截面上,分别在同一编号的柱中选择一个截面,以直接注写截面尺寸和配筋具体数值的方式表达柱平法施工图。

　　柱平法施工图截面注写方式如图 2.5.19 所示。

图2.5.18 柱平法施工图列表注写方式示例

5.6.5 剪力墙平法施工图

剪力墙平法施工图是在剪力墙平面布置图上采用列表注写方式或截面注写方式表达。

1.列表注写方式

列表注写方式系分别在剪力墙柱表、剪力墙身表和剪力墙梁表中,对应于剪力墙平面布置图上的编号,用绘制截面配筋图并注写几何尺寸与配筋具体数值的方式,来表达剪力墙平法施工图,如表2.5.7和表2.5.8所示。

表2.5.7 墙柱编号

墙柱类型	代号	序号
约束边缘构件	YBZ	××
构造边缘构件	GBZ	××
非边缘暗柱	AZ	××
扶壁柱	FBZ	××

注:约束边缘构件包括约束边缘暗柱、约束边缘端柱、约束边缘翼墙、约束边缘转角墙4种。构造边缘构件包括构造边缘暗柱、构造边缘端柱、构造边缘翼墙、构造边缘转角墙4种。

图2.5.19　柱平法施工图截面注写方式示例

表 2.5.8　墙梁编号

墙梁类型	代号	序号
连梁	LL	××
连梁(对角暗撑配筋)	LL(JC)	××
连梁(交叉斜筋配筋)	LL(JX)	××
连梁(集中对角斜筋配筋)	LL(DX)	××
连梁(跨高比不小于5)	LLK	
暗梁	AL	××
边框梁	BKL	××

注：在具体过程中，当某些墙身需设置暗梁或边框梁时，宜在剪力墙平法施工图中绘制暗梁或边框梁的平面布置图并编号，以明确其具体位置。跨高比不小于 5 的连梁按框架梁设计时，代号为 LLK。

2.截面注写方式

在绘制的剪力墙平面布置图上，以直接在墙柱、墙身、墙梁上注写截面尺寸和配筋具体数值的方式来表达剪力墙平法施工图。

实习实作:识读附图中用平法表示的结构平面图,熟悉平面整体表示方法的形式和含义。

教学评估表

学习情境名称:＿＿＿＿＿＿＿＿班级:＿＿＿＿＿＿＿＿姓名:＿＿＿＿＿＿＿＿日期:＿＿＿＿＿＿＿＿

1.本表主要用于对课程授课情况的调查,可以自愿选择署名或匿名方式填写问卷。
根据自己的情况在相应的栏目打"√"。

评估项目　　　　　　　　评估等级	非常赞成	赞　成	不赞成	非常不赞成	无可奉告
(1)我对本学习情境学习很感兴趣					
(2)教师教学设计好,有准备并阐述清楚					
(3)教师因材施教,运用了各种教学方法来帮助我的学习					
(4)学习内容能提升我的读图和绘图技能					
(5)有实物、图片、音像等材料,能帮助我更好地理解学习内容					
(6)对于教学内容教师知识丰富,能结合施工现场的结构内容进行讲解					
(7)教师善于活跃课堂气氛,设计各种学习活动,利于学习					

评估项目 ＼ 评估等级	非常赞成	赞 成	不赞成	非常不赞成	无可奉告
（8）教师批阅、讲评作业认真、仔细，有利于我的学习					
（9）我理解并能应用所学知识和技能					
（10）授课方式适合我的学习风格					
（11）我喜欢这门课中的各种学习活动					
（12）学习活动有利于我学习该课程					
（13）我有机会参与学习活动					
（14）每项活动结束都有归纳与总结					
（15）教材编排版式新颖，有利于我学习					
（16）教材使用的文字、语言通俗易懂，有对专业词汇的解释、提示和注意事项，利于我自学					
（17）教材为我完成学习任务提供了足够信息和查找资料的渠道					
（18）教材通过讲练结合使我技能增强了					
（19）教学内容难易程度合适，紧密结合施工现场，符合我的需求					
（20）我对完成今后的工作任务更有信心					

2. 您认为教学活动使用的视听教学设备：
合适 □ 太多 □ 太少 □

3. 教师安排边学、边做、边互动的比例：
讲太多 □ 练习太多 □ 活动太多 □ 恰到好处 □

4. 教学进度：
太快 □ 正合适 □ 太慢 □

5. 活动安排的时间长短：
太长 □ 正合适 □ 太短 □

6. 我最喜欢本学习情境中的教学活动是：

7. 我最不喜欢本学习情境中的教学活动是：

8. 本学习情境我最需要的帮助是：

9. 我对本学习情境改进教学活动的建议是：

学习情境3　建筑安装施工图

【学习目标】

知识目标	能力目标	权重
正确表述建筑安装制图标准中有关图幅、图线、字体、比例的相关要求	贯彻建筑安装制图标准相应规定	0.10
正确表述常用制图工具和仪器的使用方法及注意事项	正确使用制图工具,会规范选用线型、书写字体及尺寸标注等	0.15
正确表述点、线、面、体的投影特性在建筑安装施工图中的应用	利用点、线、面、几何体的投影规律分析建筑安装施工图的构成	0.30
熟练表述建筑安装施工图中剖面图、断面图和轴测图的形成原理及绘制线型要求	正确绘制建筑安装构件的剖面图、断面图和轴测图	0.10
正确表述建筑安装的类型及相应的图示方法和图示内容	正确识读和绘制建筑安装施工图	0.30
正确表述软件绘图与手工绘图的区别、软件绘图的注意事项及要求	利用绘图软件绘制建筑安装施工图并打印出图	0.05
合　计		1.00

【教学准备】

建筑安装施工图图纸、制图标准、绘图工具、模型及模型的投影图、三维动画、任务单等。

【教学方法建议】

在建筑技能实训基地或施工现场,采用图纸展示、对照学习、分组学习、动态示教、角色扮演、课堂讨论、多媒体教学、讲授等方法教学。

【建议学时】

16(10)学时

任务1 国家制图标准基本规定及应用

建筑安装施工图图线宽度 b 应按《房屋建筑制图统一标准》(GB 50001—2010)中"图线"的规定选用。每个图样应根据复杂程度与比例大小,先选用适当基本线宽度 b,再选用相应的线宽组。建筑给排水专业制图,应选用表 3.1.1 所示的图线。线宽度 b 宜为 0.7 mm 或 1.0 mm。

表 3.1.1 线型

名称	线型	线宽	一般用途
粗实线		b	新设计的各种排水和其他重力流管线
粗虚线		b	新设计的各种排水和其他重力流管线的不可见轮廓线
中粗实线		$0.7b$	新设计的各种给水和其他压力流管线,原有的各种排水和其他重力流管线
中粗虚线		$0.7b$	新设计的各种给水和其他压力流管线及原有的各种排水和其他重力流管线的不可见轮廓线
中实线		$0.5b$	给水排水设备,零(附)件的可见轮廓线,总图中新建的建筑物和构筑物的可见轮廓线;原有的各种给水和其他压力流管线
中虚线		$0.5b$	给水排水设备,零(附)件的不可见轮廓线,总图中新建的建筑物和构筑物的不可见轮廓线;原有的各种给水和其他压力流管线的不可见轮廓线
细实线		$0.25b$	建筑物的可见轮廓线;总图中原有的建筑物和构筑物的可见轮廓线;制图中的各种标注线
细虚线		$0.25b$	建筑物的不可见轮廓线;总图中原有的建筑物和构筑物的不可见轮廓线

名称	线型	线宽	一般用途
单点长画线	——— · ——— · ———	0.25b	定位轴线、中心线
折断线	——————⌇——————⌇——————	0.25b	断开界线
波浪线	～～～～～～～～～	0.25b	平面图中水面线;局部构造层次范围线;保温范围示意线等

建筑给水排水专业制图常用的比例,宜符合表 3.1.2 的规定。

表 3.1.2　常用比例

名称	比例	备注
区域规划图、区域位置图	1:50 000、1:25 000、1:10 000、1:5 000、1:2 000	宜与总图专业一致
总平面图	1:1 000、1:500、1:300	宜与总图专业一致
管道纵断面图	竖向 1:200、1:100、1:50 纵向 1:1 000、1:500、1:300	—
水处理厂(站)平面图	1:500、1:200、1:100	—
水处理区构筑物、设备间、卫生间、泵房平、剖面图	1:100、1:50、1:40、1:30	—
建筑给水排水平面图	1:200、1:150、1:100	宜与总图专业一致
建筑给水排水轴测图	1:150、1:100、1:50	宜与总图专业一致
详图	1:50、1:30、1:20、1:10、1:5、1:2、1:1、2:1	—

在管道纵断面图中,竖向与纵向可采用不同的组合比例;在建筑给水排水轴测系统图中,如局部表达有困难时,该处可不按比例绘制;水处理工艺流程断面图和建筑给水排水管道展开系统图可不按比例绘制。

其他内容参照学习情境 1 任务 1 的内容并完成任务单。

任　务　单

系:　　　　　　班级:　　　　　　年　月　日

学习领域	建筑工程图识读与绘制
学习情境	3　建筑安装施工图
子情境	3.1　国家制图标准基本规定及应用
任务名称	手工抄绘基础大样图

续表

目　的	在限定的时间内,手工抄绘基础大样图。学生应在识图的基础上,利用所学知识、工具、参考资料,手工抄绘基础大样图		
完成时间	20 min		
工作步骤	资讯	识图、查阅资料	小组讨论	2 min
	决策	确定抄绘步骤	小组讨论	1 min
	计划	制订具体实施计划	小组讨论	1 min
	实施	手工抄绘基础大样图	独立完成	10 min
	检查	填检查单	分组完成	3 min
	评价	填评价单	分组完成	3 min
参考资料	1.实施单、检查单、评价单 2.《房屋建筑制图统一标准》 3.《给水排水制图标准》 4.教材 5.标准图集		
图形			

实施单

检查单

评价单

任务2　仪器绘图

　　手工绘制建筑安装施工图时,所使用的绘图仪器、绘图工具和用品,与手工绘制建筑施工图的种类及使用方法相同。具体内容参照学习情境1任务2的内容,请完成任务单。

任　务　单

系:　　　　　　　　班级:　　　　　　　　年　　月　　日

学习领域	建筑工程图识读与绘制			
学习情境	3　建筑安装施工图			
子情境	3.2　仪器绘图			
任务名称	手工抄绘平面图形			
目　的	在限定的时间内,手工抄绘平面图形。学生应在识图的基础上,利用所学知识、工具、参考资料,手工抄绘平面图形			
完成时间	50 min			
工作步骤	资讯	识图、查阅资料	小组讨论	2 min
	决策	确定抄绘步骤	小组讨论	1 min
	计划	制订具体实施计划	小组讨论	1 min
	实施	手工抄绘平面图形	独立完成	40 min
	检查	填检查单	分组完成	3 min
	评价	填评价单	分组完成	3 min
参考资料	1.实施单、检查单、评价单 2.《房屋建筑制图统一标准》 3.《给水排水制图标准》 4.教材 5.标准图集			

续表

实训图形

一层给排水平面图 1:100　　　二~七层给排水平面图 1:100

实施单

检查单

评价单

任务3　计算机软件绘图

　　计算机软件(AutoCAD 2010)绘制建筑安装施工图与绘制建筑施工图所用绘图命令及编辑命令相同,其内容可参照学习情境1任务3的内容,请完成任务单。

任 务 单

系：　　　　　　　班级：　　　　　　年　月　日

学习领域	建筑工程图识读与绘制
学习情境	3　建筑安装施工图
子情境	3.3　计算机软件绘图

任务名称	计算机软件绘制平面图形		
目的	在限定的时间内,用计算机软件绘制平面图形。学生应在识图的基础上,利用所学知识、工具、参考资料,用计算机软件绘制平面图形		
完成时间	40 min		
工作步骤	资讯	识图、查阅资料	小组讨论	2 min
	决策	确定抄绘步骤	小组讨论	1 min
	计划	制订具体实施计划	小组讨论	1 min
	实施	抄绘平面图形	独立完成	30 min
	检查	填检查单	分组完成	3 min
	评价	填评价单	分组完成	3 min
参考资料	1.实施单、检查单、评价单 2.《房屋建筑制图统一标准》 3.《给水排水制图标准》 4.教材 5.标准图集		

一层给排水平面图 1:100　　二~七层给排水平面图 1:100

实施单

检查单

评价单

任务4　形体投影图的识读与绘制

　　建筑安装施工图的识读与绘制仍然使用正投影法,其内容可参照学习情境1任务4的内容,请完成任务单。

任 务 单

系:　　　　　　　　班级:　　　　　　　　年　　月　　日

学习领域	建筑工程图识读与绘制		
学习情境	3　建筑安装施工图		
子情境	3.4　形体投影图的识读与绘制		
任务名称	形体的表达方法实训		
目的	在限定的时间内,完成形体的表达方法实训。学生应在识图的基础上,利用所学知识、工具、参考资料,完成形体的表达方法实训		
完成时间	60 min		
工作步骤	资讯	识图、复习教材	小组讨论	2 min
	决策	确定作图步骤	小组讨论	1 min
	计划	制订具体实施计划	小组讨论	1 min
	实施	形体的表达方法实训	独立完成	50 min
	检查	填检查单	分组完成	3 min
	评价	填评价单	分组完成	3 min

参考资料	1. 实施单、检查单、评价单 2.《房屋建筑制图统一标准》 3.《给水排水制图标准》 4. 教材 5. 标准图集
实训题目	1. 画出圆柱体的 H 面投影,并补全圆柱体表面上的曲线 ABC 的 W 面投影和 H 面投影 2. 补全切口三棱锥的三面投影图 3. 作出两柱体的交线

实训题目	4.用简化系数作出形体的正等测图

实施单　　　　　　　　　检查单　　　　　　　　　评价单

任务 5　给排水施工图的识读与绘制

5.1　室外给排水施工图

室外给排水施工图主要表达室外管网的布置情况和管道埋深、管径、管道交接、坡度等情况。

5.1.1　室外给排水施工图图示特点与内容

管道是室外给排水施工图表达的主要对象,管道细长,纵横交错。室外给排水施工图主要介绍了室外给水与排水管道在规划区域内的平面布置情况;管道交接处的附属设施;主要介绍地面起伏、管道埋深、管径、坡度标高等信息的管道纵断面图。图中涉及的管道、附件、排水沟以及构筑物的表示方法、图例参照《给水排水制图标准》（GB/T 50106—2010）。

5.1.2　室外给排水施工图的识读与绘制

1. 室外给排水平面图

如图 3.5.1 所示，从北面引入 DN100 的引入管，分别沿纵墙、横墙平行布置，其中沿纵墙布置的干管 DN50 分支引入室内。废水干管与外墙平行，用粗虚线表示，从室内接排出管连接到室外废水管道上，管道相交处设废水检查井，排水管最终接入小区主排水干管。

室外给排水平面图　　1:500

图 3.5.1　室外给排水平面图

 小组实践讨论:识读给排水平面图只需根据水流方向识读即可,请同学们自己识读图中污水平面布置(室外污水管最终接入小区化粪池,化粪池未在图中表示)。

绘制给排水平面图步骤如下。

①先抄绘建筑总平面图中各建筑物轮廓(不必画出建筑内的分隔、门窗等)、道路等布置。一般建筑总平面图由总图专业设计人员绘制,管道可直接在其上布置。

②按照新建建筑的室内给水排水底层平面图,将有关建筑中相应的给水引入管,废水排出管、污水排出管、雨水连接管等位置在图中画出。

③画出室外给水和排水的各种管道以及水表、检查井、化粪池等附属设备。

④标注管道管径、检查井编号以及有关尺寸。

⑤标绘图例和注写说明。(CAD演示绘图过程)

2. 管道纵断面图

管道纵断面图是沿管道轴线剖切后画出的断面图,表达了有关管道的设计数据。如图3.5.2所示,以室外排水管为例,绘制出管道纵断面图。

埋设深度(m)	4.06	4.20	4.65
管内底标高(m)	394.895	394.772	394.618
地面标高(m)	398.95	398.97	399.27
管道长度(m)	8	17	28
检查井编号	W1	W2	W3

污水管道纵断面图　纵向　1:200
横向　1:500

图 3.5.2　室外污水管道纵断面图

图中左上角绘制出标尺,对应标尺的标高绘制地面起伏情况以及管道埋设情况。此外,绘制剖切到的检查井。在断面图下方对应管道轴线位置,用表格形式列出管道的各项设计数据。如管内底标高、管径水平距离等内容。

绘制管道纵断面图步骤如下。

①先大致确定断面图和表格所占的图幅大小,在绘图区左上角按比例绘制出标尺。

②按照标尺所示标高确定检查井处地面标高,并将各个地面点用细实线连起来。检查井直径可以示意表示。

③根据管道埋设深度和管径对照标高绘制管道位置,并将各管段连接起来,管道用粗实线表示。

④管道横向比例和纵向比例一般不同,纵向比例为 1∶200、1∶100、1∶50,横向比例为 1∶1000、1∶500、1∶300。根据需要对横向与纵向比例采用不同组合。

⑤绘制设计数据表格,在表格中填写相应数据。

5.2 室内给排水施工图

5.2.1 室内给排水施工图图示特点与内容

管道是建筑给排水施工图表达的主要对象,管道细长,纵横交错且管件多。室内给排水施工图主要介绍了建筑用水房间的布置情况与用水设施分布情况;管道的布置、标高、坡度、坡向、管径、规格、型号;阀门、设备的位置,构筑物的种类和位置;图中涉及的管道、附件、阀门、卫生器具及构筑物、设备及仪表采用的统一标准。根据《给水排水制图标准》(GB/T 50106—2010),通常用字母 F、W、J 分别代表废水、污水和给水。

5.2.2 室内给排水施工图的识读与绘制

按照先底层平面图后各层平面图,先卫生器具后管道系统,引入管—立管—干管—支管(给水系统),器具排水管—横支管—立管—排出管(排水系统)的顺序识读。

1. 建筑给排水平面图

如图 3.5.3 所示,该图表示的住宅楼底层为商业门市,无卫生器具。2～7 层为住户,每层卫生器具布置一致,管道布置相同。主卧卫生间布置有坐便器、洗脸盆、淋浴房,客厅卫生间布置有蹲式大便器、洗脸盆,均设有地漏。

底层沿东侧横墙设一条给水引入管,管径 DN100,引入管上设总水表和总阀门,引入管在东北角分两支,一支引向东侧墙角接立管 JL-4,管径 DN50,另一支平行于北纵墙布置,其上引入若干根支管进入商业门面,管径 DN15。2～7 层由各立管引入各层用水房,连接各用水房(厨房、卫生间)用水设备,各层管道布置一致。

如图 3.5.3 所示,底层平面图中标示出了 WL-7 和 WL-8 的立管及排出管。2～7 层平面图中,以 WL-8 为例,污水横管分别连接洗脸盆、蹲便式大便器、地漏,经立管 WL-8 至排出管,排至室外检查井 W2。

实习实作:请同学们自行识读 WL-7,各小组互相提问。

绘制室内给排水施工图的步骤如下。

①先画底层给排水平面图,再画各楼层和屋顶的给水排水平面图。

②在画每一层平面图时,先抄绘建筑平面图,因建筑平面图不是主要表达的内容,应用细实线表示;然后画卫生设备及水池,应按照图例绘制;接着画管道平面图,因其为主要的表达内容,用粗实线表示,也可自设图例,给水管用粗实线,污水管用粗虚线;最后标注尺寸、符号、标高和注写文字说明。

图 3.5.3　室内给排水平面图

（a）一层给排水平面图 1:100　（b）二～七层给排水平面图 1:100

③安装在下一层空间的管道若为本层所用,需绘制在本层平面图上。在画管道平面图时,先画立管,然后按照水流方向,画出分支管和附件,对底层平面图还应画出引入管和排出管。

提示:可用 PPT 或动画演示给排水平面图的绘制过程。

图 3.5.4　正面斜等测轴测轴的轴间角及轴伸缩系数

2. 建筑给排水系统图

根据《给水排水制图标准》规定,给水排水系统图(轴测图)按 45°正面斜轴测投影法绘制,轴间角及轴伸缩系数如图3.5.4 所示。

（1）给水系统图的识读

提示:可用 PPT 或动画演示给水系统的形成。

如图 3.5.5 所示,平面图中室内标高 ±0.000,二层平面图室内地面标高 4.800,一层层高 4.8 m,其余各层层高 3 m。在图 3.5.5 中,DN100 的给水引入管标高为 −0.500,由北向南引入,一支 DN50 向南,依次安装阀门与总水表,垂直向上穿出地坪至标高 0.300 为止。接三通,一支给水管向西其上引出 DN15,标高 1.100,穿墙进入商业门市内;另一支给水管向南至立管 JL-4 下端 90°弯头为止,继续垂直向上至标高 22.800。

立管接出 6 条入户水管,每条管道布置形式一致。

第 1 条入户管位于 2 层楼,标高 5.900。

第 2 条入户管位于 3 层楼,标高 8.900。

第 3 条入户管位于 4 层楼,标高 11.900。

第 4 条入户管位于 5 层楼,标高 14.900。

第 5 条入户管位于 6 层楼,标高 17.900。

第 6 条入户管位于 7 层楼,标高 20.900。

(2)给水系统图的绘制

①绘图比例通常与给排水平面图相同,可直接在平面图上量取长度。

②先画各系统立管。

③定出各楼层的楼地面及屋面,各支管的位置(细实线)。

④从立管往管道进口方向转折画出引入管,然后从各支管画到水龙头、大便器的冲洗阀等;绘图过程中遇到管道交叉需做打断处理,可见管道延续,不可见管道需打断。

⑤定出穿墙的位置。

⑥标注公称管径,各楼层、屋面及管道标高等数据说明。

提示:可用 PPT 或动画演示给水系统图绘图步骤。

(3)排水系统图的识读

提示:可用 PPT 或动画演示排水系统图的形成。

如图 3.5.6 所示,DN100 排出管标高 -1.500,立管 WL-8 上接出 6 条排水横支管,每根横支管上依次连接洗脸盆、蹲式大便器的存水弯和地漏。

第 1 个标高 $H-0.400$,表示管底标高比同楼层标高 4.800 低 0.400 m。

第 2 个标高 $H-0.400$,表示管底标高比同楼层标高 7.800 低 0.400 m。

第 3 个标高 $H-0.400$,表示管底标高比同楼层标高 10.800 低 0.400 m。

第 4 个标高 $H-0.400$,表示管底标高比同楼层标高 13.800 低 0.400 m。

第 5 个标高 $H-0.400$,表示管底标高比同楼层标高 16.800 低 0.400 m。

第 6 个标高 $H-0.400$,表示管底标高比同楼层标高 19.800 低 0.400 m。

立管垂直向上支 22.800 以上设开顶通气管,加通气帽。底层设检查口,排出管接室外排水管。

(4)排水系统图的绘制

①绘图比例通常与给排水平面图相同,可直接在平面图上量取长度。

②先画各系统立管。

③定出各楼层的楼地面及屋面,各支管的位置(细实线)。

④从立管往管道出口方向转折画出排出管,然后在立管上画出各横支管及横支管上的存

图 3.5.5　给水系统图　　　　　　　　图 3.5.6　排水系统图

水弯和地漏。绘图过程中遇到管道交叉需做打断处理,可见管道延续,不可见管道需打断。

⑤定出穿墙的位置。

⑥标注公称管径,管道坡度(排水管坡度小,可画成水平管道),各楼层、屋面及管道标高等数据说明。

提示:可用 PPT 或动画演示排水系统图绘图步骤。

实习实作:识读附图中所提供的给排水平面图和系统图,熟悉其图示内容。

任务 6　电气线路布置图的识读与绘制

6.1　强电(主讲照明电)

6.1.1　建筑电气识读的基础知识

1.电气工程图的种类

电气工程图是表达电气工程的构成、功能、电气装置的工作原理、提供安装接线和维护使用信息的施工图。由于电气工程的规模不同,该项工程电气图的种类和数量也是不同的。通常,一项电气施工工程图由基本图和详图两部分组成。

(1)基本图内容和图样

①设计说明包括供电方式、电压等级、主要线路敷设方式、防雷、接地及施工图中未能表达的各种电气安装高度、工程主要技术数据、施工和验收要求以及有关事项等。

②主要材料设备表包括工程所需的各种设备、管材、导线等名称、型号、规格、数量等。设备材料表上所列主要材料的数量,由于与工程量的计算方法和要求不同,不能作为工程量编制预算依据,只能作为参考数量。

③配电系统图又称电气系统图,用来表示整个工程或其中某一项目的供电方式和电能关系,亦可用于表示某一装置各主要组成部分的电能关系。系统图不表示电气线路中各种设备的具体情况、安装位置和接线方式。系统图有变、配电系统图,动力系统图,照明系统图,弱电系统图等。

本部分主要讲解照明系统图。具体内容如下:整个配电系统的连接方式,从主干线至各分支回路的路数;主要变、配电设备的名称、型号、规格及数量;主干线路及主要分支线路的敷设方式、型号及规格。

④电气平面图。它是表示电气线路和电气设备的平面布置图,也是进行电气安装的重要依据。平面图表示电气线路中各种设备的具体情况、安装位置和接线方式,但不表示电气设备的具体形状。平面图分为变、配电平面图、动力平面图、照明平面图、弱电平面图、室外工程平面图及防雷、接地平面图等。具体内容如下:建筑物的平面布置、轴线分布、尺寸以及图纸比例;各种变配电设备的编号、名称,各种用电设备的名称、型号,以及它们在平面图上的位置;各种配电线路的起点、敷设方式、型号、规格、根数,以及在建筑物中的走向、平面和垂直位置;建筑物和电气设备防雷、接地的安装方式以及在平面图上的位置。

⑤控制原理图。根据控制电器的工作原理,按规定的图线和图形符号绘制成的电路展开

图。

（2）详图内容和图样

①电气工程详图，指配电柜（盘）的布置图和某些电气部件的安装大样图，图中对安装部件的各部位注有详细尺寸。一般是在没有标准图可选用并有特殊要求的情况下才绘制电气工程详图。

②标准图是通用性详图，表示一组设备或部件的具体图形和详细尺寸，以便于制作安装，一般编制成标准图集。

实习实作：根据附图中所提供的电气工程图，找出哪些图是基本图和详图。

2. 怎样阅读电气施工图

读懂电气施工图，才能对整个电气工程有一个全面的了解，才能在预埋、安装施工中按计划有条不紊地进行，确保工程圆满地完成。

（1）熟悉图例符号

熟悉图例符号，搞清图例符号所代表的内容。

（2）阅读电气施工图

要阅读电气工程的所有施工图和相关资料，尤其要读懂配电系统图和电气平面图。只有这样，才能了解设计意图和工程全貌。阅读时，首先应阅读设计说明，以了解设计意图和施工要求等；然后阅读配电系统图，初步了解工程全貌；再阅读电气平面图，进一步了解电气工程的全貌和局部细节；最后阅读电气工程详图、加工图及主要材料设备表等。在阅读过程中，各种图纸和资料往往需要结合起来看，从局部到全面，再从全面到局部，反复阅读，直至弄清每个细节。

读图顺序一般为：施工说明→图例→设备材料表→系统图→平面图→接线图和原理图等。阅读每一张图样时，读图的顺序一般是进线端→变配电所→开关柜→配电屏→各配电线路→住宅配电箱（盘）→室内干线→支线→用电设备。在阅读过程中理清每条线路的根数、导线截面、敷设方式、各电气设备的安装位置以及预埋件位置等。

（3）熟悉施工程序

熟悉施工程序，对阅读施工图很有好处。如室内配线的施工程序如下。

①根据电气施工图确定电器设备安装位置、导线敷设方式、导线敷设路径及导线穿墙过楼板的位置。

②结合土建施工将各种预埋件、线管、接线盒、保护管等埋设在指定位置（暗敷时），或在抹灰前预埋好各种预埋件、支持构件、保护管等（明敷时）。

③装设绝缘支持物、线夹等，敷设导线。

④安装灯具及电气设备。

⑤测试导线绝缘、自查及试通电。

⑥验收。

（4）合理安排施工工艺

在阅读电气施工图时，还应该把电气施工图与土建施工图相结合，强电施工图和弱电施工图相结合，以详细了解各项工程的进度、要求以及它们之间的关系，以便合理安排施工工艺。

6.1.2 照明平面图的文字标注

1.配电线路的标注方法

配电线路的标注形式为

$$a(b \times c)d\text{-}e \text{ 或 } a\text{-}b \times c\text{-}d\text{-}e$$

式中：a 为导线型号；b 为导线根数；c 为导线截面积，mm^2；d 为敷设方式及穿管直径，mm；e 为敷设部位。

例如：BV-3×2.5-SC15-BC。BV 表示铜芯塑料线；3×2.5 表示 3 根，每根导线截面积 2.5 mm^2；SC15 表示穿直径为 15 mm 的钢管；BC 表示暗敷设在梁内。

当需要标注引入线规格时，标注形式为

$$\frac{b\text{-}c}{d(e \times f)\text{-}g}$$

式中：b 为设备型号；c 为设备功率，kW；d 为导线型号；e 为导线根数；f 为导线截面积；g 为敷设方式及部位。

2.照明灯具的标注形式

①类型符号常用拼音字母表示，照明灯具类型符号如表 3.6.1 所示。

②灯数表明有 n 组这样的灯具。

③灯具安装方式文字符号如表 3.6.2 所示。

表 3.6.1 照明灯具类型符号

灯具类型	符号	灯具类型	符号
普通吊灯	P	无磨砂玻璃罩万能灯	WW
吸顶灯	D	泛光灯	FD
壁灯	B	防爆灯	EX

灯具类型	符号	灯具类型	符号
柱灯	Z	防尘灯、防水灯	FS
花灯	H	圆球灯	YQ
投光灯	T	马路弯灯	MD
荧光灯	Y	深照灯	XD
水晶底罩灯	J	广照灯	GD
搪瓷伞罩灯	S	事故照明灯	SD

表 3.6.2 灯具安装方式文字符号

灯具安装方式	符号	灯具安装方式	符号
线吊式	CP	嵌入式	R
自在器线吊式	CP	吸顶或直附式	S
固定线吊式	CP1	台上安装	T
防水线吊式	CP2	顶棚内安装	CR
吊线器式	CP3	墙壁内安装	WR
吊链式	CH	支架上安装	SP
吊杆式	P	柱上安装	CL
壁装式	W	座装	HM

④安装高度指从地面到灯具的高度(m),若为吸顶形式安装,安装高度及安装方式可简化为"-"。例如,在电气照明平面图中标有

$$2\text{-}Y\frac{2\times 30}{2.5}L$$

表示有两组荧光灯,每组由 2 根 30 W 的灯管组成,采用链条吊装形式,吊装高度为 2.5 m。

6.1.3 怎样阅读电气照明图

工程实例:下面以莲池苑某住宅小区照明图(图 3.6.1)为例讲解如何识读电气照明图。了解建筑电气设计说明、设备材料表(图 3.6.2)及图例符号。

××苑电气设计说明

一、强电设计部分

（一）设计依据

1. 根据建设方提供的设计任务书

    2. 根据国家现行规程规范

        JGJ/T—16《民用建筑电气设计规范》

        GB50054—95《低压配电设计规范》

        GB50057—94《建筑物防雷设计规范》

    3. 根据各专业提供的设计资料

（二）设计范围

    1. 供配电系统

    2. 防雷接地系统

（三）供电设计

1. 莲池苑小区由多栋建筑组成，本建筑为其中1栋。本建筑由普通民用住宅及少量商业门面、地下停车车库组成，楼梯、车库内应急照明按照二级负荷供电，其余住宅按三级负荷供电。消防控制室及其他消防用电来自小区集中消防电源。

2. 供电电源由小区变电所电缆埋地引入，穿钢管引入A单元楼内总配电箱。户内线路穿PVC管暗敷设。楼内供电采用三相五线制380V/220V供电，专用保护线路。各用电电源采用TYJX-500应急照明电源箱。

3. 楼梯间照明正常时由市电供电，应急时由应急照明电源箱供电。楼道照明灯具均采用20W电子节能灯吸顶安装。开关采用声光控制带延时开关，以节约电能。

4. 为保证供电电源质量，本工程采用在变电所内低压集中补偿方式调整功率因数，补偿总容量根据小区整体负荷定。

5. 总配电箱采用–25×4镀锌扁钢作为接地保护线；设备接地保护与防雷接地共用一组接地极。各分节点必须和接地线可靠连接。

6. 所有住宅照明配电箱、计量箱均为暗装，室外距地高度1.8 m，室内距地1.5 m，为方便用户装修，户内配电只设到户内配电箱开关处，其余根据装修需要自配。

（四）防雷接地系统

1. 本工程为三类防雷建筑，屋面设置避雷带，突出屋面的金属构架、管道等一并与防雷装置可靠连接。

    防雷、接地引下线利用钢筋混凝土柱内主筋，做法参见《建筑电气安装图集》。

2. 大楼采用以建筑物基础钢筋为接地体的综合接地系统，即保护接地、工作接地、过电压接地共用一接地体，其接地电阻$R < 1$欧姆，其做法参见《建筑电气安装工程图集》。

二、弱电设计部分

（一）设计依据

1. 《民用建筑设计防火规范》

2. 《火灾自动报警系统设计规范》

3. 各专业提供的设计资料

（二）报警系统设计

    本工程根据规范在地下汽车库内设置自动消防报警系统，配置JB-QB-FT6001系列区域火灾报警系统，详见消防设计部分。

（三）电视电话系统

1. 电话按每户1～2部设置接线箱和电缆，总交接箱设在A单元底层，由总交接箱用两根50、30对电缆引至B、C单元交接箱。一层消防控制室内设直通119的值班电话。

2. 宽带网络线路敷设系统与电话系统同，本图中未画出。

3. 安装方式：主交接箱明装，安装高度距地1.8 m，各层分线箱明装高度距地2.5 m。各用户插座距地0.3 m安装。电视各元件盒暗装，安装高度距地1.8 m，用户插座距地0.3 m安装，弱电线路敷设在各单元楼梯间内。

图 3.6.1　电气设计说明

专业：	设 备 及 材 料 表					
编号	设 备 名 称	型 号 规 格	单位	数量	备 注	图 例
1	总配电箱、单元配电箱	根据箱内配置选择型号	个	4	MF0 MF10 MF20 MF30	▬
2	楼层配电箱	根据箱内配置选择型号	个	21	MF11~17 (MF21~27、MF31~37)	▬
3	车库配电箱	根据箱内配置选择型号	个	1	MF-1	▬
4	路灯配电箱	根据箱内配置选择型号	个	3	MF-1D(2D、3D)	▬
5	住户室内配电箱	根据箱内配置选择型号	个	42		▬
6	应急照明电源箱	TYJX-500	个	3		
7	电子节能灯	交流250 V 20 W	套	42	配声光控带延时开关	⊗
8	吸顶格栅灯	交流250 V 40 W×2	个	18	12套配声光控带延时开关	⊞
9	暗装双极开关	交流250 V 5 A	个	3		
10	自带电源应急照明灯	交流250 V 15 W×2	套	5		▣
11	安全出口标志灯		套	3		3
12	方向指示灯		套	3		←
13	镀锌扁钢	−25×4	米	20		
14	PVC 塑料管	管路（规格见系统图）	米		施工预算定（长度）	
15	电话交接箱	XF501-100	只	1		
16	电话交接箱	XF501-50	只	1		
17	电话交接箱	XF501-30	只	1		
18	三分配器	JZ3SP	只	1		
19	二分配器	JZ2SP	只	1		
20	线路放大器	XF05	只	1	手动可调	
21	二分支器		只	24		
22	电视线路	HYKV-75-9	m	预算定		
23	电视线路	HYKV-75-5	m	预算定		
24	电话线路	HYA-50(2×0.5)	m	预算定		
25	电话线路	HYA-30(2×0.5)	m	预算定		
26	电话线路	HYA-100(2×0.5)	m	预算定		
27	电话线路	HYA=2(2×0.5)	m	预算定		
28	电话分线盒	规格见系统图	只	预算定		
29	镀锌圆钢	ϕ12	m	预算定		
30	镀锌钢管	ϕ50 L=2.5 m	根	12		
31	避雷断接卡		套	2		
32	消防报警系统	JB-QB FT6001	套	1	地下车库用	
33						
34						

图 3.6.2 电气设备及材料表

1.阅读系统图

从图 3.6.3 可以看出,住宅总配电箱 MF0,单元配电箱 MF10、MF20,楼层配电箱 MF11 ~ MF17,MF21 ~ MF27,车库配电箱 MF-1,楼梯照明配电箱 MF-1D、MF-2D,门面室内配电箱 MM1 ~ MM11,住宅室内配电箱根据箱内配置选型。

图 3.6.3 竖向配电系统图

从图 3.6.4 可以看出,本商住宅楼电源由交联电缆 YJV-1kV 4×70 从小区变电所引入,引入至总配电箱 MF0,然后从 MF0 引出,其中两路分别至 MF10 和 MF20,即引至各单元配电箱,一路至车库照明,还有一路备用。至单元配电箱采用交联电缆 YJV 2×35 +1×16;至车库采用 BV-3×6,PC20 套管,暗敷。

住宅总配电箱

图 3.6.4　住宅总配电箱系统图

从图 3.6.5 中可以看出,每个单元配电箱,如 MF10 出线,一路为 BV-2×35+1×16,穿 PC40 套管,暗敷,引至住户各层配电箱;一路为 BV-3×4,PC20 套管,暗敷,引至楼梯照明配电箱。

单元配电箱系统

图 3.6.5　单元配电系统图

从图 3.6.6 中可以看出,楼层配电箱,如 MF21 出线,两路均为 BV-3×10,PC25 套管,暗敷,引至一梯两户住户配电箱。

楼层配电系统

图 3.6.6　楼层配电系统图

从图 3.6.7 中可以看出,车库配电箱 MF-1 出线,一路为 N11,BV-3 × 4,PC20 套管,暗敷,引至车库照明;另一路为 N12,BV-3 × 4,PC20 套管,暗敷,备用。

车库配电箱

图 3.6.7 车库配电箱系统图

楼梯照明配电箱系统

图 3.6.8 楼梯照明配电箱系统图

从图 3.6.9 中可以看出,一楼门面室内配电箱,如 MM1 出线,其中一回路为 BV-2 × 2.5,PC20 套管,暗敷,引至灯;一回路为 BV-3 × 4,PC20 套管,暗敷,引至插座;一回路为 BV-3 × 6,PC20 套管,暗敷,引至空调。

门面配电系统

图 3.6.9 门面配电系统图

从图 3.6.10 中可以看出,住宅室内配电箱出线,一回路为 BV-2 × 2.5,PC20 套管,暗敷,引至灯;一回路为 BV-2×2.5,PC20 套管,暗敷,引至灯;一回路为 BV-2×2.5,PC20 套管,暗敷,引至灯;一回路为 BV-3×4,PC20 套管,暗敷,引至插座;一回路为 BV-3×6,PC20 套管,暗敷,引至空调;一回路为 BV-3×4,PC20 套管,暗敷,引至厨房插座。

住宅室内配电系统

图 3.6.10　住宅室内配电系统图

住宅室内配电系统

图 3.6.11　门面室内配电系统图

车库配电箱

图 3.6.12　车库配电箱系统图

实习实作:阅读图 3.6.8、图 3.6.11、图 3.6.12,熟悉其图示内容。

2.阅读平面图

在图 3.6.13 中找到一层平面图中电源引入处,结合系统图可知,供电电源由小区变电所电缆埋地引出,穿钢管引入 A 单元楼内总配电箱。户内线路穿 PVC 管暗敷设。首先引至总配电箱,位于一单元楼梯间,然后由此向下配线引至单元配电箱 MF10 ~ MF30,本图中只绘出两个单元的平面图,即 MF10 和 MF20。经单元配电箱 MF10 引至楼层配电箱 MF11 ~ MF17。从一层平面图中可知,楼层配电箱 MF11 出线至一单元的 4 个门面配电箱 MM1 ~ MM4,结合系统图知配线为 BV-3×6,PC20 套管,暗敷。另外经一单元一楼配电箱引至楼道照明配电箱 MF-1D,再经此配电箱引至该单元所有楼道照明;同样,经二单元一楼配电箱引至楼道照明配电箱 MF-2D。

图 3.6.13　一层配电平面图

从图 3.6.14 中可知,楼层配电箱 MF12 ~ MF17,各楼层配电箱出线分别出线引至楼道两边的户内配电箱。户内配电箱的具体配电情况由住户装修确定。

从图 3.6.15 中可知,从一层总配电箱 MF0 引至负一层车库配电箱 MF-1,然后由此出线,引至车库的所有照明灯具和开关。根据图例符号可知,负一层共有 12 个吸顶格栅灯及相应开关。

从电气设计说明中可知,所有住宅照明配电箱、计量箱均为暗装,室外距地高度 1.8 m,室内距地 1.5 m。

图 3.6.14　二～七层配电平面图

图 3.6.15　负一层配电平面图

6.2 弱电、防雷和接地

6.2.1 弱电系统

1.共用电视天线系统

共用电视天线系统是多台电视机共用一组天线设备的电视接收系统。因为工程大多采用射频电缆、光缆或其组合来传输、分配和交换声音、图像及数据信号等,因此,也称为有线电视系统或电缆电视系统。

共用电视天线系统所包括的范围是:信号输入(接收天线、公共有线电视网等)—前端设备—传输管线—用户终端等。

有线电视系统工程图识读:

从图3.6.16中可以看出,本商住楼有线电视系统从小区外电视网接入,经过均衡器和放大器后,主干线使用 SYKV-75-9 光缆,利用三分配器给商业门面、A 单元、B 单元分配信号。入户支线使用 SYKV-75-5 光缆,每一楼层使用二分支器(一梯二户)进入用户。

注:所有主干线为SYKV-75-9,所有入户支线为SYKV-75-5.

图3.6.16　有线电视系统图

2.建筑电话系统

建筑电话系统是指建筑物或企事业内部自成体系的电话系统,它所包括的范围是:电话进线电缆—电话交换设备(交换机、交换箱等)—传送分配管线和设备—接收和发送设备(电话机、传真机等)。

电话信号的传输与电视信号传输不同,电视信号传输是共用系统,一个信号可以分配给多个用户,而电话信号是独立信号,两部电话之间必须有两根导线直接连接。因此有一部电话机就要有两根(一对)电话线。从各用户到电话交换机的电话线路数量很大,这不像供电线路,只要几根导线就可以连接许多用电户。一台交换机可以接入电话机的数量用门计算,如 200门交换机,800 门交换机。如果建筑物内没有交换机,那么进入建筑物的就是接各部电话机的线路,楼内有多少部电话机,就需要有多少对线路引入。

(1)电话通信线路的组成

电话通信线路从进户管线一直到用户出线盒,一般由以下几部分组成。

①引入(进户)电缆管路。它又分为地下进户和外墙进户两种方式。

②交接设备或总配线设备。它是引入电缆进屋后的终端设备,有设置与不设置用户交换机两种情况,如设置用户交换机,采用总配线箱或总配线架;如不设用户交换机,常用交接箱或交接间,交接设备宜装在建筑的一、二层,如有地下室,且较干燥、通风,才可考虑设置在地下室。

③上升电缆管路。它有上升管路、上升房和竖井 3 种建筑类型。

④楼层电缆管路。

⑤配线设备。如电缆接头箱、过路箱、分线箱、用户出线盒,是通信线路分支、中间检查、终端用设备。

(2)配线方式

建筑物的电话线路包括主干电缆、分支电缆和用户线路 3 部分,其配线方式应根据建筑物的结构及用户的需要,选用技术上先进、经济上合理的方案,做到便于施工和维护管理且安全可靠。

干线电缆的配线方式有单独式、复接式、递减式、交接式和合用式。

(3)电话系统所使用的材料

1)电缆

电话系统的干线使用电话电缆。常用电缆有 HYA 型综合护层塑料绝缘电缆和 HPVV 铜芯全聚氯乙烯电缆,电缆规格标注为 $HYA10 \times 2 \times 0.5$,其中 HYA 为型号,10 表示缆内 10 对电话线,2×0.5 表示每对线为 2 根直径 0.5 mm 的导线。电缆的对数从 5~2400 对,线芯有两种规格直径 0.5 mm 和 0.4 mm。

2)光缆

光导纤维通信是一种崭新的信号传输手段,利用激光通过超纯石英拉制成的光导纤维进行通信。光缆由多芯光纤、铜导线、护套组成。

3)电话线

管内暗敷设使用的电话线,常用的是 RVB 型塑料并行软导线或 RVS 型双绞线,规格为

$2 \times 0.2 \ mm^2 \sim 2 \times 0.5 \ mm^2$,要求较高的系统使用 HPW 型并行线,规格为 $2 \times 0.5 \ mm^2$,也可以使用 HBV 型绞线,规格为 $2 \times 0.6 \ mm^2$。

4)分线箱

电话系统干线电缆与进户连接要使用电话分线箱,也叫电话组线箱或电话交接箱。

5)用户出线盒

室内用户要安装用户出线盒,出线盒面板规格如 86 型、75 型等。

(4)电话系统工程图识读举例

从图 3.6.17 中可以看出,本商住楼从小区市话网 HYA 型综合护层塑料绝缘电缆接入,电话按每户 1~2 部设置接线箱和电缆,总交接箱设在 A 单元底层,由总交接箱用两根 50 和 30 对电缆引至 B、C 单元交接箱。

图 3.6.17　电话系统图

具体安装方式:主交接箱明装,安装高度距地 1.8 m,各层分线箱明装,安装高度距地 2.5 m。各用户插座安装高度距地 0.3 m。电视各元件盒暗装,安装高度距地 1.8 m。弱电线路敷设在各单元楼梯间内。

3.广播音响系统

广播音响系统是指建筑物或企事业内部自成体系的有线广播系统。它所包括的范围是:前端设备—广播分线箱—传输管线—输出变压器—扬声器。

4. 安全用电与建筑防雷

（1）安全用电基础

电流对人体的伤害是电气事故中最为常见的一种。基本上可以分为电击和电伤两大类。

1）电击和电伤

①电击：人体接触带电部分，电流通过人体并使人体内部器官受到损伤的现象，称为电击。可分为单相触电、两相触电、跨步电压触电。

②电伤：由电弧以熔化、蒸发的金属微粒对人体外表造成的伤害，称为电伤。

2）安全电压等级

①发生触电时的危险程度与通过人体电流的大小、电流的频率、通电时间的长短、电流在人体中的路径等多方面因素有关。

②人体的安全电流为 10 mA。

③我国规定的安全电压 3 个等级：12 V、24 V、36 V。

3）影响安全电压的因素

①因人而异。

②与触电时间长短有关。

③与皮肤接触的面积和压力大小有关。

④与工作环境有关。

（2）建筑电气设备的保护

1）工作接地与接地电阻的要求和敷设

①在三相四线制的配电系统中，将配电变压器副边中性点通过接地装置与大地直接连接，叫工作接地。工作接地时，可以降低每相电源的对地电压。

②埋入接地体时，应将周围填土夯实，不得回填砖石、灰渣之类的杂土。

③接地体均采用镀锌钢材。

2）保护接地

①对于中性点不接地的供电系统，可采用保护接地措施。

保护接地是将电动机、家用电器等用电设备的金属外壳通过导体与埋入地下的金属接地连在一起。这种方法适用于变压器中性点不接地系统。

②不装保护接地时用电危险；装有保护接地时用电安全。

3）保护接零

对于中性点接地的供电系统，可采用保护接零措施。

保护接零时将电动机、家用电器等用电设备的金属外壳通过导线与供电系统的零线连接在一起。这种方法适用于变压器中性接地系统。

提示：中性点接地和中性点不接地的相关知识，请同学们自行拓展。

4）重复接地

①在接零的配电系统中，将设备的零线 2 再一次接地，则相对于第一处接地线 1 而言，称

为重复接地。

②一旦发生零线断开时,设备外壳因重复接地 2 重新回到零电位,故使熔断器马上熔断,故障设备迅速脱离电源,同时保证系统中其他用电设备的安全。

（3）建筑防雷

1）雷电定义

所谓雷电现象,就是雷云和雷云之间,以及雷云和大地之间的一种放电现象,闪电现象就是放电时产生强烈的光和热,雷声就是巨大的热量使空气在极短的时间内急剧膨胀而产生的爆炸声响。

2）雷电分类

根据雷电造成危害的形式,一般可以分为直接雷和间接雷两大类。直接雷是指雷云对地面直接放电。间接雷是雷云的二次作用造成的危害。

3）防雷原理

①防直接雷:一般采用避雷针、避雷带和避雷网,优先考虑采用避雷针。当建筑物上不允许装设高出屋顶的避雷针同时屋顶面积不大时,可采用避雷带,若面积较大时,采用避雷网。

讨论:建筑物防直接雷,为什么说要优先考虑采用避雷针?

②防间接雷:雷云通过静电感应效应可在建筑物上产生很高的感应高压,可采用将建筑物的金属屋顶以及房屋中的大型金属物品,全部加以良好的接地处理来消除。雷电流通过电磁效应在周围空间产生的强大电磁场,使金属间隙因感应电动势而产生火花放电,使金属回路因感应电流而产生发热现象,可通过将相互靠近的金属物体全部可靠地连成一体并加以接地的办法来消除。

（4）防雷设计

1）防雷设计的目的

①保护建筑物内部的人身安全。

②保护建筑物不被破坏和烧毁。

③保护建筑物内部存放的危险物品不被损坏、燃烧和爆炸。

④保护建筑物内部的电气设备和系统不被损坏。

2）防雷保护的对象

设置防雷装置需要一定数量的钢材,因此增加了建筑物的造价。为了降低对建筑物的投资,不可能对所有建筑物都采用防雷措施。同时,在不发生雷击现象和极少发生雷击现象的地区,也没有必要考虑建筑防雷的问题。应根据当地的雷电活动情况、建筑物本身的重要性和周围环境特点,综合考虑确定是否安装防雷装置及安装何种类型的防雷装置。

3）形成雷击的因素

①地质条件:形成雷击的主要因素。

②地形条件:建筑群中高耸建筑和空旷的孤立建筑易遭雷击。

③建筑物的构造及其附属构件条件:建筑物本身所积蓄的电荷越多,越容易接闪雷电。

④建筑物外部设备的条件:建筑物外部的金属管道设备越多,越容易遭雷击。

討論:发生雷电时,我们应在何处躲避雷击? 应注意什么?

4)防雷的主要装置

①接闪器:避雷针、避雷带、避雷网。

②引下线:又称引流器,接闪器通过引下线与接地装置相连。引下线的作用是将接闪器"接"来的雷电流引入大地,它能保证通过雷电流而不被熔化。

③接地体:人工接地体、自然接地体、基础接地体。

(5)屋面防雷平面图识读举例

1)识读防雷设计说明

本工程为三类防雷建筑,屋面设防雷带,屋面防雷带为 $\phi12$ 镀锌圆钢,沿女儿墙及屋顶突出部位边缘暗装,并与引下线可靠电气连接,垂直引下线可利用图示位置构造柱(框架柱)内主筋,主筋通长焊接,搭接长度不小于 80 mm。不可利用处引下线采用 -25×4 镀锌扁钢沿墙固定后埋入抹灰层内,引下线距地 1.8 m 处引出作暗盒,盒内作断接卡连接,供测量接地电阻用。屋顶所有的金属凸出物均应与避雷带可靠焊接,通过引下线引至地梁两根主筋焊接一周,引至接地极。专用防雷接地电阻不得大于 30 Ω;和其他接地合用接地电阻不得大于 4 Ω。如接地电阻达不到要求请采用降阻剂或采用换土解决。

详细做法请参见《建筑电气安装工程图集》JD10"防雷与接地装置"的有关内容。

以上这段文字为一商住楼的防雷设计说明,从中可以看出对防雷设计的相关要求。

2)防雷平面图的识读

从图3.6.18中可以看出防雷带的走向,该案例共设置5组接地极,每组3根。详细做法请参见《建筑电气安装工程图集》JD10"防雷与接地装置"的有关内容。

6.3　消防联动

6.3.1　室内消防系统

1.室内消防给水的设置原则

《高层建筑设计防火规范》规定,高层建筑物须设置室内、室外消火栓给水系统。除无可燃物的设备层外,高层建筑和裙房均应设置室内消火栓。

2.室内消火栓灭火系统

(1)消火栓给水系统的组成:消防水源、室内消火栓、消火栓箱、消防管道、消防水泵、水池、水泵接合器。

图 3.6.18　屋面防雷平面图

①室内消火栓设备有消火栓、水枪、水龙带、消火栓箱。

②室内消防管道。

③消防水泵:室内消火栓灭火系统的消防水泵宜与其他水泵房合建,以便于管理。高层建筑的室内消防水泵宜设在建筑物的底层。

④消防水箱:消防水箱的设置,应根据室外管网的水压和水量来确定,设有能满足室内消防要求的高压给水系统的建筑物可不设消防水箱;设置临时高压和低压给水系统的建筑物应设有消防水箱或气压给水装置。

⑤水泵结合器:水泵结合器是消防车从室外水源或从给水管取水向室内消防管网供水的接口。

⑥消防水池:当市政给水管道的进水管不能满足室内外消防用水量或天然水源因水位过低、水量太少和枯水季节等不能满足室内外消防用水量时,市政给水管网为枝状或只有一条进水管,且室内外消防用水量之和大于 25 L/s 时,应设消防水池。

(2)消火栓给水系统的给水方式

①直接给水方式(无加压水泵和水箱的消火栓灭火系统)。

②设有加压水泵和水箱的消火栓灭火系统。

③采用不分区的消火栓灭火系统。

④采用分区的消火栓灭火系统来加强供水安全和保证火场供水。

⑤单设水箱的消火栓灭火系统。

(3)消火栓的布置

室内消火栓应设置在建筑内各层明显、易取用和经常有人出入的地方,如楼梯间、走廊、大厅、车间出入口。

室内消火栓布置应能保证有两支水枪的充实水柱同时达到室内任何部位,建筑高度小于或等于 24 m、且体积小于或等于 500 m³ 的库房,可用 1 支充实水枪水柱到达室内任何部位。消火栓栓口处出水压力不宜超过 0.5 MPa,否则应采取减压措施。

6.3.2　自动喷水灭火系统

1. 闭式自动喷水灭火系统

（1）湿式自动喷水灭火系统

湿式自动喷水灭火系统由闭式喷头、水流指示器、湿式报警阀、配水管网、延迟器、火灾报警装置及消防水泵和水箱组成。

（2）干式自动喷水灭火系统

干式自动喷水灭火系统由闭式喷头、干式报警阀、气压保持器、配水管网和报警装置组成。

2. 开式自动喷水灭火系统

按其喷水形式分雨淋灭火系统和水幕灭火系统,通常用于火势猛烈、蔓延迅速的某些严重危险级建筑物或场所。

6.3.3　消防系统案例

该案例设计说明如下。

1. 火灾自动报警系统

①本套设计为消防自动报警及联动系统。采用 JB-QB-FT6001 型消防报警主机及其系统设备。

②该系统主要功能为探测火灾信号,在火灾发生初期及时自动报警、手动报警、发出联动声光信号及联动设备运行,提示人员疏散,防患于未然。

③为防止火灾的发生或者引起系统误报警,整个市场内严禁吸烟。严禁一切引起感温探测器误动作的活动。

④本套系统采用区域报警控制形式,控制器与各总线编码设备采用二总线无极性连接方式。

⑤消防控制主机设于一层专用消防控制室内,要求相关人员 24 h 值班。

2. 自动喷淋灭火系统

①本车库属于Ⅳ类车库,本设计按照火灾中相应危险级Ⅰ设计该工程消防喷淋系统。火灾延续时间(自动喷水持续喷水时间)按 1 h 计算。

②喷头布置于车库吊顶平面内,采用 68 ℃下喷淋喷头。根据需要配置 $\phi400$ 吸热盘。

③设计在车库入口附近安装室外消火栓,并设置两套水泵接合器作系统补水,以便消防车给车库喷淋系统补水。

④喷淋管路安装时可根据实际情况适当调整位置。

该案例为消防联动系统图,读懂此类工程图的前提仍然是熟悉图例符号,如图 3.6.19 所示。该消防系统的水源来自小区室外消防水网,经由热镀锌钢管 DN100 进入室内消防管网,然后分别送至地上各层消火栓箱以及地下负一层车库喷淋系统。

图 3.6.19 消防给水系统图

实习实作:识读图 3.6.19、图 3.6.20、图 3.6.21 和图 3.6.22,熟悉消防系统图、喷淋图和报警图的图示内容。

图 3.6.20 负一层车库喷淋原理图

图 3.6.21 湿式报警阀原理图

名称	图例	型号规格	数量	备注
闭式喷头	○ ▽		预算定	
蝶阀	⋈		预算定	
止回阀		DN100	预算定	
减压阀			预算定	
水流指示器	SL	DN100	预算定	
压力开关	YL		预算定	
水压表			预算定	
截止阀			预算定	
湿式报警阀	▶ ⋈	ZSS100/1.6	预算定	
水泵接合器	Y	SQS—100	预算定	
室外消火栓		SS100	预算定	
光电感温探测器	⊔B		预算定	
编码手动报警按扭	Y	J-SAP-FT6202	预算定	
声光讯响器			预算定	
水流指示器	SL		预算定	
总线隔离器	FT6201	FT6201	预算定	
输入接口模块	FT6204	FT6204	预算定	
单输入单输出模块	FT6205	FT6205	预算定	
并联接口模块	FT6212	FT6212	预算定	
钢管〈喷淋用〉	DN50			
钢管〈喷淋用〉	DN40			
钢管〈喷淋用〉	DN25			

图 3.6.22　消防喷淋主要材料表

学习情境 3 小结

　　本学习情境介绍了制图标准、绘图工具及仪器、投影知识、计算机绘图软件在安装工程施工图中的应用。着重介绍了安装工程施工图中各种图例、符号、代号的意义以及读图方法和绘制步骤。

教学评估表

学习情境名称：_____　班级：_____　姓名：_____　日期：_____

1.本表主要用于对课程授课情况的调查,可以自愿选择署名或匿名方式填写问卷。
根据自己的情况在相应的栏目打"√"。

评估项目＼评估等级	非常赞成	赞成	不赞成	非常不赞成	无可奉告
(1)我对本学习情境学习很感兴趣					
(2)教师教学设计好,有准备并阐述清楚					
(3)教师因材施教,运用了各种教学方法来帮助我的学习					
(4)学习内容能提升我的读图和绘图技能					
(5)有实物、图片、音像等材料,能帮助我更好地理解学习内容					
(6)对于教学内容教师知识丰富、能结合安装施工现场进行讲解					
(7)教师善于活跃课堂气氛,设计各种学习活动,利于学习					
(8)教师批阅、讲评作业认真、仔细,有利于我的学习					
(9)我理解并能应用所学知识和技能					
(10)授课方式适合我的学习风格					
(11)我喜欢这门课中的各种学习活动					
(12)学习活动有利于我学习该课程					
(13)我有机会参与学习活动					
(14)每项活动结束都有归纳与总结					
(15)教材编排版式新颖,有利于我学习					
(16)教材使用的文字、语言通俗易懂,有对专业词汇的解释、提示和注意事项,利于我自学					
(17)教材为我完成学习任务提供了足够信息和查找资料的渠道					
(18)教材通过讲练结合使我技能增强了					
(19)教学内容难易程度合适,紧密结合施工现场,符合我的需求					
(20)我对完成今后的工作任务更有信心					

2.您认为教学活动使用的视听教学设备:
　合适　□　　　　　　太多　□　　　　　　太少　□
3.教师安排边学、边做、边互动的比例:

讲太多 □　　　　　练习太多 □　　　　　活动太多 □　　　　　恰到好处 □

4. 教学进度：

太快 □　　　　　正合适 □　　　　　太慢 □

5. 活动安排的时间长短：

太长 □　　　　　正合适 □　　　　　太短 □

6. 我最喜欢本学习情境中的教学活动是：

7. 我最不喜欢本学习情境中的教学活动是：

8. 本学习情境我最需要的帮助是：

9. 我对本学习情境改进教学活动的建议是：

学习情境 4　钢结构施工图

【学习目标】

知识目标	能力目标	权重
正确表述钢结构制图标准中有关图幅、图线、字体、比例的相关要求以及构件符号、代号的含义	贯彻钢结构制图标准相应规定	0.15
正确表述常用制图工具和仪器及计算机辅助软件的使用方法及注意事项	正确使用制图工具、计算机辅助软件,会规范选用线型、书写字体及尺寸标注等	0.15
正确表述钢结构图形中点、线、面、体的投影特性	利用点、线、面的投影规律分析钢结构建筑的构成	0.25
熟练表述钢结构中剖面图、断面图的形成原理及绘制线型要求	正确绘制钢结构构件的剖面图、断面图	0.10
正确表述钢结构施工图的类型及相应的图示方法和图示内容	正确识读和绘制钢结构施工图(手工和上机)	0.30
正确表述软件绘图与手工绘图的区别、软件绘图的注意事项及要求	利用绘图软件绘制工程施工图并打印出图	0.05
合　计		1.00

【教学准备】

钢结构施工图、钢结构实物、模型等。

【教学建议】

在建筑技能实训基地采用集中讲授、动态教学、分组实训等方法教学。

【建议学时】

8(5)学时

任务1　国家制图标准基本规定及应用

　　钢结构施工图与建筑施工图在制图方面要求基本是一致的,主要不同点在于钢结构施工图中出现大量符号、代号。要读懂钢结构施工图,就必须先搞懂其中符号、代号的含义。钢结构施工图中,其图线、图幅、标题栏、会签栏等内容同学习情境1的任务1。

任 务 单

系：　　　　　　班级：　　　　　　年　　月　　日

学习领域	建筑工程图识读与绘制			
学习情境	4　钢结构施工图			
子情境	4.1　国家制图标准基本规定及应用			
任务名称	手工抄绘钢结构柱脚节点图			
目的	在限定的时间内,手工抄绘钢结构柱脚节点图。学生应在识图的基础上,利用所学知识、工具、参考资料,手工抄绘钢结构柱脚节点图			
完成时间	20 min			
工作步骤	资讯	识图、查阅资料	小组讨论	2 min
	决策	确定抄绘步骤	小组讨论	1 min
	计划	制订具体实施计划	小组讨论	1 min
	实施	抄绘图形	独立完成	10 min
	检查	填检查单	分组完成	3 min
	评价	填评价单	分组完成	3 min
参考资料	1.实施单、检查单、评价单 2.《建筑结构制图标准》 3.教材 4.标准图集			
实训图形				

实施单　　　　　　　　　　　检查单　　　　　　　　　　　评价单

任务 2　仪器绘图

具体学习任务以任务单为准。

任 务 单

系：　　　　　　班级：　　　　　　　年　月　日

学习领域	建筑工程图识读与绘制		
学习情境	4　钢结构施工图		
子情境	4.2　仪器绘图		
任务名称	手工抄绘梯形屋架支座节点图		
目　的	在限定时间内,手工抄绘梯形屋架支座节点图。学生应在识图的基础上,利用所学知识、工具、参考资料,手工抄绘梯形屋架支座节点图		
完成时间	50 min		
工作步骤	资讯	识图、查阅资料	小组讨论	2 min
	决策	确定抄绘步骤	小组讨论	1 min
	计划	制订具体实施计划	小组讨论	1 min
	实施	抄绘图形	独立完成	40 min
	检查	填检查单	分组完成	3 min
	评价	填评价单	分组完成	3 min
参考资料	1.实施单、检查单、评价单 2.《建筑结构制图标准》 3.教材 4.标准图集		

实训图形	

实施单

检查单

评价单

任务3 计算机软件绘图

具体学习任务以任务单为准。

任 务 单

系：　　　　　　班级：　　　　　　　　　年　月　日

学习领域	建筑工程图识读与绘制
学习情境	4　钢结构施工图

子情境	4.3　计算机软件绘图		
任务名称	计算机软件绘制钢结构三角形屋架节点图		
目　的	在限定的时间内,计算机软件绘制钢结构三角形屋架节点图。学生应在识图的基础上,利用所学知识、工具、参考资料,计算机软件绘制平面图形钢结构三角形屋架节点图		
完成时间	40 min		
工作步骤	资讯	识图、查阅资料	小组讨论	2 min
	决策	确定抄绘步骤	小组讨论	1 min
	计划	制订具体实施计划	小组讨论	1 min
	实施	计算机软件绘制钢结构三角形屋架节点图	独立完成	30 min
	检查	填检查单	分组完成	3 min
	评价	填评价单	分组完成	3 min
参考资料	1.实施单、检查单、评价单 2.《建筑结构制图标准》 3.教材 4.标准图集		
实训图形			

实施单   检查单   评价单

任务4　形体投影图的识读与绘制

具体学习任务以任务单为准。

任 务 单

系：　　　　　　　班级：　　　　　　　　　年　月　日

学习领域	建筑工程图识读与绘制			
学习情境	4　钢结构施工图			
子情境	4.4　形体投影图的识读与绘制			
任务名称	形体的表达方法实训			
目的	在限定的时间内，完成形体的表达方法实训。学生应在识图的基础上，利用所学知识、工具、参考资料，完成形体的表达方法实训			
完成时间	60 min			
工作步骤	资讯	识图、复习教材	小组讨论	2 min
	决策	确定作图步骤	小组讨论	1 min
	计划	制订具体实施计划	小组讨论	1 min
	实施	形体的表达方法实训	独立完成	50 min
	检查	填检查单	分组完成	3 min
	评价	填评价单	分组完成	3 min
参考资料	1.实施单、检查单、评价单 2.《建筑结构制图标准》 3.教材 4.标准图集			

实训题目	1.求钢柱支座的 *W* 面投影并标注尺寸 2.求钢柱支座的 *W* 投影并标注尺寸
实训题目	3.补全工字钢的 *H* 面和 *V* 面投影图

实施单

检查单

评价单

任务 5　钢结构施工图的识读与绘制

　　钢结构施工图是钢结构工程施工时的主要依据,施工人员不得任意变更图纸或无规则施工。因此,作为建筑施工人员,必须看懂图纸,记住图纸的内容和要求,这是搞好钢结构工程施工必须具备的先决条件。那么,钢结构施工图有哪些类型? 应如何进行识读? 下面,我们就来学习有关钢结构施工图的有关知识。

5.1　钢结构中使用的有关图例

　　钢结构图中常见的图例如表 4.5.1 ~ 4.5.4 所示。

表 4.5.1　孔、螺栓、铆钉图例

名称	图例	说明
永久螺栓		
高强螺栓		1.细"十"线表示定位线 2.必须标注螺栓、孔、铆钉的直径
安装螺栓		
螺栓、铆钉的圆孔		

表 4.5.2　钢结构焊缝图形符号

焊缝名称	焊缝形式	图形符号	焊缝名称	焊缝形式	图形符号
V 型			单边 V 型（带根）		
V 型（带根）			I 型		
不对称（带根）			贴角焊		
单边 V 型			塞焊		

表 4.5.3　焊缝的辅助符号

符号名称	辅助符号	标注方法	焊缝形式
相同焊缝			

符号名称	辅助符号	标注方法	焊缝形式
安装焊缝			
三面焊缝		h / h	
周围焊缝		h	
断续焊缝		h S/L	

表 4.5.4　常用焊缝接头的焊缝标注方法

名称	焊缝形式	标注方法
对接 I 形焊缝	b	a b b
对接 I 形双面焊	b	b
对接 V 形焊缝	a b	b b
对接单边 V 形焊缝	a b	b a a b
对接 V 形带根焊缝	a p b	p b

续表

名称	焊缝形式	标注方法
搭接周边焊缝		
贴角焊接		
T 形接头		

5.2 钢结构所用型材的标注方法

5.2.1 型钢的标注方法

钢结构多由各种型材采用焊接、铆接、螺栓等连接方式组成。常用各种型钢的标注方法如表 4.5.5 所示。

表 4.5.5 常用型钢标注方法

名称	截面	标注方法	说明
等边角钢		$b×t$	b 为肢宽，t 为肢厚。如 $∟80×6$ 表示等边角钢肢宽为 80 mm，肢厚为 6 mm
不等边角钢	B	$B×b×t$	B 为长肢宽，b 为短肢宽，t 为肢厚。如：$∟80×60×5$ 表示不等边角钢肢宽分别为 80 mm 和 60 mm，肢厚为 5 mm
工字钢		N Q N	轻型工字钢加注 Q 字，N 为工字钢的型号。如 I22a 表示截面高度为 220 mm 的 a 类厚板工字钢
槽钢		N Q N	轻型槽钢加注 Q 字，N 为槽钢的型号。如：[Q25b 表示截面高度为 250 mm 的 b 类轻型槽钢

名称	截面	标注方法	说明
方刚		b	如：□600 表示边长为 600 mm 的方钢
扁钢	b	$-b \times t$	如：-150×4 表示宽度为 150 mm，厚度为 4 mm 的扁钢
钢板		$\dfrac{-b \times t}{l}$	b 为钢板宽度，t 为钢板厚度，l 为钢板长度，单位为 mm
圆钢		Fd	如 F30 表示圆钢的直径为 30 mm
钢管		$Fd \times t$	如：$F90 \times 8$ 表示钢管的外径为 90 mm，壁厚为 8 mm
薄壁方钢管		$B \quad b \times t$	薄壁型钢加注 B 字。如：$B\ 50 \times 2$ 表示边长为 50 mm，壁厚为 2 mm 的薄壁方钢管
薄壁等肢角钢		$B \quad b \times t$	如：$BL50 \times 2$ 表示薄壁等边角钢肢宽为 50 mm，壁厚为 2 mm
薄壁等肢卷边角钢	a	$B \quad b \times a \times t$	b 为薄壁卷边等边角钢的肢宽，卷边宽度为 a，壁厚为 t，单位为 mm
薄壁槽钢	b	$B \quad b \times a \times t$	B 表示薄壁，b 为薄壁槽钢的截面高度，宽度为 a，壁厚为 t，单位为 mm
薄壁卷边槽钢	a	$B \quad h \times b \times a \times t$	B 表示薄壁，h 为截面高度，b 为宽度，卷边宽度为 a，壁厚为 t，单位为 mm

名称	截面	标注方法	说明
薄壁卷边 Z 型钢		B　$h×b×a×t$	B 表示薄壁,h 为卷边 Z 型钢截面高度,b 为宽度,卷边宽度为 a,壁厚为 t,单位为 mm
T 型钢		$\mathrm{TW}h×b$ $\mathrm{TM}h×b$ $\mathrm{TN}h×b$	热轧 T 型钢:TW 为宽翼缘,TM 为中翼缘,TN 为窄翼缘。如:TW200×400 表示截面高度为 200 mm,宽度为 400 mm 的宽翼缘 T 型钢
热轧 H 型钢		$\mathrm{HW}h×b$ $\mathrm{HW}h×b$ $\mathrm{HW}h×b$	热轧 H 型钢,HW 为宽翼缘,HM 为中翼缘,HN 为窄翼缘。如:HM400×300 表示截面高度为 400 mm,宽度为 300 mm 的中翼缘热轧 H 型钢
焊接 H 型钢		$\mathrm{H}h×b×t_1×t_2$	如 H200×100×3×4 表示截面高度为 200 mm,宽度为 100 mm,腹板厚度为 3 mm,翼缘厚度为 4 mm 的焊接 H 型钢
起重机钢轨		QU××	×× 为起重机轨道型号
轻轨及钢轨		×× kg/m钢轨	×× 为轻轨或钢轨型号

5.2.2　压型钢板的表示方法

压型钢板用 YX H—S—B 表示。

其中,YX ——压型钢板;

　　　　H ——压型钢板波高;

　　　　S ——压型钢板波距;

　　　　B ——压型钢板的有效覆盖宽度;

t ——压型钢板厚度。

压型钢板截面形状如图 4.5.1 所示。

图 4.5.1 压型钢板截面形状

如：YX130-300-600 表示压型钢板的波高为 130 mm，波距为 300 mm，有效覆盖宽度为 600 mm。压型钢板厚度通常是在说明材料性能时一并说明。

5.3 钢结构的连接及表示方法

5.3.1 螺栓、孔、电焊铆钉的表示方法

螺栓、孔、电焊铆钉的表示方法应符合表 4.5.6 中的规定。

表 4.5.6 螺栓、孔、电焊铆钉的表示方法

序号	名称	图例	说明
1	永久螺栓		
2	高强螺栓		
3	安装螺栓		
4	胀锚螺栓		

序号	名称	图例	说明
5	圆形螺栓孔		
6	长圆形螺栓孔		1. 细"十"线表示定位线 2. M 表示螺栓型号 3. ϕ 表示螺栓孔直径 4. d 表示膨胀螺栓、电焊铆钉直径 5. 采用引出线标注螺栓时,横线上标注螺栓规格,横线下标注螺栓孔直径
7	电焊锚钉		

5.3.2　焊接符号的表示

焊缝符号表示的方法及有关规定如下。

①焊缝的引出线由箭头和两条基准线组成,其中一条为实线,另一条为虚线,均为细线,如图 4.5.2 所示。

图 4.5.2　焊缝的引出线

②基准线的虚线可以画在基准线实线的上侧,也可以画在下侧,基准线一般应与图样的标题栏平行。

③若焊接处在接头的箭头侧,则基本符号标注在基准线的实线侧;若焊接处在接头的非箭头侧,则基本符号标注在基准线的虚线侧,如图 4.5.3 所示。

④当为双面对称焊缝时,基准线可不加虚线,如图 4.5.4 所示。

图 4.5.3　基本符号表示位置　　　　　　图 4.5.4　双面对称焊缝的引出线及符号

⑤箭头线相对焊缝的位置一般无特殊要求,但在标注单边型焊缝时箭头线要指向带有坡口一侧的工件,如图 4.5.5 所示。

⑥基本符号、补充符号与基准线相交或相切时与基准线重合的线段,用粗实线表示。

⑦焊缝的基本符号、辅助符号与补充符号(尾部符号除外)一律为粗实线,尺寸数字原则上亦为粗实线,尾部符号为细线,尾部符号主要是标注焊接工艺、方法等。

⑧在同一图形上,当焊缝形式、断面尺寸和辅助要求均相同时,可只选择一处标注焊缝的符号和尺寸,并加注"相同焊缝的符号"。若同一图形上有数种相同焊缝时,可将焊缝进行分类编号,标注在尾部符号内,分类编号采用 A、B、C 等字母标注,如图 4.5.6 所示。

⑨熔透角焊缝的符号应按图 4.5.7 方式标注。熔透角焊缝的符号为涂黑的圆圈,画在引出线转折处。

⑩图形中较长的角焊缝,如焊接实腹钢梁的翼缘,可不用引出线标注,而直接在角焊缝旁边标注焊缝尺寸值 K,如图 4.5.8 所示。

图 4.5.5　单边型焊缝的引出线　　　　　图 4.5.6　相同焊接的引出线及符号

图 4.5.7　熔透角焊缝的标注方法　　　　图 4.5.8　较长角焊缝的标注方法

5.3.3　常用焊缝的标注方法

常用焊缝的标注方法如表 4.5.7 所示。

表 4.5.7　常用焊缝的标注方法

焊缝名称	焊缝形式	标注方法	说明
I 型焊缝			b 焊件间隙（施工图中可不标注）
单边 V 型焊缝			b 施工图中可不标注
带钝边单边 V 型焊缝			P 的高度称钝边，施工图中可不标注
带垫板 V 型焊缝			a 施工图中可不标注
带垫板 V 型焊缝			焊接较厚
Y 型焊缝			
带垫板 Y 型焊缝			
双单边 V 型焊缝			
双 V 型焊缝			

359

焊缝名称	焊缝形式	标注方法	说明
T 型接头双面焊缝			
T 型接头带钝边双单边 V 型焊缝（不焊透）			
T 型接头带钝边双单边 V 型焊缝（焊透）			
双面角焊缝			
双面角焊缝			
T 型接头角焊缝			
双面角焊缝			
周围角焊缝			

焊缝名称	焊缝形式	标注方法	说明
三面围角焊缝			
L 型围角焊缝			
双面 L 型围角焊缝			
双面角焊缝			
双面角焊缝			
槽焊缝			
喇叭型焊缝			
双面喇叭型焊缝			

焊缝名称	焊缝形式	标注方法	说明
不对称 Y 型焊缝			
断续角焊缝			
交错断续角焊缝			
塞焊缝			
塞焊缝			
较长双面角焊缝			
单面角焊缝			

续表

焊缝名称	焊缝形式	标注方法	说明
双面角焊缝			
平面封底 V 型焊缝			

注:实际应用中基准线中的虚线经常被省略。

5.4　钢结构构件详图识读

　　钢结构的连接有焊缝连接、铆钉连接、普通螺栓连接和高强螺栓连接,连接部位统称为节点。连接设计是否合理,直接影响到结构的使用安全、施工工艺和工程造价,所以钢结构节点设计同构件或结构本身的设计一样重要。钢结构节点设计原则是安全可靠、构造简单、施工方便和经济合理。

　　在识读节点施工详图时,要特别注意连接件(螺栓、铆钉和焊缝)和辅助件(拼装板、节点板、垫板等)的型号、尺寸和位置的标注,螺栓(或铆钉)在节点详图上要了解其个数、类型、大小和排列;焊缝要了解其类型、尺寸和位置;拼装板要了解其尺寸和放置位置。

　　在具备了钢结构施工图基本知识的基础上,即可对钢结构节点详图进行分类识读。柱拼装连接如图 4.5.9 所示。变截面柱详图主要是了解 H 型钢变截面处采用的钢板与连接方式,如图 4.5.10 所示。梁拼装详图关键是了解高强螺栓的数量与连接节点板的做法,如图

图 4.5.9　柱拼装连接详图

4.5.11 所示。主次梁侧向连接与梁柱刚性连接均是采用节点板与高强螺栓,从详图中了解高强螺栓的型号与做法,如图 4.5.12 所示。梁柱刚性连接做法如图 4.5.13 所示。梁柱半刚性连接做法如图 4.5.14 所示。梁柱铰支连接详图如图 4.5.15 所示。梯形屋架钢结构做法详图如图 4.5.16 所示。铰接柱角详图如图 4.5.17 所示。

图 4.5.10 变截面柱偏心安装详图

图 4.5.11 梁拼装连接详图(刚性连接)

图 4.5.12 主次梁侧向连接详图

图 4.5.13 梁柱刚性连接详图

图 4.5.14　梁柱半刚性连接详图　　　　图 4.5.15　梁柱铰支连接详图

图 4.5.16　梯形屋架支座节点详图

图 4.5.17　铰接柱角详图

学习情境 4 小结

本学习情境介绍了制图标准、绘图工具及仪器、投影知识、计算机绘图软件在钢结构施工图中的应用。着重介绍了钢结构施工图中各种图例、符号、代号的意义,读图方法和绘制步骤。

教学评估表

学习情境名称:＿＿＿＿＿＿＿　班级:＿＿＿＿＿＿＿　姓名:＿＿＿＿＿＿　日期:＿＿＿＿＿

1.本表主要用于对课程授课情况的调查,可以自愿选择署名或匿名方式填写问卷。

根据自己的情况在相应的栏目打"√"。

评估项目	评估等级	非常赞成	赞 成	不赞成	非常不赞成	无可奉告
(1)我对本学习情境学习很感兴趣						
(2)教师教学设计好,有准备并阐述清楚						
(3)教师因材施教,运用了各种教学方法来帮助我的学习						
(4)学习内容能提升我的读图和绘图技能						
(5)有实物、图片、音像等材料,能帮助我更好地理解学习内容						
(6)对于教学内容教师知识丰富、能结合安装施工现场进行讲解						

续表

评估项目　　评估等级	非常赞成	赞 成	不赞成	非常不赞成	无可奉告
（7）教师善于活跃课堂气氛,设计各种学习活动,利于学习					
（8）教师批阅、讲评作业认真、仔细,有利于我的学习					
（9）我理解并能应用所学知识和技能					
（10）授课方式适合我的学习风格					
（11）我喜欢这门课中的各种学习活动					
（12）学习活动有利于我学习该课程					
（13）我有机会参与学习活动					
（14）每项活动结束后都有归纳与总结					
（15）教材编排版式新颖,有利于我学习					
（16）教材使用的文字、语言通俗易懂,有对专业词汇的解释、提示和注意事项,利于我自学					
（17）教材为我完成学习任务提供了足够信息和查找资料的渠道					
（18）教材通过讲练结合使我技能增强了					
（19）教学内容难易程度合适,紧密结合施工现场,符合我的需求					
（20）我对完成今后的工作更有信心					

2. 您认为教学活动使用的视听教学设备:
　合适 □　　　太多 □太少 □

3. 教师安排边学、边做、边互动的比例:
　讲太多 □　　练习太多 □活动太多 □恰到好处 □

4. 教学进度:
　太快 □　　　正合适 □太慢 □

5. 活动安排的时间长短:
　太长 □　　　正合适 □太短 □

6. 我最喜欢本学习情境中的教学活动是:

7. 我最不喜欢本学习情境中的教学活动是:

8. 本学习情境我最需要的帮助是:

9. 我对本学习情境改进教学活动的建议是:

学习情境 5　装饰装修施工图

【学习目标】

知识目标	能力目标	权重
正确表述装饰施工图的形成和作用、装饰施工图的特点、装饰施工图的分类	正确依据原始结构图确定装饰施工图的形成部位、绘制内容及种类	0.10
正确表述装饰施工图中常用的图例和符号	正确识读装饰施工图中常用的图例、符号，能正确进行图纸会审和技术交底	0.20
正确表述装饰平面图的分类、绘制方法和步骤、识读要点	正确的识读装饰平面图，并能依据装饰平面图提出施工的人机料计划	0.30
正确表述装饰立面图的图示方法、图示内容、识读要点	正确的识读装饰立面图，并能依据装饰立面图提出施工的人机料计划	0.30
正确表述装饰详图的图示方法、图示内容、识读要点	正确的识读装饰详图，并能依据装饰详图提出施工的人机料计划	0.10
总　计		1.00

【教学准备】

装饰装修施工图图纸、施工图 CAD 文件、施工现场照片等。

【教学建议】

在建筑装饰工程实训基地采用集中讲授、动态教学、分组实训等方法教学。

【建议学时】

6(2)学时

装饰装修施工图绘制流程如下:原始结构图→结构改造图→平面布置图→地面铺装图→顶棚镜像图→装饰立面图→装饰详图

随着人民生活水平的提高和居住环境的改善,装饰装修工程走入寻常百姓家。小到居家装饰装修,大到公共建筑的装饰装修,都和我们的日常生活紧密相关。这些场所在装饰装修前,都要有装饰装修施工图。那么,装饰施工图是怎样形成的? 有什么作用和特点? 装饰施工图中常用的图例和符号及装饰施工图的分类有哪些? 下面,我们就来学习有关装饰施工图的知识。

任务 1　国家制图标准基本规定及应用

装饰装修工程制图沿用《房屋建筑制图统一标准》(GB 50001—2010)，以保证建筑装饰工程图和建筑工程图相统一，便于识读、审核和管理。装饰工程所涉及的范围很广，除了与建筑有关，还与家具等设施及不同材质的铝、铜、铁、钢、木等的结构处理有关，所以，装饰施工图中有建筑制图、家具制图和机械制图等多种画法及符号并存的现象，形成了装饰施工图的自身特点。

装饰施工图与建筑施工图的区别在于部分图线的用途方面，具体如表 5.1.1 所示，其余参照学习情境 1 中的任务 1。

表 5.1.1　装饰施工图中的线型、线宽及用途

名称		线型	线宽	一般用途
实线	特粗		$1.25b$	立面图及剖面图中的地平线
	粗		b	主要可见轮廓线；平面图及剖面图上被剖到部分的轮廓线、建筑物或构筑物的外轮廓线、剖面位置线、详图符号的圆圈、图纸的图框线；装饰设备中的管道表达
	中		$0.5b$	剖面图中未被剖到但仍能看到且需要画出的轮廓线、尺寸起止符号、剖面图及立面图上门窗等构配件的外轮廓线、家具和装饰结构的轮廓线
	细		$0.25b$	尺寸线、尺寸界线、引出线及材料图例线、索引符号的圆圈、标高符号线、重合断面的轮廓线、较小图样中的中心线
	特细		$0.1b$	填充线、装饰材料的分隔线，木材、皮革、石材的纹理表达
虚线	粗		b	装饰设备中的管道表达
	中		$0.5b$	不可见轮廓线
	细		$0.25b$	不可见轮廓线图例线等

续表

名称		线型	线宽	一般用途
单点长画线	粗		b	参见有关专业制图标准
	中		$0.5b$	参见有关专业制图标准
	细		$0.25b$	中心线、对称线等
双点长画线	粗		b	参见有关专业制图标准
	中		$0.5b$	参见有关专业制图标准
	细		$0.25b$	假想轮廓线、成型前原始轮廓线
波浪线	细		$0.25b$	断开界线
折断线	细		$0.25b$	断开界线

任 务 单

系:　　　　　　　　　　　班级:　　　　　　　年　　月　　日

学习领域	建筑工程图识读与绘制			
学习情境	5　装饰装修施工图			
子情境	5.1　国家制图标准基本规定及应用			
任务名称	手工抄绘装修详图、大样图			
目的	在限定的时间内,手工抄绘装修详图、大样图。学生应在识图的基础上,利用所学知识、工具、参考资料,手工抄绘装修详图、大样图			
完成时间	20 min			
工作步骤	资讯	识图、查阅资料	小组讨论	2 min
	决策	确定抄绘步骤	小组讨论	1 min
	计划	制订具体实施计划	小组讨论	1 min
	实施	抄绘装修详图、大样图	独立完成	10 min
	检查	填检查单	分组完成	3 min
	评价	填评价单	分组完成	3 min
参考资料	1.实施单、检查单、评价单 2.《房屋建筑制图统一标准》 3.装饰装修制图规范 4.教材 5.标准图集			

续表

图形

30厚花岗石板800×1200
耐候胶
不锈钢挂件
50 角钢
8# 槽钢
8 mm 铁件

石板墙面竖缝剖面图　1:5

M12×120 膨胀螺栓 (每点两颗)

石棉垫片

8# 槽钢
不锈钢挂件
AB 专用胶
耐候胶
50 角钢
30 厚花岗石板
贴角焊接

石板墙面竖向剖面图 1:5

实施单

检查单

评价单

任务 2　仪器绘图

　　建筑和装饰工程图样一般都是借助绘图工具和仪器进行绘制,因此,了解它们的性能、熟练掌握它们的正确使用方法、经常维护和保养,才能保证制图质量、提高绘图速度。

　　常用的绘图工具和仪器有丁字尺或一字尺、三角板、比例尺、圆规、分规、绘图笔、橡皮、装饰模板等。它们的使用方法详见学习情境 1 中的任务 2。

任务单

| 系: | | | 班级: | | 年 月 日 |

学习领域	建筑工程图识读与绘制			
学习情境	5　装饰装修施工图			
子情境	5.2　仪器绘图			
任务名称	手工抄绘平面图形			
目　的	在限定的时间内,手工抄绘平面图形。学生应在识图的基础上,利用所学知识、工具、参考资料,手工抄绘平面图形			
完成时间	50 min			
工作步骤	资讯	识图、查阅资料	小组讨论	2 min
	决策	确定抄绘步骤	小组讨论	1 min
	计划	制订具体实施计划	小组讨论	1 min
	实施	抄绘平面图形	独立完成	40 min
	检查	填检查单	分组完成	3 min
	评价	填评价单	分组完成	3 min
参考资料	1.实施单、检查单、评价单 2.《房屋建筑制图统一标准》 3.装饰装修制图规范 4.教材 5.标准图集			
图形	 比例均为1:1			

实施单

检查单

评价单

任务 3　计算机软件绘图

计算机软件绘图在装饰工程领域大量应用,计算机软件绘图的基本知识详见学习情境 1 中的任务 3。

任 务 单

系:　　　　　　　　　　　班级:　　　　　　　　　　年　　月　　日

学习领域	建筑工程图识读与绘制		
学习情境	5　装饰装修施工图		
子情境	5.3　计算机软件绘图		
任务名称	计算机软件绘制平面图形		
目　的	在限定的时间内,用计算机软件绘制平面图形。学生应在识图的基础上,利用所学知识、工具、参考资料,用计算机软件绘制平面图形		
完成时间	40 min		
工作步骤	资讯	识图、查阅资料	小组讨论	2 min
	决策	确定抄绘步骤	小组讨论	1 min
	计划	制订具体实施计划	小组讨论	1 min
	实施	抄绘平面图形	独立完成	30 min
	检查	填检查单	分组完成	3 min
	评价	填评价单	分组完成	3 min

续表

参考资料	1. 实施单、检查单、评价单 2. 《房屋建筑制图统一标准》 3. 装饰装修制图规范 4. 教材 5. 标准图集
图形	 比例均为 1:1　　　　画示意图

实施单

检查单

评价单

任务 4　形体投影图的识读与绘制

　　装饰工程中涉及的基本形体,如家具、水电设施等的投影较多,它们的三面投影画法和建筑工程中形体的投影绘制方法相同。形体投影图的识读与绘制的相关知识详见学习情境 1 中的任务 4。

任 务 单

系： 班级： 年 月 日

学习领域	建筑工程图识读与绘制		
学习情境	5 装饰装修施工图		
子情境	5.4 形体投影图的识读与绘制		
任务名称	形体的表达方法实训		
目的	在限定的时间内,完成形体的表达方法实训。学生应在识图的基础上,利用所学知识、工具、参考资料,完成形体的表达方法实训		
完成时间	60 min		
工作步骤	资讯	识图、复习教材	小组讨论	2 min
	决策	确定作图步骤	小组讨论	1 min
	计划	制订具体实施计划	小组讨论	1 min
	实施	形体的表达方法实训	独立完成	50 min
	检查	填检查单	分组完成	3 min
	评价	填评价单	分组完成	3 min
参考资料	1.实施单、检查单、评价单 2.《房屋建筑制图统一标准》 3.装饰装修制图规范 4.教材 5.标准图集		
实训题目	1.补全物体的第三面投影 		

实训题目

2.补全切口三棱锥的三面投影图

3.补全物体的第三面投影

4.用简化系数作出形体的正等测图

实施单　　　　　　　检查单　　　　　　　评价单

任务 5　装饰装修施工图的识读与绘制

5.1　装饰装修施工图概述

5.1.1　装饰施工图的形成和作用

　　装饰施工图是设计人员按照投影原理,用线条、数字、文字、符号及图例在图纸上画出的图样。用来表达设计构思和艺术观点,空间布置与装饰构造以及造型、饰面、尺度、选材等,并准确体现装饰工程施工方案和方法。

　　装饰施工图是装饰施工的"技术语言",是装饰工程造价的重要依据;是建筑装饰工程设计人员的设计意图付诸实施的依据,是工程施工人员从事材料选择和技术操作的依据,也是工程验收的依据。

5.1.2　装饰施工图的特点

　　装饰施工图与建筑施工图密切相关,因为装饰工程必须依赖建筑施工图,所以装饰施工图和建筑施工图既有联系又有区别。装饰施工图主要反映的是"面",即外表的内容,但构成和内容较复杂,多用文字或其他符号作为辅助说明,而对结构构件及内部组成反映得较少。在学习了建筑施工图的内容后,对装饰施工图原则性的知识已经大致掌握。

　　装饰施工图的主要特点如下:

　　①装饰施工图是按照投影原理,用点、线、面构成各种图形,表达装饰内容;

　　②装饰施工图套用了建筑设计的制图标准,如图例、符号等;

　　③装饰施工图中采用的图例符号尚未完全规范;

　　④装饰施工图中大多数采用文字注写来补充图的不足。

5.1.3 装饰施工图的分类

一套完整的装饰施工图,一般包括装饰平面图、装饰立面图、装饰详图和家具图。

5.1.4 装饰施工图中常用的图例和符号

在建筑装饰蓬勃发展的今天,对于建筑装饰图例的应用尤为突出。室内装饰设计所包括的室内项目,如家具、设施、织物、绿化、摆设等内容很多,不能以实物的原形出现在图纸上,只有借助图例表示。装饰施工图中有一些常用图例,在建筑施工图中应用不多,仅仅是设计者自制自用,但目前具有一定的普遍意义。

1.常用装饰材料图例

常用装饰材料图例如表5.5.1所示。

表5.5.1 装饰材料图例

序号	名称	图例	说明
1	毛石		
2	天然石材		包括岩层、砌体、铺地、贴面等石材
3	金属		在一般装饰结构中的金属剖面符号,按建筑制图规则画。图形小时可涂黑
4	铝合金		在铝合金结构和有机械装置结构中,剖面符号按机械制图规则画
5	饰面砖		包括铺地砖、瓷砖、陶瓷锦砖、人造大理石
6	木材		木材纵剖时若影响图面清晰可不画剖面符号
7	胶合板(不分层次)		夹板材断面不用交叉直线符号,层数用文字注明,在投影图中很薄时可不画剖面符号
8	纤维板		
9	细木工板		在投影图中很薄时,可不画剖面符号

续表

序号	名称	图例	说明
10	覆面刨花板		
11	塑料 有机玻璃、橡胶		
12	软质填充料		棉花、泡沫塑料、棕丝等
13	玻璃		包括平板玻璃、夹丝玻璃、钢化玻璃等
14	镜子		
15	编竹		上图为平面,下图为剖面
16	藤编		上图为平面,下图为剖面
17	网状材料		包括金属、塑料等网状材料图纸中注明具体材料
18	石膏板		
19	栏杆		上图为非金属扶手,下图为金属扶手
20	水磨石		

续表

序号	名称	图例	说明
21	壁纸中常见符号		左图为对花壁纸,右图为错位对花壁纸
			左图为水洗壁纸,右图为可擦洗壁纸
			左图背面已有刷胶粉,右图为防褪色壁纸
			左图可在再次装饰时撕去,右图为有相应色布料的壁纸

2.家具、摆设物及绿化图例

家具、摆设物及绿化图例如表5.5.2所示。

表5.5.2　家具、摆设物及绿化图例

序号	名称	图例	说明
1	双人床		所有家具在设计中按比例画出
2	单人床		
3	沙发		
4	凳、椅		选用家具,可根据实际情况绘制其造型轮廓
5	桌		
6	钢琴		
7	吊柜		
8	地毯		满铺地毯在地面用文字说明
9	花盆		
10	环境绿化		乔木

序号	名　称	图　例	说　明
11	隔断墙		注明材料
12	玻璃隔断 木隔断		注明材料
13	金属网隔断		
14	雕塑		
15	其他家具	长板凳　食品柜　酒柜	其他家具可在矩形或实际轮廓中用文字说明
16	投影符号		箭头方向表示该方向投影面，圆圈内的字母表示投影面的编号

3.水暖卫图例

水暖图例如表5.5.3所示,卫生设备图例如表5.5.4所示。

表5.5.3　水暖图例

名称	图例	名称	图例
管道		闸阀	
		交叉管	
三通连接		四通连接	
软管		保温	
存水弯		通气帽	
截止阀		阀门	
电动阀		室内消火栓(单口)	
流量表		消防报警阀	
球阀		消防喷头(闭式)	
止回阀		开水器	
放水龙头		回风口	
肘式开头		窗式空调	

名称	图例	名称	图例
室外消火栓		压缩机	
室内消火栓（双口）		减压阀	
消防喷头（开式）		风管止回阀	
热交换器		排风管	
温度计		压力表	
空调		散热器	
风管		风机	
送风口		散热器三通阀	
气动阀		暖风机	
旋塞阀		送风管	
压力调节阀		防火阀	
延时自闭冲洗阀		消声器	
洒水龙头		疏水器	
脚踏开关		自动排气阀	

表 5.5.4　卫生设备图例

序号	名称	平面	立面	侧面
1	洗脸盆			
2	立式洗脸盆（洗面器）			
3	浴盆			
4	方沿浴盆			

续表

序号	名称	平面	立面	侧面
5	净身盆（坐洗器）			
6	立式小便器			
7	蹲式大便器			
8	坐式大便器			
9	洗涤槽			
10	淋浴喷头			
11	斗式小便器			
12	地漏			
13	污水池		其他设备依设计的实际情况绘制	

4. 电器、照明图例

常用电器、照明图例如表5.5.5所示。

表 5.5.5 电器、照明图例

名称	图例	名称	图例
开关		电视	
配电盘		吊灯	
地板出线口		荧光管灯	
灯的一般符号		电风扇	
顶棚灯座		壁灯	

名称	图例	名称	图例
电话 电话插孔		日光灯带	
洗衣机	洗衣机	吸顶灯（顶棚灯）	
门铃 门铃按钮		墙上灯座	
避雷针		吊式风扇	
电源引线		镜灯	
插座		电视电线盒	
刀开关		接地 重复接地	
电线			

5.2 装饰平面图

装饰平面图是装饰施工图的首要图纸,其他图样均以平面图为依据而设计绘制。装饰平面图包括楼、地面装饰平面图和顶棚装饰平面图。

5.2.1 楼、地面装饰平面图

1.楼、地面装饰平面图图示方法

楼、地面装饰平面图与建筑平面图的投影原理基本相同,两者的重要区别是所表达的内容不完全相同。建筑平面图用于反映建筑基本结构,而楼、地面装饰平面图在反映建筑基本结构的同时,主要反映地面装饰材料、家具和设备等布局,以及相应的尺寸和施工说明,如图5.5.1所示为某家庭装饰工程平面图。

为了不使图纸过于繁杂,在平面图上剖切到的装饰面都用二条细实线表示,并加以文字说明,而细部结构则在装饰详图中表示清楚。

装饰平面图一般都采用简化建筑结构、突出装饰布局的画图方法,对结构用粗实线或涂黑表示。

2.楼、地面装饰平面图图示内容

如图5.5.1所示为某家庭装饰工程平面图,图中主要反映的内容如下:

①通过定位轴线及编号,表明装饰空间在建筑空间内的平面位置及其与建筑结构的相互关系尺寸;

②表明装饰空间的结构形式、平面形状和长宽尺寸;

某家装平面图 1:100

图 5.5.1　某家庭装饰工程平面图

③表明门窗的位置、平面尺寸、门的开启方式及墙柱的断面形状及尺寸；

④表明室内家具、设施(电器设备、卫生设备等)、织物、摆设(如雕像等)、绿化、地面铺设等平面布置的具体位置,并说明其数量、规格和要求；

⑤表明楼(地)面所使用的装饰材料和工艺要求；

⑥表明与此平面图相关的各立面图的视图投影关系和视图的位置编号；

⑦表明各种房间的位置及功能。

实习实作:分小组识读某家装平面图,再针对图示内容相互进行提问。

5.2.2 顶棚平面图

1.顶棚平面图图示方法

顶棚平面图常采用镜像投影法绘制。该投影图的纵横定位轴线的排列与水平投影图表示的轴线完全相同,只是所画的图形是顶棚,如图5.5.2所示为某家庭装饰工程顶棚平面图。

某家装顶棚图 1:100

图5.5.2 某家庭装饰工程顶棚平面图

2.顶棚平面图图示内容

顶棚平面图图示内容如下:

①表明顶棚装饰造型平面形状和尺寸;

②说明顶棚装饰所用的装饰材料及规格;

③表明灯具的种类、规格及布置形式和安装位置以及顶棚的净空高度;

④表明空调送风口的位置、消防自动报警系统及与吊顶有关的音响设施的平面布置形式

及安装位置;

⑤对需要另画剖面详图的顶棚平面图,应注明剖切符号或索引符号。

实习实作:分小组识读某家装顶棚平面图,再针对图示内容相互进行提问。

5.2.3　装饰平面图的识读要点

装饰平面图是装饰施工图中的主要图样,其他图样都是以装饰平面图为依据,进行装饰设计的其他工作。识读装饰施工图与识读建筑施工图一样,首先看装饰平面图。其要点如下:

①先看标题栏,认定为何种平面图,进而了解整个装饰空间的各房间功能、面积及门窗过道等主要位置尺寸;

②明确为满足各房间功能要求所设置的家具与设施的种类、数量、大小及位置尺寸,应熟悉图例;

③通过对平面图的文字说明,明确各装饰面的结构材料及饰面材料的种类、品牌和色彩要求,了解装饰面材料间的衔接关系;

④通过平面图上的投影符号,明确投影图的编号和投影方向,进一步查阅各投影方向的立面图;

⑤通过平面图上的索引符号(或剖切符号),明确剖切位置及剖切后的投影方向,进一步查阅装饰详图;

⑥识读顶棚平面图,需明确面积、功能、装饰造型尺寸,装饰面的特点及顶面各种设施的位置等关系尺寸。此外要注意顶棚的构造方式,应同时结合对施工现场的勘察。

总之,在装饰平面图中所表现的内容主要有 3 大类:第 1 类是建筑结构及尺寸;第 2 类是装饰布局和装饰结构以及尺寸关系;第 3 类是设施、家具安放位置。

5.3　装饰立面图

5.3.1　装饰立面图图示方法

装饰立面图是建筑外观墙面及内部墙面装饰的正立面投影图,用以表明建筑内外墙面门窗洞口、各种装饰图样、相关尺寸、相关位置和选用的装饰材料等。用以表现建筑内部装饰的各立面图,实际上都是建筑物竖向剖切平面的正立投影图,与剖面图相似,各剖切面的位置及投影符号均在楼、地面装饰平面图上标出,如图 5.5.1 中投影符号所示位置。

如果墙面没有什么特殊装饰,只是一般的装饰(如粉刷、贴壁纸等),其立面图可以省略。装饰立面图表现方法:外墙表现方法同建筑立面施工图;单纯在室内空间见到的内墙面的图示,若只表现单一空间的装饰立面图,以粗实线画出这一空间的周边断面轮廓线(即楼板、地面、相邻墙交线),表现出墙面、门窗装饰、内视立面中的家具、陈设、壁画以及有关施工的内容,如图 5.5.3 所示,力求图样与尺寸标注完善。

立面图多表现单一室内空间，易扩展到相邻的空间，在立面图中不仅要图示墙面布置和工程内容，还必须把空间可见的家具、摆设、悬吊的装饰物都表现出来，投影图轴线编号、控制标高、必要的尺寸数据、详图索引符号等都应标注详细，图名应与投影符号编号一致（图 5.5.3、图 5.5.4、图 5.5.5 即为图 5.5.1 中视点立面图中的 A、B 视点立面图及 C-C 剖面图）。

A视点（客厅）立面图 1:50

图 5.5.3　某家庭装饰工程 A 视点（客厅）立面图

上述所示立面图只表现一面墙的图样，有些工程常需要同时看到所围绕的各个墙面的整体图样。根据展开图的原理，在室内某一墙角处竖向剖开，对室内空间所环绕的墙面依次展开在一个立面上，所画出的图样称为室内立面展开图。使用这种图样可以研究各墙面间的统一和对比效果，可以看出各墙面的相互关系，可以了解各墙面的相关装饰做法，给读图者以整体印象，获得一目了然的效果。

提示：室内立面展开图的线型要求：用特粗实线画出地面线（或楼面线），用粗实线把连续墙面外轮廓线和面与面转折的阴角线画出，用中、细实线作主次区别地画出各墙面的正投影图样。

石英射灯

肌理墙纸饰面
装饰壁灯
平板液晶电视
立式音响

电视柜现做

300
2200
2800
300

3970

B视点（电视墙）立面图 1:50

图 5.5.4　某家庭装饰工程 B 视点（电视墙）立面图

为了区别墙面位置,要在图的两端和墙阴角处的下方标注与平面图一致的轴线编号。还要标注各种有用的尺寸数据和标高、详图索引符号、引出线上的文字说明。装饰施工的具体做法主要在装饰详图上表现。这种立面展开图多用大比例表现,图名应以表达厅、室的名称为好。如图 5.5.6 所示为某卫生间室内立面展开图。

5.3.2　装饰立面图图示内容

图 5.5.3、图 5.5.4、图 5.5.5 为图 5.5.1 豪华三居室套房部分装饰立面图,图示内容如下:

①使用相对标高,以室内地坪为零标高点,进而标明装饰立面有关部位的标高;
②标明装饰吊顶顶棚的高度尺寸及其迭级造型的构造关系和尺寸;
③标明墙面装饰造型的构造方式,并用文字说明所需的装饰材料;
④标明墙面所用设备位置及其规格尺寸;
⑤标明墙面与吊顶的衔接收口方式;
⑥标明门、窗、隔墙、装饰隔断物等设施的高度尺寸和安装尺寸;
⑦标明景园组织及其他艺术造型的高低错落位置尺寸;
⑧标明建筑结构与装饰结构的连接方式、衔接方法及其相关尺寸。

C-C剖面图 1:50

图 5.5.5　某家庭装饰工程 C-C（卫生间、卧室）剖立面图

某卫生间立面展开图 1:50

图 5.5.6　某卫生间室内立面展开图

5.3.3　装饰立面图识读要点

装饰立面图识读方法如下：

①读图时，先看装饰平面图，了解室内装饰设施及家具的平面布置位置，由投影符号查看立面图；

②明确地面标高、楼面标高、楼梯平台等与装饰工程有关的标高尺寸；

③清楚每个立面有几种不同的装饰面，这些装饰面所选用的材料及施工要求；

④立面上各装饰面之间的衔接收口较多，应注意收口的方式、工艺和所用材料。这些收口的方法，一般由索引符号去查找节点详图；

⑤装饰结构与建筑结构的连接方式和固定方法应搞清楚；

⑥要注意有关装饰设施在墙体上的安装位置，如电源开关、插座的安装位置和安装方式，如需预留的，应明确所留位置和尺寸；

⑦根据装饰工程规模大小，一项工程往往需要多幅立面图才可满足施工要求，这些立面图的投影符号均在楼、地面装饰平面图上标出。

因此，装饰立面图识读时，须结合平面图查对，细心地进行相应的分析研究，再结合其他图纸逐项审核，掌握装饰立面的具体施工要求。

实习实作：绘制并识读院学术报告厅或会议室的装饰立面图。

5.4　装饰详图

在装饰平面图、装饰立面图中，隐蔽位置的详细构造材料、尺寸及工艺要求难以表达清楚，需画详图说明，尤其是一些另行加工制作的设施，需要另画大比例的装饰详图。装饰详图是对装饰平面图、装饰立面图的深化和补充，是装饰施工以及细部施工的依据。

装饰详图包括装饰剖面详图和构造节点详图。

5.4.1　图示方法

装饰剖面详图是将装饰面整个剖切或者局部剖切，并按比例放大画出剖面图（断面图），以精确表达其内部构造做法及详细尺寸，如图5.5.7所示。构造节点大样图则是将装饰构造的重要连接部位，以垂直或水平方向切开，或把局部立面，按一定比例放大画出的图样，如图5.5.8、图5.5.9所示。

5.4.2　装饰详图图示内容

装饰详图所表现的图示内容如下：

①标明装饰面或装饰造型的结构形式和构造形式，饰面材料与支承构件的相互关系；

②标明重要部位的装饰构件、配件的详细尺寸、工艺做法和施工要求；

图 5.5.7　装饰剖面详图

图 5.5.8　A 区节点大样图

图 5.5.9　局部剖切及节点大样图

③标明装饰结构与建筑主体结构之间的连接方式及衔接尺寸；

④标明装饰面之间的拼接方式及封边、盖缝、收口和嵌条等处理的详细尺寸和做法要求。

5.4.3　装饰详图识读要点

①结合装饰平面图和装饰立面图,了解装饰详图源自何部位的剖切,找出与之相对应的剖切符号和索引符号。

②熟悉和研究装饰详图所示内容,进一步明确装饰工程各组成部位或其他图纸难以表明的关键性细部做法。

③由于装饰工程的工程特点和施工特点,表示其细部做法的图纸往往比较复杂,不能像土建和安装工程图纸那样广泛运用国标、省标及市标等标准图册,所以读图时要反复查阅图纸,特别注意剖面详图和节点图中各种材料的组合方式以及工艺要求等。

5.4.4　家具图

家具是人们生活中不可缺少的日用品,人们在学习、工作、娱乐、休息等日常生活中,都使用家具。因此,家具与人们的生活有着密切的联系。另外,家具既是日用品,又是工艺美术品。一件新颖美观的家具,能起到美化住房、装点环境的作用。在室内装饰工程中,为了与装饰格调和色彩协调配套,室内的配套家具需要在室内装修时一并做出,如电视柜、椅子、酒吧台、接待台等。这就需要有家具图来指导施工,如图 5.5.10 所示为方桌的施工图。

常见的家具图包括立体图、结构装配图、节点大样图。

1. 立体图

立体图,也叫示意图。采用透视图或轴测图,能直观地表示家具的外形,能直观地看到家具正面、侧面和顶面,能直观了解家具的形状和式样,而内部结构,特别是零件之间的装配关系一般不画。仅仅有立体图是不能制作家具的。

立体图通常放在结构图或部件图的空位处,作为结构装配图的辅助图样,便于读图者对家具的认识和对图纸的理解。

2. 结构装配图

结构装配图,又称为施工图,简称装配图。它是家具图中最重要的图样,它能够全面表达家具的结构和装配关系。它由平面图、正立面图、侧立面图组成。

结构装配图的作用:表明家具使用材料种类、接合方法(榫接合、钉接合或胶接合);家具饰面材料、线脚镶嵌装饰、装饰要求和色彩要求;装配工序所用的尺寸。

3. 节点大样图

为了清楚地表达家具面与面的交接处、收口部分、零部件等重要的结钉形式以及连接和固定方式,而将这些关键部位以局部剖面图画出。

在装饰施工图中,家具图以详图的形式予以重点说明,有利于单独制作和处理。它的绘制和识读与装饰剖面图、节点图、平面图和立面图等相同。

图 5.5.10　方桌施工图

【学习情境 5 小结】

　　本学习情境中介绍了制图标准、绘图工具及仪器、投影知识、计算机绘图软件在装饰装修施工图中的应用。着重介绍了建筑装饰装修施工图的形成、种类、读图方法和绘制步骤。

思考题

(1)装饰施工图有什么特点？包括哪些图样？

(2)楼、地面装饰平面图与建筑平面图有什么区别？

(3)试述楼、地面装饰平面图的图示内容。

(4)顶棚平面图采用何种投影法绘制？试述顶棚平面图的图示内容。

(5)试述装饰立面图的图示内容。

(6)装饰立面图在图示方法上有何特点？与建筑立面图有哪些不同之处？

(7)装饰立面图的投影符号在哪个图样上查找？

(8)装饰详图有哪些图示方法？

(9)装饰详图与装饰平面图、装饰立面图的联系符号是什么？

(10)试述装饰详图图示内容。

(11)试述家具图由哪些图样组成？

(12)试述装配图的图示内容。装配图由哪些图样组成？

教学评估表

学习情境名称：＿＿＿＿＿＿＿＿＿＿　班级：＿＿＿＿＿　姓名：＿＿＿＿＿　日期：＿＿＿＿＿

1.本表主要用于对课程授课情况的调查,可以自愿选择署名或匿名方式填写问卷。

根据自己的情况在相应的栏目打"√"。

评估等级 / 评估项目	非常赞成	赞　成	不赞成	非常不赞成	无可奉告
(1)我对本学习情境学习很感兴趣					
(2)教师教学设计好,有准备并阐述清楚					
(3)教师因材施教,运用了各种教学方法来帮助我的学习					
(4)学习内容能提升我的读图和绘图技能					
(5)有实物、图片、音像等材料,能帮助我更好地理解学习内容					
(6)对于教学内容教师知识丰富、能结合装饰装修施工现场进行讲解					
(7)教师善于活跃课堂气氛,设计各种学习活动,利于学习					
(8)教师批阅、讲评作业认真、仔细,有利于我的学习					
(9)我理解并能应用所学知识和技能					

续表

评估等级 评估项目	非常赞成	赞 成	不赞成	非常不赞成	无可奉告
(10)授课方式适合我的学习风格					
(11)我喜欢这门课中的各种学习活动					
(12)学习活动有利于我学习该课程					
(13)我有机会参与学习活动					
(14)每项活动结束都有归纳与总结					
(15)教材编排版式新颖,有利于我学习					
(16)教材使用的文字、语言通俗易懂,有对专业词汇的解释、提示和注意事项,利于我自学					
(17)教材为我完成学习任务提供了足够信息和查找资料的渠道					
(18)教材通过讲练结合使我技能增强了					
(19)教学内容难易程度合适,紧密结合施工现场,符合我的需求					
(20)我对完成今后的工作任务更有信心					

2. 您认为教学活动使用的视听教学设备:

　　合适　□　　　　　　太多　□　　　　　　太少　□

3. 教师安排边学、边做、边互动的比例:

　　讲太多　□　　　　　练习太多　□　　　　活动太多　□　　　　恰到好处　□

4. 教学进度:

　　太快　□　　　　　　正合适　□　　　　　太慢　□

5. 活动安排的时间长短:

　　太长　□　　　　　　正合适　□　　　　　太短　□

6. 我最喜欢本学习情境中的教学活动是:

7. 我最不喜欢本学习情境中的教学活动是:

8. 本学习情境我最需要的帮助是:

9. 我对本学习情境改进教学活动的建议是:

学习情境 6 天正建筑 7(拓展情境)

任务 1 天正建筑 7 简介

1.1 天正建筑软件的发展

1994 年,北京天正工程软件有限公司在 AutoCAD 图形平台上成功开发了天正建筑软件,是 Autodesk 公司在中国内地的第一批注册开发商。目前,天正建筑软件已经成为国内建筑 CAD 的行业规范,它的图档格式已经成为各设计单位、建设方、建筑方之间图形信息交流的基础。

天正公司在 2001 年推出了从界面到核心面目全新的 TArch5 系列(如图 6.1.1 所示),采用二维图形描述与三维空间表现一体化的先进技术,从方案到施工图全程展现建筑设计的特点,在建筑 CAD 技术上掀起了一场革命。以建筑构件作为基本设计单元,把内部带有专业数

图 6.1.1 天正建筑的界面

据的构件模型作为智能化的图形对象,天正提供体贴用户的操作模式,使软件更加易于掌握,可轻松完成各个设计阶段的任务。

利用 AutoCAD2007 图形平台,率先开发的新一代建筑软件 TArch7,得到多数建筑设计单位的接受,是设计行业软件正版化的首选。为使读者尽快了解和掌握新版本,先简单介绍 TArch7 的各项功能,至于从 TArch 6.5 - 7.0 的新功能升级列表,详见 sys 文件夹下的 updhistory. txt 文件。

TArch7 支持包括 AutoCAD2000—2007 多个图形平台的安装和运行,天正对象除了对象编辑命令外,还可以用夹点拖动、特性编辑、在位编辑、动态输入等多种手段调整对象参数。

1.2 天正建筑软件的基础知识

1.2.1 天正建筑 7 的新增功能

高效的折叠式菜单系统,可减少鼠标的点击次数,减少查找命令的时间,新设计的彩色图标令设计人赏心悦目;先进用户交互界面包括注释对象(包括表格、标注、文字等)的在位编辑以及对象定位的动态输入在多平台实现;高效的对象选择预览技术使光标经过对象时即可亮显对象,右击选取相关快捷菜单;提供先进的门窗和尺寸标注的智能联动功能,门窗尺寸发生变化后,对应的线性尺寸自动更新;新增的工程管理界面合并楼层表、三维组合、图纸集、建筑立剖面,门窗总表、门窗检查、图纸目录功能;支持一套工程平面图纸保存在一个 DWG 中,可与其他独立图纸 DWG 文件组合,生成立剖面与三维建筑模型。

新的"图形导出"命令解决了"另存旧版"命令无法保存图纸空间的问题,一次完成专业条件图的导出工作;提供可由用户添加的图层标准,可以随时转换图形的图层标准格式;提供用户自定义图标工具栏与单键快捷命令,提高执行命令的效率;增强的布尔运算功能,解决了散水、柱子、楼板、线脚等对象之间的剪裁遮挡处理。增强的柱子对象提供边夹点拖动功能,修改快捷,支持与平板和楼梯等对象之间的自动剪裁。新增"组合门窗"命令,轻松解决复杂门窗的拼接组合问题,新增凸窗的侧面碰墙遮挡处理;新增"图名标注"对象,索引符号提供多索引号,剖切索引剖切长度可拖动改变等多项改进。

更新的门窗图库,改进了推拉门与密闭门的插入方法和以前作为窗插入的编号统计问题;更新日照模块,日照模块中提供日照仿真等先进功能,与天正日照实现技术同步;日照模块充分利用 2007 新版本先进的建模工具,支持 AutoCAD2007 的三维模型作为遮挡物;更新节能模块,提供《民用建筑节能设计标准》(采暖居住建筑部分) JGJ26 - 95 的节能验算;新修改天正文字增加专业词库与加圈文字功能,提供北方地区 88J1 - X1(2000 版)的作法标注。新版本支持 AutoCAD2007 的渲染技术,在 2007 提供的材质和渲染技术支持下,效果有了很大提高。

天正建筑软件委托出版社公开发行使用手册,由互联网论坛提供开放性的技术支持,可访问天正公司主页 http://www. tangent. com. cn ,还可登录国内著名的 ABBS 建筑论坛 http://www. abbs. com. cn ,在其中的天正软件特约论坛上发帖,描述你遇到的天正软件问题,很快会得到来自专家和同行的帮助。

1.2.2　天正建筑 7 的其他功能

①用户手册：对正式用户提供的纸质文档。详细介绍 TArch7 的功能和使用方法，但纸质文档无法及时更新，因此联机帮助文档才是最新的学习资源。

②帮助文档：是《天正建筑 CAD 软件使用手册》的电子版本，以 Windows 的 CHM 格式及时介绍 TArch 7 的功能和使用方法。

③教学演示：TArch7 发行时提供的实时录制教学演示教程，使用 Flash 动画文件格式存储和播放。

④自述文件：以文本格式提供的最新说明，例如在 sys 下的 updhistory. txt 提供升级的详细信息。

⑤日积月累：TArch7 启动时将提示有关软件使用的小诀窍。

⑥常见问题：使用天正建筑软件常遇到的问题和解答（常称为 FAQ），以 MS Word 格式的 Faq. doc 文件提供。

1.2.3　天正建筑 7 的软硬件环境

TArch7 软件基于 AutoCAD 2000 以上版本开发，对软硬件环境要求取决于 AutoCAD 2000 以上平台的要求。

天正建筑软件倚重于滚轮进行缩放与平移，鼠标附带滚轮十分重要，请确认鼠标支持滚轮缩放和中键（滚轮兼作中键用）平移，如中键变为捕捉功能，请设置 Mbuttonpan 变量值为 1。

显示器屏幕的分辨率非常关键，应当在 1024x768 以上的分辨率工作。

TArch7 支持 AutoCAD R15（2000/200i/2002）和 R16（2004/2005/2006）、R17（2007）三代 dwg 图形格式。

1.2.4　天正建筑 7 的安装和启动

TArch7 以光盘的形式发行，安装前请阅读说明文件，并确认计算机上已安装能正常运行的 AutoCAD200X 。运行天正软件光盘的 setup. exe ，首先是授权方式的选择（如图 6.1.2 所示），选择自己获得的授权方式。

图 6.1.2　天正建筑的安装

接着选择要安装的组件(如图6.1.3所示),各组件的功能见表6.1.1。

图 6.1.3　天正建筑的组件选择

表 6.1.1　天正建筑中各组件的功能

组件	功能	组件	功能
执行文件	是必须安装的部件,除非用户只想修复 TArch7 的注册表。	工程范例	是系统提供的 TArch7 的工程范例文件,供用户参考。
普通图库	TArch7 提供的普通图库,包括二维图库和欧式图库。	贴图文件	TArch7 提供的用于支持渲染材质的素材文件。
多视图库	TArch7 提供的多视图库,此图库规模很大,主要用于室内设计。	TArch3. x 兼容环境	TArch7 的附属部件,是 TArch3 精简后的版本,用来编辑修改 TArch 3. x 的图形文件,点取 TArch3 菜单项进入。
教学文件	TArch7 提供的教学动画文件,规模很大,如果硬盘空间限制可以暂不安装。		

"目的地文件夹"是天正建筑软件的安装位置,用户可以在硬盘的任何位置安装 TArch7,安装程序会检测硬盘自由空间的大小是否足够安装所选内容,及时给出提示。

单击"下一步"按钮开始安装拷贝文件,根据用户选择项目的情况大概需要 4~15 min 可以安装完毕。

最后提示用户是否安装加密狗驱动程序,第一次安装时必须单击"确定"按钮,安装这个驱动,此时要求重新启动系统,下次安装或修复时不必重复安装,可单击"取消"按钮,跳过此步骤。

安装完毕后在桌面生成"天正建筑 TArch7 for 200X"图标",双击该图标即可运行天正建筑 TArch7,桌面图标(如图6.1.4所示)。

如果 AutoCAD 平台被重新安装,TArch 必须重新安装。

图 6.1.4 天正建筑的桌面图标

USB 加密狗的安装

TArch7 的单机版加密部件有 USB 加密狗和并口加密狗两种，以适应用户不同的硬件环境。并口加密狗的安装没有顺序要求，但是 USB 加密狗要求在 TArch7 软件安装完成后才插入计算机的 USB 端口。

1.3 天正建筑 7 的用户界面

1.3.1 折叠式屏幕菜单

TArch7 的主要功能都列在"折叠式"三级结构的屏幕菜单上，上一级菜单可以单击展开下一级菜单，同级菜单互相关联，展开另外一个同级菜单时，原来展开的菜单自动合拢。二到三级菜单项是天正建筑的可执行命令或者开关项，全部菜单项都提供 256 色图标，图标设计具有专业含义，以方便用户增强记忆，更快地确定菜单项的位置。当光标移到菜单项上时，Auto-CAD 的状态行会出现该菜单项功能的简短提示。

折叠式菜单效率最高，但由于屏幕的高度有限，在展开较长的菜单后，有些菜单项无法完全在屏幕可见，为此可用鼠标滚轮上下滚动菜单快速选取当前不可见的项目，详见天正基本操作；天正屏幕菜单在 2004—2007 下支持自动隐藏功能，在光标离开菜单后，菜单可自动隐藏为一个标题，光标进入标题后随即自动弹出菜单，节省了宝贵的屏幕作图面积。

1.3.2 在位编辑框与动态输入

在位编辑框，是 AutoCAD 2006 的动态输入中首次出现的新颖编辑界面。TArch7 把这个特性引入到 AutoCAD 200X 平台，使得这些平台上的天正软件都可以享用这个新颖的界面特性，对所有尺寸标注和符号说明中的文字进行在位编辑，而且提供了与其他天正文字编辑同等水平的特殊字符输入控制，可以输入上下标、钢筋符号、加圈符号，还可以调用专业词库中的文字。与同类软件相比，天正在位编辑框总是以水平方向合适的大小提供编辑框修改与输入文字，而不会因受到图形当前显示范围的影响而影响操控性能，关于在位编辑的具体使用，详见天正基本操作。在位编辑框在 TArch7 中广泛用于构件绘制中的尺寸动态输入、文字表格内容的修改、标注符号的编辑等，成为新版本的特色功能之一，动态输入中的显示特性可在状态行中右击"DYN"按钮设置。

1.3.3 智能感知右键菜单功能

TArch7.0 为 2000—2005 的 AutoCAD 版本新增了光标"选择预览"特性，光标移动到对象上方时对象即可亮显,表示执行选择时要选中的对象,同时智能感知该对象,此时右击鼠标即可激活相应的对象编辑菜单,使对象编辑更加快捷方便,当图形太大选择预览影响效率时会自动关闭此功能。右键快捷菜单在 AutoCAD 绘图区操作,单击鼠标右键(简称右击)弹出,该菜单内容是动态显示的,根据当前光标下面的预选对象确定菜单内容,当没有预选对象时,弹出最常用的功能,否则根据所选对象列出相关的命令。当光标在菜单项上移动时,AutoCAD 状态行给出当前菜单项的简短使用说明。支持 2004 以上版本提供的"鼠标右键慢击菜单"功能,快速右击相当于回车,用户在选项的"自定义右键单击"对话框设置慢速单击的时间阈值。

1.3.4　默认与自定义图标工具栏

天正图标工具栏兼容的图标菜单,由三条默认工具栏以及一条用户定义工具栏组成,默认工具栏 1 和 2 使用时停靠于界面右侧,把分属于多个子菜单的常用天正建筑命令收纳其中,TArch7 新提供了"常用图层快捷工具栏",可避免反复的菜单切换,如图 6.1.5 所示,进一步提高效率。光标移到图标上稍作停留,即可提示各图标功能。工具栏图标菜单文件为 tch.mns,位置为 sys15 与 sys16 文件夹下,用户可以参考 AutoCAD 有关资料的说明,使用 AutoCAD 菜单语法自行编辑定制。用户图标工具栏与常用图层快捷工具栏默认设在图形编辑区的下方,由 AutoCAD 的 toolbar 命令控制它的打开或关闭,用户可以键入"自定义"(ZDY)命令,选择"工具条"页面,在其中增删工具栏的内容,不必编辑任何文件。

自定义工具栏　　　　　　　　　　　　　　　　　图层快捷工具栏

图 6.1.5　工具栏

1.3.5　热键与自定义热键

除了 AutoCAD 定义的热键外,天正补充了若干热键,以加速常用的操作,以下是常用热键定义与功能,见表 6.1.2。

表 6.1.2　常用热键与功能

常用热键	实现的功能	常用热键	实现的功能
F1	AutoCAD 帮助文件的切换键	F11	对象追踪的开关键
F2	屏幕的图形显示与文本显示的切换键	F12	捕捉墙体基线与边线(仅限于 2006 以下)
F3	对象捕捉开关	Ctrl + +	屏幕菜单的开关
F6	状态行的绝对坐标与相对坐标的切换键	Ctrl + −	文档标签的开关
F7	屏幕的栅格点显示状态的切换键	Shift + F12	墙和门窗拖动时的模数开关
F8	屏幕的光标正交状态的切换键	Ctrl + ~	工程管理界面的开关
F9	屏幕的光标捕捉(光标模数)的开关键		

注意:2006 以上版本的 F12 用于切换动态输入,天正新提供显示墙基线用于捕捉的状态行按钮。

用户可以在"自定义"命令中定义单一数字键的热键,用于激活天正命令,其中 3 键与多个 3D 命令冲突,不要用于热键。

1.4   天正建筑 7 的图档管理

1.4.1   视口的控制

视口(Viewport)有模型视口和图纸视口之分。模型视口在模型空间创建,图纸视口在图纸空间中创建。关于图纸视口,可以参见"布图原理"一节。为了方便用户从其他角度进行观察和设计,可以设置多个视口,每一个视口可以有如平面、立面、三维各自不同的视图,如图 6.1.6 所示。天正提供了视口的快捷控制。

①新建视口:当光标移到当前视口的 4 个边界时,光标形状发生变化,此时按住鼠标左键开始拖动,就可以新建视口。

②改视口大小:当光标移到视口边界或角点时,光标的形状会发生变化,此时,按住鼠标左键进行拖动,可以更改视口的尺寸,如不需改变边界重合的其他视口,可在拖动时按住"CTRL"或"SHIFT"键。

③删除视口:更改视口的大小,使它某个方向的边发生重合(或接近重合),此时视口自动被删除。

图 6.1.6   天正建筑的视口

1.4.2   文档标签的控制

AutoCAD 200X 支持打开多个 DWG 文件,如图 6.1.7 所示,为方便在几个 DWG 文件之间切换,TArch7 提供了文档标签功能,为打开的每个图形在界面上方提供了显示文件名的标签,单击标签即可将标签代表的图形切换为当前图形,右击文档标签可显示多文档专用的关闭和保存所有图形、图形导出等命令。

1.4.3   特性表

特性表又被称为特性栏(OPM),是 AutoCAD 200X 提供的一种新交互界面,通过特性编辑"Ctrl + 1"调用,便于编辑多个同类对象的特性。天正对象支持特性表,并且一些不常用的特性只能通过特性表来修改,如楼梯的内部图层等。天正的"对象选择"功能和"特性编辑"功能可以很好地配合修改多个同类对象的特性参数,而对象编辑只能编辑一个对象的特性。

1.4.4 状态栏

在 AutoCAD 状态栏的基础上增加了比例设置的下拉列表控件以及多个功能切换开关,解决了动态输入、墙基线、填充、加粗和动态标注的快速切换,如图 6.1.8 所示,又避免了与 2006 以上版本的热键冲突问题。

图 6.1.7 天正建筑的文档标签　　　　　　　　图 6.1.8 天正建筑中的状态栏

任务 2　天正建筑 7 的设计流程

天正建筑的基本操作包括初始设置基本参数选项,新建工程或编辑已有工程时碰到的命令操作,除了以前大家熟悉的命令行和对话框外,新提供的交互界面包括折叠屏幕菜单系统、智能感知右键菜单、在位编辑、动态输入等都是大家比较生疏的,在此对新提供的工程管理功能作一简单介绍,最后介绍自定义图标与热键的操作。

2.1　天正做建筑设计的流程

TArch7 的主要功能可支持建筑设计各个阶段的需求,无论是初期的方案设计还是最后阶段的施工图设计,设计图纸的绘制详细程度(设计深度)取决于设计需求,由用户自己把握,而不需要通过切换软件的菜单来选择,TArch7 不需要先三维建模,后做施工图设计这样的转换过程,除了具有因果关系的步骤必须严格遵守外,通常没有严格的先后顺序限制。下面是包括日照分析与节能设计在内的建筑设计流程图,如图 6.2.1 所示。

2.2　天正做室内设计的流程

TArch7 的主要功能可支持室内设计的需求,一般室内设计只需要考虑本楼层的绘图,不必进行多个楼层的组合,设计流程相对简单,装修立面图实际上使用剖面命令生成。下面是室内设计的流程图,如图 6.2.2 所示。

图 6.2.1　天正做建筑设计的流程图

图 6.2.2　天正做室内设计的流程图

任务 3　天正建筑 7 的初始设置与系统参数

　　TArch7.0 为用户提供了初始设置功能,通过【选项】对话框进行设置,分为"天正基本设定"与"天正加粗填充"两个页面。

3.1　天正建筑 7 的初始设置

3.1.1　基本设定

　　基本设定用于设置软件的基本参数和命令默认执行效果,用户可以根据工程的实际要求对其中的内容进行设定,如图 6.3.1 所示。

图 6.3.1　天正建筑的基本设定

3.1.2　加粗填充

加粗填充专用于墙体与柱子的填充,提供了各种填充图案和加粗线宽,并有"标准"和"详图"两个级别,由用户通过"当前比例"给出界定,当前比例大于设置的比例界限,就会从一种填充与加粗选择进入另一个填充与加粗选择,有效地满足了施工图中不同图纸类型填充与加粗详细程度不同的要求,如图 6.3.2 所示。

图 6.3.2　天正建筑中的加粗填充设定

例如,默认比例大于1:100 启用详图模式,当前比例设为 1:60 就是"大于"1:100 了,此时就会启动详图模式。系统参数是设置菜单中以电子表格方式提供的,用于详细设置命令中涉及的各种符号和文字尺寸,这些尺寸有默认值,也可以由用户自己在界面中给定,以前这些参数都是不开放的,在新版本中首次向用户公开,使软件更加灵活地满足不同应用的需求。

3.2 工程管理工具的使用方法

新版本中首次引入了工程管理的概念，工程管理工具是管理同一个工程图纸（图形文件）的工具，命令在文件布图菜单下，启动命令后出现一个界面，如图6.3.3所示，在2004—2007界面中可以设置自动隐藏，随光标自动展开。

单击界面上方的下拉列表，可以打开"工程管理"菜单，其中选择打开已有的工程、新建工程等命令（如图6.3.4所示），为保证与旧版兼容，特地提供了导入与导出楼层表的命令。首先介绍的是"新建工程"命令，为当前图形建立一个新的工程，并为工程命名。

在界面中分为图纸、楼层、属性栏，在图纸栏中预设有平面图、立面图等多种图形类别。首先介绍图纸栏的使用：图纸栏是用于管理以图纸为单位的图形文件，右击工程名称，出现右键菜单，可为工程添加图纸或子工程分类，如图6.3.5所示。

在工程任意类别右击，出现右键菜单，功能也是添加图纸或分类，只是添加在该类别下，也可以把已有图纸或分类移除（如图6.3.6所示）。单击添加图纸出现文件对话框，在其中逐个加入属于该类别的图形文件，注意事先应该使同一个工程的图形文件放在同一个文件夹下。

图6.3.3　工程管理界面

图6.3.4　"工程管理"菜单

图6.3.5　添加图纸或子工程分类窗口

图6.3.6　添加图纸或分类窗口

楼层栏的功能是取代旧版本沿用多年的楼层表定义功能，在TArch7中，以楼层栏中的图标命令控制属于同一工程中的各个标准层平面图，允许不同的标准层存放于一个图形文件下，通过下面（如图6.3.7所示）的第二个图标命令，在本图上框选标准层的区域范围，具体命令的使用详见立面、剖面等命令。

在下面（如图6.3.8所示）的电子表格中输入"起始层号 – 结束层号"，定义为一个标准层，并取得层高，双击左侧的按钮可以随时在本图预览框选的标准层范围；对不在本图的标准层，则单击空白文件名栏后出现按钮，单击按钮后在文件对话框中，以普通文件选取方式点取图形文件。

打开已有工程的方法：单击工程名称下拉列表，可以看到建立过的工程列表，单击其中一

图 6.3.7　楼层工具栏

图 6.3.8　楼层电子表格

个工程即可打开。打开已有图纸的方法:在图纸栏下列出了当前工程打开的图纸,双击图纸文件名即可打开。

3.3　天正屏幕菜单的使用方法

　　TArch7.0 推出了新的折叠菜单系统(如图 6.3.9 所示),除了界面图标使用了 256 色,还提供了多个菜单可供选择,每一个菜单还可以选择不同的使用风格,菜单系统支持鼠标滚轮,快速拖动个别过长的菜单。折叠菜单的优点是操作中随时看到上层菜单项,可直接切换其他子菜单,而不必返回上级菜单。天正屏幕菜单在 2004—2007 下支持自动隐藏功能,在光标离开菜单后,菜单可自动隐藏为一个标题,光标进入标题后随即自动展开菜单,节省了宝贵的屏幕作图面积,该菜单在 2007 平台设为自动隐藏的同时还可停靠。从菜单格式内容区分,共有"标准菜单"、"经典菜单"和"TArch3"菜单三个不同的菜单,其中"经典菜单"子菜单分布与旧版本变化不大,适用于习惯原有格式的资深用户,后者为编辑旧图的用户提供少量 TArch3 命令。从使用风格区分,每一个菜单都有"折叠风格"和"推拉风格"可选,两者区别是:折叠风格是使下层子菜单缩到最短,菜单过长时自行展开,切换上层菜单后滚动根菜单;推拉风格是使下层子菜单长度一致,菜单项少时补白,过长时使用滚动选取,菜单不展开。

图 6.3.9　天正建筑的折叠菜单系统

3.4　天正文字内容的在位编辑方法

在 TArch7.0 中提供了对象文字内容的在位编辑,不必进入对话框,启动在位编辑后在该位置显示编辑框,如图6.3.10 所示,在其中输入或修改文字,在位编辑适用于带有文字的天正对象以及 AutoCAD 2006 以下版本的单行文字对象。其操作方法一是启动在位编辑:对标有文字的对象,双击文字本身,如各种符号标注;对还没有标文字的对象,右击该对象从右键菜单的在位编辑命令启动,如没有编号的门窗对象;对轴号对象,双击轴号圈范围。在位编辑选项:右击编辑

图 6.3.10　在位编辑对话框

框外范围启动右键菜单,文字编辑时菜单内容为特殊文字输入命令,轴号编辑时为轴号排序命令等。二是取消在位编辑:按"ESC"键、在右键菜单中单击取消。三是确定在位编辑:单击编辑框外的任何位置、右键菜单中单击确定、在编辑单行文字时回车。四是切换在位编辑:对存在多个字段的对象,可以通过按"TAB"键切换当前编辑字段,如切换表格的单元、轴号的各号圈、坐标的 *XY* 数值等。

3.5　天正对象定位的动态输入技术

TArch7.0 将"动态输入"技术引入到天正自定义对象上,与 AutoCAD 只在 2006 以上平台支持此特性不同,天正自定义对象的动态输入适用于 2004 以上的 R16 平台。动态输入指的是在图形上直接输入对象尺寸数据的编辑方式,如图6.3.11 所示,非常有利于提高精确绘图的效率,主要应用于以下两个方面:应用于对象动态绘制的过程,例如绘制墙体和插门窗过程支持动态输入;应用于对象的夹点编辑过程,在对象夹点拖拽过程中,可以动态显示对象的尺寸数据,并随时输入当前位置尺寸数据。动态输入数据后由回车来确认生效,"Tab"键用来在各输入字段间切换(这一点与文字在位编辑一致),在一个对象有多个字段的情况下,修改一个字段数据后按"Tab"键代表这个字段数据的锁定,下图为 AutoCAD 2006 下拖动夹点时使用动态输入墙垛尺寸的实例。动态输入特性由状态栏的"DYN"按钮控制,AutoCAD 2006 以上版本的"DYN"按钮由 AutoCAD 平台提供,其他 R16 平台下的"DYN"按钮由天正软件提供。

图 6.3.11　对象尺寸数据的编辑方式

3.6　命令行选项热键与右键慢击菜单

图 6.3.12　右键
慢击菜单

天正建筑软件大部分功能都可以在命令行键入命令执行,屏幕菜单、右键快捷菜单和键盘命令 3 种形式调用命令的效果是相同的。键盘命令以全称简化的方式提供,例如"双线直墙"菜单项对应的键盘简化命令是 SXZQ,由汉字拼音的第一个字母组成。少数功能只能菜单点取,不能从命令行键入,如状态开关或者保留的 Lisp 命令。TArch7 的命令格式与 AutoCAD相同,但选项改为热键直接执行的快捷方式,不必回车,例如:直墙下一点或[弧墙(A)/矩形画墙(R)/闭合(C)/回退(U)]<另一段>:键入 A/R/C/U 均可直接执行。利用 AutoCAD2004 以上平台提供的"鼠标右键慢击菜单",如图 6.3.12 所示,为命令行关键字选择提供了右键菜单,可免除键入关键字的键盘操作;当命令行有选项关键字时,右键慢击鼠标可弹出快捷菜单供用户选择关键字,而右键快击仍然代表传统的确定操作。在"Options(选项)""用户系统配置"→"自定义右键单击"中可对此特性进行自定义,其中的"慢速单击期限"指的是右键从按下到弹起的时间长短。

3.7　门窗与尺寸标注的智能联动

TArch7 提供门窗编辑与门窗尺寸标注的联动功能,在对门窗宽度进行编辑,包括门窗移动、夹点改宽、对象编辑、特性编辑(Ctrl + 1)和格式刷特性匹配,使得门窗宽度发生线性变化时,线性的尺寸标注将随门窗的改变联动更新。门窗的联动范围取决于尺寸对象的联动范围设定,即由起始尺寸界线、终止尺寸界线以及尺寸线和尺寸关联夹点所围合范围内的门窗才会联动。图中(如图 6.3.13 所示)方框是尺寸关联夹点,沿着尺寸标注对象的起点、中点和结束点另一侧共提供 3 个尺寸关联夹点,其位置可以通过鼠标拖动改变,对于任何一个或多个尺寸对象可以在特性表中设置联动是否启用。

图 6.3.13　门窗与尺寸标注的智能联动

3.8　天正建筑的三维图与电子表格功能

3.8.1　天正对象支持 2007 的三维效果特性

在 AutoCAD 2007 中，每个三维对象在特性表（Ctrl + 1）都增加了一个三维效果特性，包括材质属性与阴影显示两个属性，如图 6.3.14 所示。材质属性与颜色、线型等属性类似，是每个对象的基本属性，可以指定为 ByLayer 随层、ByBlock 随块、全局等。阴影显示有投射和接收阴影、投射阴影、接收阴影、忽略阴影 4 种选择。天正自定义的构件对象提供了同样的

图 6.3.14　天正建筑的三维效果

三维效果特性，完全支持 2007 平台的渲染功能，材质和阴影显示设置与 AutoCAD 2007 的基本三维对象 3DSOLID 完全相同。天正对象的材质、阴影特性同时支持格式刷、特性表等通用编辑、查询方法。

3.8.2　天正电子表格的使用方法

1. 天正电子表格界面的特点和组成

TArch7 广泛应用了天正新编制的电子表格编辑界面，具有操作更灵活、与 AutoCAD 更兼容的优点（如图 6.3.15 所示）。天正电子表格界面由以下控件所组成。

①焦点指示器：位于表格左上角的方块，当表格被激活（可接收键盘输入）时显示为蓝色，否则为灰色，定制有右键菜单。

②行操作器：位于表格左侧，用于行操作命令。在具体应用中定制有行编辑右键菜单。

③列操作器：位于表格上方，用于列操作命令。在具体应用中定制有列编辑右键菜单。

④表格数据区：由单元格阵列组成，可对单元格进行灵活编辑。

在具体应用中，单元格也可能定制有特定的右键菜单。

2. 天正电子表格界面的使用

天正新电子表格的使用方法与以前相比有较大的扩充，右键快捷菜单的功能说明如下。

①选择：单击行操作器上方块可选择行；单击列操作器上方块可选择列；按下"Ctrl"键的同时选择，可多选；按下"Shift"键的同时选择，可连续选。

②插入：先选择一个定位行（或列），然后键入"Insert"键，定位行（或列）的前面将插入一新行（或列）。

③添加：先选择一个定位行（或列），然后键入"N"键，定位行（或列）的后面将添加一新行（或列）。如果当前没有选定行列，键入"N"键则将在表格末尾添加一新行。

④删除：如果当前选择集不空，键入"Del"键将删除当前选择集中的所有行（或列）。在删除父行的同时，其所有子行也要被删除。

图 6.3.15　天正电子表格

⑤复制:如果当前行选择集不空,键入"C"键将把当前行选择集中的所有行,复制到表格自身的剪裁板中。在复制父行的同时,其所有子行也要被复制。

⑥剪切:如果当前行选择集不空,键入"X"键将把当前行选择集中的所有行,剪切到表格自身的剪裁板中。在剪切父行的同时,其所有子行也被剪切。

⑦粘贴:先选择一个定位行,然后键入"V"键,如果表格的剪裁板当前不为空,剪裁板中内容将插入到所选择位置,同时表格的剪裁板置空。

⑧拖动行列:先选择集,然后将其拖动到特定位置,同时按下"Ctrl"或者"Shift"键可以支持多选行列。

⑨单元格编辑:单击鼠标可进入单元格编辑状态,在单元格编辑状态下,可用"←"、"↑"、"→"、"↓"、"TAB"、"RETURN"键切换到相邻单元格。

　　提示:如果当前正在编辑单元格所在行为末行,键入"↓"或"RETURN"将自动在末尾添加一行进行编辑。

⑩排序:先选定关键字列(可多个),按"R"键可进行正排序,按"U"键可进行反排序,由于目前没有区分表头,表头行会随排序移动位置,需要用拖动给予复位。

附录 I AutoCAD 中常用简化命令

1. 常用简化命令

序号	简化命令	执行命令	中文含义	序号	简化命令	执行命令	中文含义
1	A	* ARC	绘制弧线	24	I	* INSERT	插入图块
2	AA	* AREA	测量面积周长	25	ID	*	测坐标点
3	AR	* ARRAY	阵列对象	26	L	* LINE	绘制直线
4	B	* BLOCK	创建内部块	27	LA	* LAYER	图层窗口
5	BH 或 H	* BHATCH	图案填充	28	LI 或 LS	* LIST	对象属性
6	BR	* BREAK	打断对象	29	M	* MOVE	移动对象
7	C	* CIRCLE	绘制圆	30	MA	* MATCHPROP	特性匹配
8	CH	* PROPERTIES	特性窗口	31	ME	* MEASURE	定距等分
9	– CH	* CHANGE	改变特性	32	MI	* MIRROR	镜像对象
10	CHA	* CHAMFER	切角对象	33	ML	* MLINE	绘制多线
11	COL	* COLOR	选择颜色	34	MT 或 T	* MTEXT	多行文字
12	CO 或 CP	* COPY	复制拷贝	35	O	* OFFSET	偏移复制
13	D	* DIMSTYLE	标注样式	36	OS	* OSNAP	草图设置
14	DI	* DIST	测量距离	37	P	* PAN	视窗平移
15	DIV	* DIVIDE	定数等分	38	PE	* PEDIT	多段线编辑
16	DO	* DONUT	绘制圆环	39	PL	* PLINE	多段线绘制
17	DT	* DTEXT	输入文字	40	PO	* POINT	绘制点
18	E	* ERASE	删除对象	41	POL	* POLYGON	绘制正多边形
19	ED	* DDEDIT	文字编辑	42	PU	* PURGE	绘图垃圾清理
20	EL	* ELLIPSE	绘制椭圆	43	RE	* REGEN	重新生成
21	EX	* EXTEND	延伸对象	44	REC	* RECTANGLE	绘制矩形
22	EXIT	* QUIT	退出程序	45	RO	* ROTATE	旋转对象
23	F	* FILLET	圆角对象	46	S	* STRETCH	拉伸压缩

续表

序号	简化命令	执行命令	中文含义	序号	简化命令	执行命令	中文含义
47	SC	＊SCALE	改变对象比例	51	W	＊WBLOCK	写外部块
48	SO	＊SOLID	绘制面域	52	X	＊EXPLODE	分解对象
49	SPL	＊SPLINE	样条曲线	53	Z	＊ZOOM	视窗缩放
50	TR	＊TRIM	修剪对象	54	快捷键定义：Program Files＼ACAD200X＼SUPPORT＼acad. pgp		

2. 对象特性

序号	简化命令	执行命令	中文含义	序号	简化命令	执行命令	中文含义
1	ADC	＊ADCENTER	设计中心"Ctrl＋2"	17	IMP	＊IMPORT	输入文件
2	CH	＊PROPERTIES	修改特性"Ctrl＋1"	18	OP	＊OPTIONS	自定义 CAD 设置
3	MA	＊MATCHPROP	属性匹配	19	PRINT	＊PLOT	打印
4	ST	＊STYLE	文字样式	20	PU	＊PURGE	清除垃圾
5	COL	＊COLOR	设置颜色	21	R	＊REDRAW	重新生成
6	LA	＊LAYER	图层操作	22	REN	＊RENAME	重命名
7	LT	＊LINETYPE	线形	23	SN	＊SNAP	捕捉栅格
8	LTS	＊LTSCALE	线形比例	24	DS	＊DSETTINGS	设置极轴追踪
9	LW	＊LWEIGHT	线宽	25	OS	＊OSNAP	设置捕捉模式
10	UN	＊UNITS	图形单位	26	PRE	＊PREVIEW	打印预览
11	ATT	＊ATTDEF	属性定义	27	TO	＊TOOLBAR	工具栏
12	ATE	＊ATTEDIT	编辑属性	28	V	＊VIEW	命名视图
13	BO	＊BOUNDARY	边界创建,包括创建闭合多段线和面域	29	AA	＊AREA	面积
14	AL	＊ALIGN	对齐	30	DI	＊DIST	距离
15	EXIT	＊QUIT	退出	31	LI	＊LIST	显示图形数据信息
16	EXP	＊EXPORT	输出其他格式文件				

3. 绘图命令

序号	简化命令	执行命令	中文含义	序号	简化命令	执行命令	中文含义
1	PO	＊POINT	点	11	DO	＊DONUT	圆环
2	L	＊LINE	直线	12	EL	＊ELLIPSE	椭圆
3	XL	＊XLINE	射线	13	REG	＊REGION	面域
4	PL	＊PLINE	多段线	14	MT	＊MTEXT	多行文本
5	ML	＊MLINE	多线	15	T	＊MTEXT	多行文本
6	SPL	＊SPLINE	样条曲线	16	B	＊BLOCK	块定义
7	POL	＊POLYGON	正多边形	17	I	＊INSERT	插入块
8	REC	＊RECTANGLE	矩形	18	W	＊WBLOCK	定义块文件
9	C	＊CIRCLE	圆	19	DIV	＊DIVIDE	等分
10	A	＊ARC	圆弧	20	H	＊BHATCH	填充

4. 修改命令

序号	简化命令	执行命令	中文含义	序号	简化命令	执行命令	中文含义
1	CO	＊COPY	复制	10	EX	＊EXTEND	延伸
2	MI	＊MIRROR	镜像	11	S	＊STRETCH	拉伸
3	AR	＊ARRAY	阵列	12	LEN	＊LENGTHEN	直线拉长
4	O	＊OFFSET	偏移	13	SC	＊SCALE	比例缩放
5	RO	＊ROTATE	旋转	14	BR	＊BREAK	打断
6	M	＊MOVE	移动	15	CHA	＊CHAMFER	倒角
7	E	＊ERASE	删除	16	F	＊FILLET	倒圆角
8	X	＊EXPLODE	分解	17	PE	＊PEDIT	多段线编辑
9	TR	＊TRIM	修剪	18	ED	＊DDEDIT	修改文本

5. 视窗缩放

序号	简化命令	执行命令	中文含义	序号	简化命令	执行命令	中文含义
1	P	＊PAN	实时平移	4	Z＋P	＊返回上一视图	返回上一视图
2	Z＋空格＋空格	＊实时缩放	实时缩放	5	Z＋E	＊显示全图	显示全图
3	Z	＊局部放大	局部放大				

6. 尺寸标注

序号	简化命令	执行命令	中文含义	序号	简化命令	执行命令	中文含义
1	DLI	*DIMLINEAR	线性标注	8	TOL	*TOLERANCE	标注形位公差
2	DAL	*DIMALIGNED	对齐标注	9	LE	*QLEADER	快速引线标注
3	DRA	*DIMRADIUS	半径标注	10	DBA	*DIMBASELINE	基线标注
4	DDI	*DIMDIAMETER	直径标注	11	DCO	*DIMCONTINUE	连续标注
5	DAN	*DIMANGULAR	角度标注	12	D	*DIMSTYLE	标注样式
6	DCE	*DIMCENTER	圆心标注	13	DED	*DIMEDIT	编辑标注
7	DOR	*DIMORDINATE	坐标标注	14	DOV	*DIMOVERRIDE	替代标注

7. 常用快捷键

序号	简化命令	执行命令	中文含义	序号	简化命令	执行命令	中文含义
1	CTRL + 1	*PROPERTIES	修改特性	9	CTRL + C	*COPYCLIP	复制
2	CTRL + 2	*ADCENTER	设计中心	10	CTRL + V	*PASTECLIP	粘贴
3	CTRL + O	*OPEN	打开文件	11	CTRL + B	*SNAP	栅格捕捉
4	CTRL + N	*NEW	新建文件	12	CTRL + F	*OSNAP	对象捕捉
5	CTRL + P	*PRINT	打印文件	13	CTRL + G	*GRID	栅格
6	CTRL + S	*SAVE	保存文件	14	CTRL + L	*ORTHO	正交
7	CTRL + Z	*UNDO	放弃	15	CTRL + W	*对象追踪	对象追踪
8	CTRL + X	*CUTCLIP	剪切	16	CTRL + U	*（极轴）	极轴

8. 常用功能键

简化命令	执行命令	中文含义
【F1】	*HELP	帮助
【F2】	*文本窗口	文本窗口
【F3】	*OSNAP	对象捕捉
【F7】	*GRIP	栅格
【F8】	*ORTHO	正交

附录Ⅱ 教材附图(含建施图、结施图、设施图)

某生态住宅小区B型工程建施图目录表

新出图		200*-**		工程名称	某生态住宅小区			单项名称	小区商住楼
工种		建筑	设计阶段	施工图	结构类型	砖混结构		完成日期	年 月 日

序号	图别	图号	图纸名称	新设计	旧图	标准图	图纸规格	备注
					张数			
					利用图			
18	建施	18	厨厕大样图	1			A2	
17	建施	17	①-⑦轴大样	1			A2	
16	建施	16	墙身详图及节点大样图	1			A2	
15	建施	15	楼梯间2 1-1剖面图	1			A2	
14	建施	14	楼梯间2平面图	1			A2	
13	建施	13	楼梯间1平面图、剖面图	1			A2+	
12	建施	12	2-2剖面图、屋构等平面大样	1			A2	
11	建施	11	Ⓐ-Ⓖ轴立面图、1-1剖面图	1			A2+	
10	建施	10	㉙-①轴立面图	1			A2+	
9	建施	09	①-㉙轴立面图	1			A2+	
8	建施	08	屋构架平面图	1			A2+	
7	建施	07	屋面层平面图	1			A2+	
6	建施	06	三~七层平面图	1			A2+	
5	建施	05	二层平面图	1			A2+	
4	建施	04	一层平面图	1			A2+	
3	建施	03	负一层平面图	1			A2+	
2	建施	02	建筑设计说明、门窗表	1			A2	
1	建施	01	总平面图	1			A3	

利用标准图集代号：西南J212、J312、J412、J501、J515、J516、J517、J611、J802、J812

某建筑设计事务所(甲级)	填表		设计		工号			出图	200* 年 **月
	校对		组长		建施	00		日期	

总平面图

建筑设计说明、门窗表

负一层平面图

一层平面图

二层平面图

三～七层平面图

屋面层平面图

屋顶构架平面图

①－㉙轴立面图

㉙－①轴立面图

*A－G*轴立面图、Ⅰ－Ⅰ剖面图

2－2剖面图、屋顶构架平面大样

楼梯间 1 平面图、剖面图

楼梯间 2 平面图

楼梯间 2 Ⅰ-Ⅰ剖面图

墙身详图及节点大样图

①-⑦轴大样图

厨厕大样图

基础平面布置图

柱定位及配筋图

一层梁配筋图

一层结构布置图

给排水系统、图纸目录
总说明及主要材料表

一层给排水平面图

二～七层给排水平面图

消防设计说明、消防给水
系统、消防喷淋系统图

负一层车库喷淋平面图

供电总说明及主要材料表
图纸目录

低压配电系统图

一层配电平面图

二～七层配电平面图

负一层配电平面图

屋面防雷平面图

电视、电话系统图

火灾自动报警系统图

车库火灾自动报警平面布置图

参考文献

［1］齐明超，梅素琴. 土木工程制图［M］. 北京：机械工业出版社，2003.

［2］中国机械工业教育协会组. 建筑制图［M］. 北京：机械工业出版社，2005.

［3］陈文斌，章金良. 建筑制图［M］. 3 版. 上海：同济大学出版社，1997.

［4］钱可强. 建筑制图［M］. 北京：化学工业出版社，2002.

［5］童忻，张士芬. 建筑制图［M］. 北京：中国经济出版社，2000.

［6］熊德敏. 安装工程定额与预算［M］. 北京：高等教育出版社，2003.

［7］王付全. 建筑设备［M］. 武汉：武汉理工大学出版社，2006.

［8］李旭伟. 安装施工工艺［M］. 北京：高等教育出版社，2003.

［9］秦树和. 管道工程识图与施工工艺［M］. 重庆：重庆大学出版社，2008.

［10］聂旭英. 土木建筑制图习题集［M］. 武汉：武汉理工大学出版社，2005.

［11］苏玉雄. AutoCAD 2008 中文版案例教程［M］. 北京：中国水利水电出版社，2008.

［12］何铭新. 建筑工程制图［M］. 北京：高等教育出版社，2006.

［13］中国计划出版社. 建筑制图标准汇编［M］. 北京：中国计划出版社，2001.

［14］游普元. 建筑制图技术［M］. 北京：化学工业出版社，2007.

［15］吴银柱，潘殿琦. 土建工程 CAD［M］. 北京：高等教育出版社，2002.

［16］乐荷卿. 土木建筑制图［M］. 2 版. 武汉：武汉理工大学出版社，2008.

［17］陆叔华. 建筑制图与识图［M］. 北京：高等教育出版社，2007.

［18］张士芬，赖文辉，游普元. 建筑制图［M］. 重庆：重庆大学出版社，2005.

［19］曾令宜. AutoCAD 2000 工程绘图教程［M］. 北京：高等教育出版社，2000.

［20］中国建筑标准设计研究院. 混凝土结构施工图平面整体表示方法制图规则和构造详图（16G101—1、16G101—2、16G101—3）［S］. 北京：中国计划出版社，2011.

［21］佚名. 建筑识图一日通［M］. 北京：机械工业出版社，2010.

［22］佚名. 结构识图一日通［M］. 北京：机械工业出版社，2010.